rrier & Ives N.Y. 125 NASSAU ST. NEW YORK

CREATION.

Michael Ohl

Expeditionen zu den Ersten ihrer Art

Michael Ohl

EXPEDITIONEN ZU DEN ERSTEN IHRER ART

Außergewöhnliche Tiere und die Geschichte ihrer Entdeckung

dtv

INHALTSVERZEICHNIS

EINLEITUNG

DAS ENTDECKEN UNBEKANNTER TIERARTEN

> Ich fand ihn und gab ihm seinen Namen, da mir
> das taxonomische Latein geläufig war; und wurde damit
> zum Taufpaten eines Insekts und sein erster
> Beschreiber – und verlangte keinen anderen Ruhm.
>
> VLADIMIR NABOKOV, *Eine Entdeckung*, 1943[1]

Als im 15. Jahrhundert das Zeitalter der Entdeckungsreisen begann und von Europa aus die Erde erkundet wurde, lösten die von fernen Inseln und Küsten mitgebrachten Naturobjekte in Europa eine Schockwelle des Staunens aus. Die Beobachtung der lokalen Artenvielfalt vor der eigenen Haustür und die biblische Vorstellung von den Arten als Überlebende der Sintflut hatten die europäische Wissensgesellschaft nicht vorbereitet auf den Formen- und Artenreichtum, der in zuerst singulären Fundstücken in die Naturalienkabinette, Privatsammlungen und Apotheken floss. Anfänglich wurden die Entdeckungsfahrten vom Wunsch nach Reichtum und Expansion getrieben, und exotische Pflanzen, Gewürze und Heilmittel waren begehrte Handelsgüter. Die ferne Artenvielfalt versprach ein unerschöpfliches Füllhorn zu sein, das die Europäer in Besitz zu nehmen und auszubeuten gedachten. Der stete Fluss an Unbekanntem bedurfte dabei einer neuen Ordnung, um es mit dem bereits Bekannten in Beziehung setzen zu können. Die ersten gedruckten Kataloge alles Lebendigen erschienen im 17. Jahrhundert und legten die Grundlage für eine systematische Erforschung der weltweiten Artenvielfalt. Seit dem 18. Jahrhundert beansprucht die Taxonomie endgültig das erhabene Recht für sich, den Tieren und Pflanzen, die noch kein Wissenschaftler zuvor zu Gesicht bekommen hat, einen Namen zu geben.

Mit dem Benennungsakt betritt die neu entdeckte Art die Bühne der Wissenschaft. War sie auch vorher schon seit Millionen von Jahren auf diesem

0-1 Darstellung der organismischen Vielfalt in einem Frontispiz des ersten Bandes von Linnés *Systema Naturae* von 1760. Der Titel »Numeros et Nomina« (dt. Nummern und Namen) bezieht sich auf zwei wesentliche Elemente in Linnés Werk. Diese Ausgabe ist ein unautorisierter Nachdruck der 10. Auflage von 1758, möglicherweise die Ausgabe, auf die Linné als die 11. Auflage verweist (Müller-Wille, 2017: 121).

Planeten, hatte sie auch vielleicht schon vorher die Aufmerksamkeit der lokalen Bevölkerung und interessierter Naturbeobachter auf sich gezogen, oder existierten die Exemplare, die später zu den Belegen einer neuen Art werden sollten, bereits seit Langem in den Sammlungen der Museen, erst mit der Benennung wird die Art Gegenstand der Wissenschaft. Der Art selbst kann es gleichgültig sein, ob sie einen wissenschaftlichen Namen trägt oder weiterhin ohne menschliche Bezeichnung existiert. Das Verhältnis zwischen dem Menschen und den Arten allerdings verändert sich durch die Benennung grundlegend. Es ist der Taufakt, der sie für uns westlich sozialisierte Menschen erst existent werden lässt. Erst mit ihrem Namen wird sie Objekt wissenschaftlicher Untersuchungen. Erst mit ihrem Namen kann sie ihren Platz auf den Roten Listen und in den Verbreitungskarten der Biogeografen und Faunisten finden. Die wissenschaftliche Disziplin, die sich mit der Entdeckung, Beschreibung und Benennung der Arten beschäftigt, heißt Taxonomie. Die wissenschaftlich-taxonomische Taufe einer Art ist in unserem westlichen Wissenschaftsverständnis ein Meilenstein in ihrer Entdeckungsgeschichte, wie es ihn kein zweites Mal gibt. Man kann mit Fug und Recht sagen, dass die Verleihung eines wissenschaftlichen Namens mehr als alles andere formaler Ausdruck der Entdeckung einer Art ist. »Taxonomie ist der Schlüssel zum Leben«, wie es der neuseeländische Biologe Mark John Costello zusammenfasst.[2]

Daher steht in meinem Buch die taxonomische Entdeckung einer Tierart, also ihre wissenschaftliche Beschreibung und Benennung, im Mittelpunkt ihrer Entdeckungsgeschichte. Die Beschreibung und Benennung selbst ist dabei nicht selten nur ein kurzes Ereignis in der oft langen Entdeckungsgeschichte. Und doch laufen die vorhergehenden Ereignisse auf diesen Moment zu, und die Geschichte der Entdeckung einer Art erreicht mit ihrer Benennung einen Höhepunkt, der gewissermaßen auch ein vorläufiger Endpunkt des Entdeckungsprozesses ist. Mit der veröffentlichten Benennung ist die neue Art ebenso wie ihr Entdecker dingfest gemacht worden. Niemand anders kann mehr ohne guten Grund die Entdeckung der Art für sich proklamieren, und niemand kann den Taufnamen der neuen Art ändern. Es sei denn, der beschreibende Autor hat einen Namen gewählt, der die von der Gemeinschaft der Taxonomen selbst verordneten Regeln verletzt. Das aber ist ein anderes Thema.

DIE LETZTEN IHRER ART

Von Biologie verstand Douglas Adams nicht sonderlich viel, von seltenen und exotischen Tierarten noch viel weniger. Dafür aber vom Schreiben umso mehr. Bislang war Adams als Autor »spaßiger Science-Fiction-Abenteuer« in Erscheinung getreten, wie er es selbst ausdrückte, und besonders sein Roman »Per Anhalter durch die Galaxis« hatte ihn bekannt gemacht. 1985 aber wurde Adams von der Magazinbeilage des *Observer* beauftragt, auf mehreren Reisen einige der am stärksten bedrohten Tierarten der Welt zu besuchen. Aus seinen Reisenotizen entstand das amüsante Buch »Die Letzten ihrer Art«, das der Autor als das befriedigendste aller seiner Bücher bezeichnete.[3] Adams stellte Tierarten vor, wie das Fingertier auf Madagaskar und den Chinesischen Flussdelfin, die durch menschlichen Einfluss kurz vor dem Aussterben standen. Adams machte auf seinem Weg zu den aussterbenden Tierarten zugleich eine Reise zu den Wissenschaftlern und Naturschützern, für die diese Tierarten und ihre Erforschung oft den Lebensmittelpunkt darstellen. So wurde Adams' Buch nicht nur eine Mahnung an die Welt, diese wunderbaren Tierarten vor dem Aussterben zu schützen, es war zugleich eine liebevolle Hommage an die oft skurrilen Persönlichkeiten, die unter Verzicht auf gesellschaftliche Anerkennung und finanziellen Wohlstand diesen Arten ihr Leben widmen.

Während sich Douglas Adams mit den »Letzten ihrer Art« und den Menschen beschäftigte, die sie erforschen und schützen, geht es in meinem Buch um die Ersten ihrer Art. Ausgehend von den zuerst gesammelten oder gefundenen Exemplaren erzähle ich die Entdeckungsgeschichte von besonderen Tierarten und wer ihre Entdecker und Erforscher waren. Viele der hier vorgestellten Tierarten sind wegen ihrer herausragenden Bedeutung zu Stars der Artenentdeckung geworden, wie der Quastenflosser, den man vor seiner Entdeckung in den 1950er-Jahren nur als Fossil kannte, oder das Okapi, die mysteriöse Waldgiraffe. Manche Arten, wie das Schnabeltier und die Pfeilschwanzkrebse, erscheinen uns bis heute seltsam und unwirklich. Andere Arten wiederum, wie die in der schwer zugänglichen Tiefsee vorkommenden Urmützenschnecken, aber auch die großen Mengen an spektakulären Insekten- und Schneckenarten, sind außer den Fachwissenschaftlern nur wenigen Menschen bekannt. Sie alle aber haben unseren Blick auf die Vielfalt der Arten und ihre Evolution nachhaltig verändert. Bis heute geben sie uns Rätsel auf, vor allem aber zeigen sie, wie viele Überraschungen die Natur noch für uns bereithält. Die Suche nach unentdeckten Arten ist längst nicht abgeschlossen.

In diesem Buch geht es also um *wissenschaftliche* Entdeckungen. Es berichtet darüber, wie Tierarten entdeckt werden und wer ihre Entdecker sind. Es zeigt, unter welch abenteuerlichen Bedingungen Forscher und Wissenschaftler versuchen, der Natur ihre Rätsel zu entlocken – manchmal unter Einsatz ihres Lebens. Oft wird gezielt nach bestimmten Arten gesucht, manchmal wurden die »Ersten ihrer Art« durch bloßen Zufall entdeckt, weil sie in die Hände von Menschen gelangten, die ihre Bedeutung erkannten. Die Beispiele, die ich ausgewählt habe, stehen stellvertretend für die etwa 1,5 Millionen Arten, die seit 1758 entdeckt wurden. Hinter jedem dieser vielen Artnamen steht eine eigene Entdeckungsgeschichte, manche kurz und wissenschaftlicher Routine entsprungen, manche sind geradezu unglaubwürdige Abenteuergeschichten, in denen Helden und Betrüger ebenso eine Rolle spielen wie Museumsdirektoren und weißbekittelte Laborwissenschaftler. Sie alle sind es wert, erzählt zu werden, einige davon habe ich für dieses Buch ausgewählt.

ENTDECKUNG UND KOLONIALISMUS

Die wissenschaftliche Entdeckung ist in ein westliches Wissenschaftsverständnis und eine westliche Wissenschaftstradition eingebettet. Die lokalen Ethnien in Westafrika wissen seit jeher von den menschenähnlichen, Furcht einflößenden Gorillas in ihren Wäldern. Sie sind Teil ihrer Alltagserfahrung. Es mutet kolonialistisch an, den britischen Geistlichen Thomas Staughton Savage, der dem Westlichen Flachlandgorilla *Gorilla gorilla* 1847 seinen wissenschaftlichen Namen gab, als den »Entdecker« dieser Art zu feiern. Natürlich haben die Bewohner Westafrikas den Gorilla viele Generationen vor Savage entdeckt. Doch es ist offensichtlich, dass sich die beiden Formen der Entdeckung – die der lokalen Ethnien und die von Savage – grundlegend voneinander unterscheiden. Bei Savage spricht man von einer *wissenschaftlichen Entdeckung* und meint damit ein Erkenntnisereignis, das in einem konkreten und in der Regel datierbaren Augenblick stattfand, das meist auf eine bestimmte Person beschränkt ist und für das die Verschriftlichung Bedingung ist.[4] Die Entdeckung der bedrohlich wirkenden Affen durch die Ethnien vor Ort dagegen ist ein tief in der Besiedlungsgeschichte Westafrikas verborgenes Geschehen, das mit der Erkundung der Lebenswelt seiner Bewohner einhergeht. Die Gorillas lebten bereits lange, bevor *Homo sapiens* in ihre Lebensräume eindrang, in den tropischen Wälder des westlichen Afrikas. Es scheint nicht sinnvoll zu sein, hier ein singuläres, zeitlich und räumlich zu verortendes Entdeckungsereignis anzunehmen. Für die Bewohner der Region ist die Existenz der Gorillas seit Menschengedenken eine natürliche Tatsache.

Viele der Objekte, die als »Die Ersten ihrer Art« in westliche Naturkundesammlungen gebracht wurden und die Gegenstand dieses Buches sind, sind von kolonialer Provenienz. Im Gegensatz zu kulturellen Gütern, deren Wert für die Herkunftsländer allgemein anerkannt wird, werden naturkundliche Objekte meist als reine Naturdinge verstanden, ohne sie in Bezug zur sozialen und politischen Geschichte ihrer Herkunft zu setzen.[5] Naturobjekte belegen dabei anders als Kulturobjekte Millionen Jahre der Evolution und beglaubigen so eine außerhalb der menschlichen Produktion liegende Realität.[6] Ihr tief in der Vergangenheit verorteter Ursprung aus einer Zeit, als es noch keine historisch gewachsenen Landesgrenzen und geopolitischen Besitzansprüche gab, lässt Naturobjekte scheinbar unabhängig von nationalen oder lokalen Interessen erscheinen. Häufig reduziert sich dann die Sammelgeschichte auf die Angabe von nüchternen Fundortdaten, in Begleitberichten nicht selten ausgeschmückt mit Narrativen heroischer Abenteuer und Jagderlebnissen. Impliziert wird dabei, dass erst der mehrstufige Prozess des wissenschaftlichen Entdeckens – vom Aneignen über die Präparation, den Transport, die wissenschaftliche Bearbeitung und schließlich die Veröffentlichung – wertschöpfend wirkt. Es ist aber offenkundig, dass die Entdeckungsgeschichte vieler Tierarten auf das Engste mit der Kolonialgeschichte ihrer Herkunftsländer verwoben ist. Umfangreiche Forschungsprogramme wurden aufgebaut, um die Tierwelt sowie andere natürliche Ressourcen der Kolonien systematisch zu erforschen und zu inventarisieren.[7]

Mit Recht wird kritisch diskutiert und gefordert, dass sich heutige Wissenschaftler und Museumskuratoren, die zwar nicht für die Akquisekontexte der kolonialen Objekte in den Sammlungen verantwortlich sind, dennoch mit der Frage auseinandersetzen müssen, wie sie mit der kolonialen Geschichte der Objekte umgehen wollen.[8] Dies hat nicht nur unmittelbare Relevanz für den Umgang mit den historischen Naturkundeobjekten selber, sondern auch für die Frage, wie in Zusammenarbeit mit den Herkunftsländern die künftige Biodiversitätsforschung und damit die Artenentdeckung gestaltet werden kann.

Beim Schreiben dieses Buches haben sich mir viele Fragen zur kolonialen Geschichte »Der Ersten ihrer Art« gestellt. Für den Augenblick müssen diese Fragen unbeantwortet bleiben, weil das mir verfügbare Material, das den Entdeckungsprozess meist ganz aus der Perspektive der westlichen Entdecker schildert, nicht ohne Weiteres eine kritische Auseinandersetzung mit dem kolonialen Kontext erlaubt. Dennoch halte ich es für wichtig, bei der Lektüre meines Buches diese Lücke im historischen Narrativ mitzulesen und die Darstellung vor dem Hintergrund ihrer Historizität kritisch zu hinterfragen.

REISEN ALS ERKENNTNISINSTRUMENT

Besonders die Tierwelt Mitteleuropas ist Gegenstand einer langen Forschungstradition, die weit über die Mitte des 18. Jahrhunderts, als Carl von Linné die wissenschaftliche Taxonomie formalisierte, hinausgeht. Die allermeisten europäischen Arten sind längst entdeckt und beschrieben worden. Allerdings werden heute, besonders mithilfe moderner genetischer und hochauflösender bildgebender Methoden, bislang verborgene Arten entdeckt, deren Individuen sich nach bisherigem Ermessen wie ein Ei dem anderen gleichen. Spezielle Lebensräume, die schwer zugänglich sind oder deren Bewohner nur mit hochspezialisierten Techniken untersucht werden können, wie zum Beispiel die mikroskopischen Bewohner des Sandlückensystems, beherbergen noch viele unbekannte Tierformen. Sehen wir einmal von diesen Spezialfällen ab, kann zumindest die makroskopische Fauna Mitteleuropas als recht gut inventarisiert gelten.

Mit Beginn der Entdeckungsreisen westlicher Forscher zu fernen Kontinenten und Ländern wurde schnell klar, dass sich eigentliche Vielfalt nicht in Europa, sondern in den weit entfernten Regionen der Erde befindet. Beinahe alle Aufsammlungen, die von Reisen nach Europa gebracht wurden, enthielten Neues und Wunderliches. Das Reisen entwickelte sich so immer mehr zur *Entdeckungs*reise und damit zu einem wichtigen Erkenntnisinstrument der Natur.[9] Es nimmt daher nicht wunder, dass die Mehrzahl der Entdeckungen in dem vorliegenden Buch das direkte oder indirekte Ergebnis des Reisens ist. Das hat sich bis heute kaum geändert. Der weitaus größte Teil der noch unentdeckten Artenvielfalt befindet sich nicht vor der Haustür europäischer oder nordamerikanischer Wissenschaftler. So sind die Forscher ebenso wie ihre Untersuchungsobjekte in einem dauernden Prozess der Bewegung, von den Lebensräumen in die Labore und Museen sowie zwischen den Spezialisten, die weltweit verteilt in verschiedenen Ländern beheimatet sind.

ARTENENTDECKUNG ALS STRUKTURIERTER PROZESS

Die Benennung eines wissenschaftlichen Artnamens wird durch ein komplexes Regelwerk organisiert, die »Internationalen Regeln für die Zoologische Nomenklatur«[10]. Diese Regeln dienen dazu, ein stabiles und in sich widerspruchsfreies Benennungssystem aufzubauen. Mit der Veröffentlichung des Namens und der Beschreibung einer Art wird – zumindest theoretisch taggenau – der wissenschaftliche Name für die gesamte Welt verfügbar, und die Art gilt in einem wissenschaftlichen Sinne als entdeckt.

Dieser Kernaspekt der Entdeckung aber ist eingerahmt von anderen Aktivitäten, ohne die der eigentliche Entdeckungsprozess unvollständig bleiben würde. Dies umfasst das fachkompetente Sammeln und Herrichten der Exemplare sowie in vielen Fällen bereits vor der eigentlichen wissenschaftlichen Bearbeitung eine erste klassifikatorische Einordnung. Der Entdeckungsprozess reicht üblicherweise zudem über die wissenschaftliche Beschreibung und Benennung hinaus. Besonders historische Beschreibungen sind nicht selten so kurz, dass sie nur die zur Unterscheidung der neuen Art von bereits bekannten Arten benötigten Merkmale nennen. So beschränken sich viele der Beschreibungen von Linné auf nur wenige Zeilen. Erst später haben nachfolgende Wissenschaftler die morphologische Beschreibung der Linnéischen Arten erweitert, Bestimmungsschlüssel erstellt und die Position der Arten im Gesamtsystem der Organismen kritisch überprüft und eventuell neu festgelegt. Nicht selten ist die formale Entdeckung einer besonders ungewöhnlichen oder evolutionsbiologisch interessanten Tierart Ausgangspunkt eines ganzen Forschungsprogramms. Dies war beispielsweise beim Schnabeltier der Fall, das als eierlegendes Säugetier die bisherige Vorstellung der Evolution der Säugetiere infrage stellte. Und auch die Entdeckung von *Latimeria chalumnae*, des ersten entdeckten heute lebenden Quastenflossers, war eine Sensation, nachdem Quastenflosser bis dahin nur als Fossilien bekannt waren.

Nach dem Philosophen Jan Michel umfasst der wissenschaftliche Entdeckungsprozess dabei drei unabdingbare strukturelle Merkmale:[11]

- **Finden:** Es ist sicherlich unmöglich, eine Entdeckung zu machen, ohne sie zuvor gefunden zu haben. Die Art des Findens kann höchst unterschiedlich sein, ebenso wer die Finder sind.

- **Akzeptanz**: Damit ist gemeint, dass es nicht reicht, etwas gefunden zu haben, damit es als wissenschaftliche Entdeckung gelten kann. Zusätzlich muss die Entdeckung von der wissenschaftlichen Gemeinschaft in einer Form akzeptiert oder ihr zumindest mitgeteilt werden, die den Gepflogenheiten der jeweiligen Disziplin folgt. Allgemein ist dies in der Wissenschaft die Veröffentlichung, die mithilfe eines Begutachtungsverfahrens durch externe Gutachter oder zumindest durch die Herausgeber eine Qualitätskontrolle gewährleistet. Zudem dient die Publikation dazu, die Entdeckung einer breiten Leserschaft mitzuteilen und die Daten einer kritischen Diskussion auszusetzen. Dies erlaubt die Sicherung und Verwahrung der wissenschaftlichen Daten und Ergebnisse, aber auch die Anerkennung der wissenschaftlichen Urheberschaft einer neuen Entdeckung.

- **Wissen:** Wissen als Vorwissen ist der Ausgangspunkt einer jeden wissenschaftlichen Entdeckung. Schließlich muss man wissen, dass es sich um etwas Neues handelt. Zugleich aber ist das neue Wissen um den wissenschaftlichen Gegenstand im Vergleich zum Stand vor der Entdeckung auch der vorläufige Endpunkt.

Die wissenschaftliche Entdeckung einer neuen Art ist dementsprechend ein komplexer, dynamischer Prozess, der nicht nur aus der eigentlichen Artbeschreibung als wissenschaftlichem Startpunkt besteht, sondern neben der wissensbasierten Aufsammlung und Aufbereitung der Exemplare auch verschiedene Ebenen des nachfolgenden Interpretierens und Verstehens der Arten einschließt.[12]

RUHM

Der Prozess der wissenschaftlichen Entdeckung besitzt neben den wissenschaftlichen und technologischen Aspekten auch eine soziale Ebene. Von besonderer Wichtigkeit ist dabei die Frage, wer als Entdecker einer Art zu gelten hat. Die Antwort darauf scheint auf der Hand zu liegen. Es ist dies der Autor oder die Autoren des wissenschaftlichen Namens, der nach den Gepflogenheiten der Nomenklaturregeln offiziell veröffentlicht wurde. In der Praxis der Artenentdeckung allerdings ist die Situation häufig komplizierter. Dies liegt meist an den Feinheiten der Nomenklaturregeln, was dazu führen kann, dass nicht der abgedruckte Autor einer Veröffentlichung auch als Autor des dort publizierten Namens gelten kann. Nicht selten entstehen aber, besonders im außerwissenschaftlichen Kontext, dadurch konkurrierende Vorstellungen über die Urheberschaft einer Entdeckung, dass die unterschiedlichen Phasen des Entdeckungsprozesses häufig von verschiedenen Personen durchgeführt werden. So ist der Sammler der Exemplare oft nicht zugleich auch der Beschreiber der neuen Art.

Ein bekanntes Beispiel, das ich später noch ausführlich darstellen werde, soll das verdeutlichen. Üblicherweise wird in der Literatur und den einschlägigen Internetquellen der deutsche Kolonialoffizier Robert von Beringe als der Entdecker des Berggorillas bezeichnet.[13] Von Beringe hatte bei einer Besteigung des Mount Sabinyo im Norden Ruandas 1902 eine »Herde schwarzer, großer Affen« gesehen, auf die er und sein Begleiter mit ihren Gewehren zielten und abdrückten. Eines der zwei geschossenen Tiere konnten sie mit ihren Gehilfen mühsam bergen. Als von Beringe das erlegte Männchen vor sich sah, wusste er nicht, wie er das ungewöhnliche Tier einordnen sollte. War es ein Gorilla oder ein Schimpanse? Von Beringe war kein professioneller Zoologe, kannte aber die häufigsten Großtierarten in der Region seines Einsatzgebietes. Bei diesem Tier allerdings stand er vor einem Rätsel. Zurück in Deutschland, nahm er Kontakt mit Ludwig Heck auf, dem Direktor des Berliner Zoologischen Gartens, der den Schädel und eine Fotografie des Tieres an Paul Matschie im Zoologischen Museum Berlin weiterreichte, einen erfahrenen Kenner afrikanischer Säugetiere. Es war Matschie, der erkannte, dass es sich um eine noch unbekannte Gorilla-Art handelte, und der sie nach dem erfolgreichen Schützen benannte, *Gorilla beringei.*

War nun von Beringe der Entdecker des Berggorillas, wie in den meisten populären Quellen behauptet wird? Die Kriterien einer wissenschaftlichen Entdeckung treffen auf seine Rolle in dem Entdeckungsprozess nicht zu. Es war der pure Zufall, der ihm den Gorilla in die Hände spielte. Weder vor dem entscheidenden Schuss noch danach war von Beringes Vorgehen im Sinne einer wissenschaftlichen Entdeckung systematisch strukturiert, wenn er auch genügend Hintergrundwissen und womöglich Intuition besaß, den potenziellen Wert des geschossenen Tieres für die Fachwelt zu erkennen. Anders aber Paul Matschie. Er hat den Schädel, den er von Robert von Beringe erhalten hatte, mit anderen Schädeln aus der Sammlung des Berliner Naturkundemuseums und mit den Beschreibungen in der einschlägigen Literatur verglichen. Er hat die Unterschiede, die ihn dazu veranlassten, anzunehmen, eine neue Art entdeckt zu haben, in einer Publikation zusammengefasst, in der er auch den neuen Artnamen vergeben hat. Dieses Vorgehen erfüllt die Kriterien einer wissenschaftlichen Entdeckung. Paul Matschie muss also als der *wissenschaftliche* Entdecker des Berggorillas gelten.

Robert von Beringes Rolle bei der Entdeckung des Berggorillas allerdings war dennoch zentral. Er war es, der das fragliche Tier, das später der Holotypus, also das Belegexemplar der Artbeschreibung, werden sollte, nicht nur geschossen hatte, sondern der es als ausreichend wertvoll und interessant einschätzte, um den schwergewichtigen Gorilla unter Mühen zu bergen, im Feld abzubalgen, zum Transport herzurichten, und um schließlich das Fell und die Knochen persönlich nach Berlin zu bringen, wo er den noch verbliebenen

Schädel in kompetentere Hände übergab. Ohne von Beringes Zutun hätte Matschie den Berggorilla nicht wissenschaftlich beschreiben können.

In einem umgangssprachlichen Sinn spricht nichts dagegen, in Robert von Beringe den Entdecker des Berggorillas zu sehen. Im Sinne der *wissenschaftlichen* Entdeckung aber ist es Paul Matschie, dem diese Ehre gebührt. Robert von Beringe als glücklichem Schützen und kolonialem Sammler kommt eine Rolle zu, die man vielleicht am besten als die eines »Vorentdeckers« bezeichnen kann.[14]

ENTDECKUNGSFEHLER

Viele Tierarten werden nicht nur einmal, sondern mehrmals entdeckt. Da es verschiedene Ebenen der Entdeckung gibt, ist das nicht weiter verwunderlich. Menschen unterschiedlicher Kulturen haben unterschiedliche Zugangserlebnisse zu den Tieren ihrer Umwelt, und eine jede Volksgruppe wird eine bestimmte Tierart, die für sie von Interesse war, für sich entdeckt haben. Die Entdeckungsreisenden haben unabhängig voneinander Kunde von den ungewöhnlichsten Bestien und Wundern aus fernen Ländern mitgebracht. Diese vorwissenschaftlichen Begegnungen mit der Biodiversität sind zufällig und willkürlich. Sie setzen nicht notwendigerweise vorheriges Wissen voraus.

Das änderte sich mit der wissenschaftlichen Entdeckung, die Hintergrundwissen und die Fähigkeit der Einordnung in ein größeres Bild voraussetzt. Die strengen Regeln der wissenschaftlichen Benennung und Beschreibung sollten es eigentlich ermöglichen, Arten eindeutig und einmalig zu benennen. Das Verfahren der taxonomischen Entdeckung ist dank vereinbarter Regeln und Methoden reproduzierbar und eindeutig und führt dazu, dass jede Tierart einen einmaligen Namen erhält. Zumindest prinzipiell. Dennoch kommt es regelmäßig vor, dass Arten mehrfach wissenschaftlich beschrieben werden, dass also eine Art mehrere Namen zugewiesen bekommt. Da Taxonomie zu einer eindeutigen Benennung führen soll, stellt sich dann die Frage, welcher Name gültig ist. Das ist im Grunde ganz einfach: Es ist der zuerst publizierte. Die Biologen sprechen vom Prioritätsprinzip. Die später publizierten und damit jüngeren Namen werden als Synonyme des älteren verstanden. Sie spielen für die Artbezeichnungen im Grunde keine Rolle mehr, werden aber weiterhin in Artenlisten und -katalogen als Belege der taxonomischen Geschichte einer Art mitgeführt.

Synonyme sind, wenn man so möchte, taxonomische Fehler. Zu solchen Fehlern kommt es aus unterschiedlichen Gründen.[15] Wissenschaftler können ihre Artbeschreibung auf unterschiedlichen Geschlechtern eines oder verschiedener Entwicklungsstadien aufbauen, ohne dass sie wissen, dass die oft sehr verschieden aussehenden Formen in Wirklichkeit zu einer Art gehören. Der wahrscheinlich häufigste Grund von Mehrfachbeschreibungen sind unterschiedliche Auffassungen von Wissenschaftlern über die Grenzen von Arten. Was der eine für Merkmale zweier Arten hält, kann ein anderer als variierende Merkmale nur einer Art interpretieren. Helfen kann in solchen Fällen der Vergleich einer möglichst großen Menge an Untersuchungsobjekten, und das ist einer der Gründe, warum Sammler und Forscher auf ihren Expeditionen und Sammelreisen in der Regel versuchen, möglichst viele Exemplare zu erbeuten und in die Forschungsmuseen und Universitäten zu bringen.

Neben wissenschaftlichen Gründen, die zur mehrfachen Beschreibung von Arten führen, können auch persönliche und politische Motive eine Rolle spielen. So gibt es unter den Taxonomen »splitter«, die der Überzeugung sind, selbst bei nur geringen Unterschieden zwischen Exemplaren sollte die Existenz mehrerer Arten angenommen werden. Den »Splittern« stehen die »lumper« gegenüber, die im Zweifel für die Zusammenfassung unterschiedlicher Populationen in nur einer Art plädieren.

Die Neigung, in Zweifelsfällen lieber eine neue Art zu beschreiben, mag auch durch andere Beweggründe befördert werden. Die Entdeckung einer neuen Art kann Ruhm und Ehre bedeuten, sowohl in der Öffentlichkeit als auch unter wissenschaftlichen Fachkollegen. Nationale Interessen auch im Kontext der Kolonialisierung ferner Länder können die Neigung verstärken, Arten zu beschreiben und »eigene« Arten zu sehen, wo andere vielleicht nur eine Population einer bereits beschriebenen Art erkennen.

Eines der spektakulärsten Beispiele für die Vielfachbeschreibung einer Tierart ist erneut der Gorilla. Genau genommen die Gorillas, da es mehr als eine Gorilla-Art gibt, doch dazu später mehr. Gorillas kommen ausschließlich in Zentralafrika vor, dessen Länder im Zuge des Kolonialismus von verschiedenen europäischen Staaten beansprucht wurden. Die Kolonialstaaten Deutschland, Frankreich und Belgien hatten großes Interesse an einer Erforschung und Inventarisierung ihrer Kolonien, um den dort vermuteten Reichtum an Pflanzen, Tieren und Bodenschätzen auszubeuten. Spektakuläre Funde in den Kolonien wurden als nationale Leistung beansprucht und beförderten das gesellschaftliche, wissenschaftliche und politische Interesse an den Kolonien.

Die beiden heute wissenschaftlich unterschiedenen Gorilla-Arten wurden in den rund einhundert Jahren zwischen 1847 und 1943 etwa zwanzig Mal unabhängig voneinander beschrieben. Das bedeutet, dass Wissenschaftler zwanzig Mal anhand von einem oder mehreren Schädeln, Skeletten oder ganzen Tieren eine einmalige Gorilla-Art erkannten, wo wir heute mit größerem Überblick und modernen Untersuchungsmethoden nur noch zwei Arten mit jeweils zwei Unterarten sehen.

DAS ABENTEUER DER ARTENVIELFALT

Ein Anliegen meines Buches ist es, ein wenig zu einer der großen Fragen unserer Zeit beizutragen: Was sollen wir wertschätzen und warum?[16] Es geht mir darum, einige der vielen Entdeckungen in der Zoologie nachzuerleben und dadurch ein Gefühl dafür zu bekommen, wie reich und vielfältig die Welt um uns herum ist. Bei den täglichen Meldungen über aussterbende Arten und zerstörte Natur kann sich die eigene menschliche Existenz hässlich und zerstörerisch anfühlen. Nur allzu leicht verlässt einen der Mut angesichts der vor uns liegenden Aufgabe, Sorge dafür zu tragen, dass das konfliktreiche Verhältnis zwischen der Natur und dem Menschen nicht vollkommen aus dem Ruder läuft. Verwunderung und Staunen ergreifen den Naturforscher, der sich mit den Naturobjekten befasst, ihren Gestalten und Farben, ihren Verhaltensweisen und Anpassungen. Das Wundern führt, wie der britische Autor Caspar Henderson es ausdrückt, zu einer »Haltung veränderter, unwiderstehlich intensivierter Aufmerksamkeit auf etwas, das wir unmittelbar als irgendwie bedeutsam erkennen«.[17] Wenn mein Buch dazu beiträgt, die schon entdeckten und die vielen noch unentdeckten Arten in dieser Weise als »irgendwie bedeutsam« zu erkennen und staunend wertzuschätzen, darf ich mich glücklich schätzen.

Jede große Reise beginnt mit einem Schritt, und jede neu entdeckte Art ist ein solcher Schritt auf dem Weg, alle Arten der Erde zu entdecken und zu beschreiben. Einige dieser Schritte, die mir erzählenswert erscheinen, sind Gegenstand dieses Buches.

»Doctor Sanford,
I've got your bird«

I

MONSTERWESPE UND VOGEL SCHNARCH AUF SULAWESI

Artenentdecker sind heute meist Spezialisten für eine bestimmte Organismengruppe. Während Carl von Linné (1707–1778) noch beanspruchte, das gesamte Tier- und Pflanzenreich überblicken zu können, ist seit dem 18. Jahrhundert die Zahl der bereits bekannten und benannten Arten exponentiell in schwindelerregende Höhen gestiegen. Besonders bei Wirbellosen, und hier wiederum besonders bei Insekten, sind die Artenzahlen so gewaltig, dass es kaum möglich ist, alles überblicken zu können. Sicherlich wird ein Käferspezialist neben seinem Schwerpunkt bei Käfern auch andere Käfer bestimmen können, und viele Entomologen kennen sich generell mit Insekten gut aus. Spezifische Artenkenntnis aber beschränkt sich meist auf einen kleineren Ausschnitt der gesamten Vielfalt von meist nur wenigen Hundert Arten.

Spezialist zu sein, ist dabei nicht selten ein einsames Geschäft. Da die Artenvielfalt so groß und die Aufgabe der Beschreibung aller bekannten und noch unbekannten Arten so immens ist, tut man als Wissenschaftler gut daran, sich eine Gruppe von Organismen auszusuchen, in der nicht schon viele andere tätig sind. In jeder Tiergruppe ist auch für mehrere Taxonomen genug zu tun, aber es ist nicht eben förderlich, wenn man bei jeder Neuentdeckung fürchten muss, jemand anders könne dieselbe Entdeckung gemacht haben, womöglich sogar früher. So sucht man sich als Anfänger am besten eine bislang noch unbearbeitete Ecke aus, in der aktuell niemand tätig ist. Es kann sehr inspirierend sein, wenn ein erfahrener Taxonom in klassifikatorischer Nähe arbeitet und willens ist, einem über die Anfangsschwierigkeiten hinwegzuhelfen. Nicht selten ergeben sich so auch bei randlicher Überlappung im Kompetenzbereich Gelegenheiten zum geistreichen Austausch und womöglich zu gemeinsamen Veröffentlichungen.

Spezialisten mausern sich schnell zu den Weltkoryphäen ihrer Wahltiergruppe. Sie sind diejenigen, die sich am besten mit ihrer Gruppe auskennen. Sie haben den profundesten Überblick, und sie sind es, die die großen monografischen Abhandlungen wie Artenkataloge und andere, auf Vollständigkeit abzielende, Werke schreiben.

Meine Spezialität sind Grabwespen. Mit derzeit rund zehntausend bekannten Arten eine ansehnliche Gruppe stechender Insekten, die auf allen Kontinenten vorkommt. Auch wenn ich bei Weitem nicht die publizistische Produktivität mancher anderer Taxonomen vorzuweisen habe, ist in der Szene doch bekannt, dass ich mich mit diesen Wespen weltweit ganz gut auskennenne. So bleibt es nicht aus, dass auch ich öfter um Fachrat bei der Bestimmung von Grabwespen gebeten werde.

So auch Mitte 2010. Lynn Kimsey, eine in der Wespenszene ebenfalls gut bekannte US-amerikanische Entomologin, schrieb mir eine E-Mail mit dem vielversprechenden Betreff »weird crabronid«. »Crabronids« ist die umgangssprachliche Bezeichnung für Crabronidae, die mit rund 9000 Arten bei Weitem größte Teilgruppe der Grabwespen. Sinngemäß also »seltsame Grabwespe«. Seltsames macht immer neugierig, und wenn meine Kollegin Lynn offenbar ratlos war, erhöhte das meine Neugierde nur noch mehr. Das angehängte Foto zeigte eine pechschwarze Wespe mit gigantischen Mandibeln, also Oberkiefern, die länger waren als die eigenen Vorderbeine. Die Körperproportionen ließen selbst ohne Maßstab vermuten, dass es sich um ein riesiges Tier handeln musste, viel größer als die meisten Grabwespen, die mir bekannt waren. Die Herkunft war die indonesische Insel Sulawesi, und aus Südostasien war mir bislang erst recht nichts vergleichbar Großes unter die Augen gekommen. Die Mandibeln allerdings lösten in mir schwache Erinnerungen aus. Derart verlängerte Oberkiefer hatte ich bereits zuvor einmal gesehen, und zwar bei der Grabwespengattung *Dalara*, die ebenfalls in Südostasien vorkommt. *Dalara*-Arten allerdings sind im Vergleich zu diesem Monstrum winzig klein, mit viel dünneren, wenn auch im Vergleich zur Körpergröße ähnlich langen Oberkiefern. In beiden Fällen kommen solche überdimensionierten Mandibeln nur bei den Männchen vor. Tiere von *Dalara* sind selten in Museumssammlungen, und in der großen Sammlung des Berliner Naturkundemuseums gibt es nicht ein einziges Exemplar dieser Gattung. Zufälligerweise hatte ich mir einige Monate zuvor im Rahmen eines anderen wissenschaftlichen Projekts zu Vergleichszwecken einige *Dalara* aus der Sammlung von Naturalis in Leiden, dem nationalen Naturkundemuseum der Niederlande, ausgeliehen. Als ehemalige Kolonialmacht in Südostasien sind in holländischen Sammlungen Objekte aus dieser Region häufig vertreten. Das war ein glücklicher Zufall, denn so konnte ich das neue Tier, von dem mir allerdings nur ein Foto vorlag, sofort mit einem *Dalara*-Männchen vergleichen.

Exkurs: Taxonomische Eigenheiten

Aufmerksamen Lesern ist es vielleicht aufgefallen: Die Bezeichnung *Dalara* ist kursiv gesetzt, die Bezeichnung Crabronidae dagegen nicht. Ein Druckfehler? Nein, sondern ein taxonomischer Hinweis, dass es sich bei den *Dalara* um eine Gattung handelt, denn nur Gattungen und Arten werden in der Taxonomie kursiv gesetzt. Die traditionellen Hierarchiestufen sehen so aus:

- Stamm
- Klasse
- Ordnung
- Familie (Endung -idae)
- *Gattung*
- *Art*

ZWEI RIESEN IN DER SCHUBLADE

Noch ein weiterer Zufall kam hier ins Spiel. Da die Mehrzahl der Arten auf unserer Erde noch gar nicht entdeckt und daher auch nicht beschrieben und benannt ist, nimmt es nicht wunder, dass jede naturkundliche Sammlung einen nicht unerheblichen Anteil an noch nicht oder nur teilweise klassifizierten Objekten besitzt. In vielen Museumssammlungen, besonders in solchen mit sehr aktiven Forschern und Sammlern, kann der Anteil an »unbestimmten« Exemplaren recht hoch sein. Man schätzt, dass das bei Wirbellosen im Schnitt rund 30 Prozent des Gesamtobjektbestands betrifft. Im eigentlichen Sinne unbestimmt sind die Exemplare allerdings nicht. In der Taxonomie bedeutet »Bestimmung« die Zuweisung eines (unbestimmten) Exemplars zu einer schon benannten Organismengruppe. Ein Tier in der Sammlung allgemein als Käfer, und noch genauer als Siebenpunkt-Marienkäfer, zu bezeichnen, ist ein Akt der Bestimmung. Im Idealfall endet der Bestimmungsprozess auf der Ebene der Art, dem Goldstandard in der Taxonomie. Dies wird man nicht in allen Fällen erreichen, da bei vielen Tiergruppen die Unterschiede zwischen den schon in der Vergangenheit der Taxonomie beschriebenen Arten nie systematisch so herausgearbeitet wurden, dass man neu gefangene

Tiere ohne Probleme mit einem Artnamen versehen könnte. In manchen Fällen muss man sich vorläufig mit dem Gattungsnamen begnügen, und wenn selbst das nicht verlässlich möglich ist, bleibt man vielleicht bei einem Familiennamen stecken. Oder sogar bei der Ordnung. Es kann durchaus vorkommen, dass man in den Tropen ein vollkommen obskures Insekt fängt, das man mit Ach und Krach noch als Käfer erkennen kann, danach ist aber Schluss. Ist ein Spezialist für diese Tiergruppe verfügbar, kann der vielleicht helfen, hat man ihn nicht, geht es vorläufig nicht weiter. Man kann sich leicht vorstellen, dass sich unter dem »unbestimmten« Material, von dem man ja definitionsgemäß nicht weiß, was es ist, spannende Überraschungen verbergen können. Jeder Spezialist, der es auf noch unbekannte Arten abgesehen hat, tut gut daran, sich in den Museumssammlungen durch diese oft auch als Supplemente bezeichneten Sammlungsteile unbestimmter Tiere zu arbeiten.

Genau das hatte ich kurz vor Lynn Kimseys aufregender E-Mail auch getan, und als ich das Foto der Riesenwespe sah, erinnerte ich mich daran, in den Sammlungen des Berliner Naturkundemuseums schon einmal etwas Ähnliches gesehen zu haben. Es gibt dort viele Insektenkästen voll mit unbestimmten Grabwespen, und ich hatte mir am Ende eines langen Arbeitstages einige solcher Kästen an meinen Arbeitsplatz geholt, um sie durchzuschauen und, wenn möglich, auf die nächste Bestimmungsebene zu bringen. Bemerkenswerterweise gab es einige Kästen, die mit »Larrini« bezeichnet waren, was eine schon recht genaue Bestimmung bei den Grabwespen bedeutet und Fachkenntnisse voraussetzt. Viele Grabwespen dieser Larrini-Gruppe sind auf den ersten Blick unscheinbar schwarz und häufig klein. Erfahrungsgemäß gehören in den Sammlungen die allermeisten von ihnen zur Gattung *Liris*. Mit *Liris* kenne ich mich nicht so gut aus, unter den Aufsammlungen aus den Tropen sind sie allerdings recht häufig. Man muss sich das so vorstellen: Vor einem liegt ein großer Insektenkasten mit einigen Hundert Exemplaren von Larrini, und man freut sich schon darauf, verschiedene Gattungen zu finden. Ein Tier nach dem anderen wird herausgenommen, unter das Mikroskop gehalten und als *Liris* in den nächsten Kasten gesteckt. Nur sehr selten sind darunter Vertreter anderer Gattungen. Material aus Südostasien ist besonders vielversprechend, weil es eine Reihe von Gattungen gibt, die nur dort vorkommen und die ich bislang nur selten oder nie gesehen hatte. Wegen der zu erwartenden Fülle an für mich unbestimmbaren *Liris*-Exemplaren war mein Enthusiasmus nicht allzu groß, als ich mir einen Kasten Larrini nach dem anderen vornahm. In einem waren mir gleich zwei sehr viel größere, tiefschwarze Wespen aufgefallen, die ich mir nur flüchtig angesehen hatte, um sie später genauer zu untersuchen.

Als ich nur wenige Tage später Lynn Kimseys Foto ihrer Riesenwespe von Sulawesi sah, erinnerte ich mich blitzartig an diese beiden großen Wespen. Ich holte sie mir gleich aus der Sammlung. Und tatsächlich waren es zwei Männchen, die fraglos identisch waren mit dem Männchen auf Lynn Kimseys Foto. Ich musste zähneknirschend eingestehen, dass mir die riesigen Mundwerkzeuge anfänglich nicht aufgefallen waren, weil sie bei den beiden Tieren aus der Berliner Sammlung zusammengeklappt waren und dadurch nicht sofort ins Auge fielen.

Ein kurzer Blick durch das Mikroskop, und es war klar, dass die schwarze Riesenwespe, die Lynn Kimsey auf Sulawesi gefangen hatte und von der das Berliner Naturkundemuseum zwei Tiere besitzt, nur eine oberflächliche Ähnlichkeit mit *Dalara* aufweist. Sie sind sicherlich recht nah miteinander verwandt, aber ohne Zweifel keine Angehörigen derselben Gattung. Da die unbekannte Wespenart einige Merkmale besitzt, die *Dalara* und andere verwandte Formen nicht zeigen, beschrieben und veröffentlichten Lynn Kimsey und ich die neu entdeckte Riesenwespe als neue Art in einer neuen Gat-

1-1 Riesen inmitten eines Heers von Kleinen. Die zwei von Heinrich gefangenen Männchen der Monsterwespe in dem ursprünglichen Insektenkasten im Museum für Naturkunde.

tung. Der von uns gewählte Name lautet *Megalara garuda*. Der Gattungsname setzt sich aus der Vorsilbe *mega* für groß und der zweiten Silbe von *Dalara*, der nah verwandten Grabwespengattung mit enormen Mandibeln, zusammen. Der Artname *garuda* bezieht sich auf das geflügelte mythische Reittier der hinduistischen Gottheit Vishnu und ist zugleich das Wappentier Indonesiens.

EIN FENSTER IN DIE VERGANGENHEIT

Die beiden Berliner Exemplare von *Megalara garuda* sind aufgrund ihrer schieren Körpergröße etwas Besonderes, bei Weitem aber keine Ausnahme. Der Anteil unbestimmter Arten in den Sammlungen ist hoch, und sie bleiben so lange unentdeckt, bis sich ein Spezialist findet, der sie aufspürt und bestimmt. Das kann sehr lange dauern, denn nicht für alle Gruppen gibt es überhaupt Spezialisten, und die Spezialisten, die es gibt, haben mehr als genug mit den enormen Mengen an Objekten in den Museen der Welt zu tun. Nach einer Studie vergehen im Schnitt 20,7 Jahre zwischen dem Aufsammeln eines naturkundlichen Objekts und der Verwendung in einer Artbeschreibung.[1]

Die beiden Riesenwespen, die ich in der Sammlung des Berliner Naturkundemuseums entdeckt hatte, teilten ein ähnliches Schicksal. Auch sie befanden sich zum Zeitpunkt ihrer Entdeckung als eine noch unbeschriebene Art bereits lange im Museum. Wie die Fundortetiketten verraten, wurden sie im Dezember 1930 von Gerd Heinrich (1896–1984) auf der Insel Celebes, dem heutigen Sulawesi, gefangen.

Gerd Heinrich ist für mich als Wespenforscher ein klangvoller Name. Er galt als talentierter und engagierter Sammler besonders von Vögeln und Insekten, der auf seinen Expeditionen zahlreiche noch unbekannte Arten gefangen hatte. Selbst wissenschaftlich aktiv war er besonders bei Schlupfwespen, wissenschaftlich Ichneumonidae, einer artenreichen Gruppe von parasitischen Hautflüglern. Heinrich wuchs auf dem Gutshof Borowke in Westpreußen im heutigen Polen auf, besuchte aber in Berlin das Gymnasium. 1910 nahm er als 15-Jähriger Kontakt mit Richard Heymons (1867–1943) am Museum für Naturkunde in Berlin auf. Er habe Insekten, Pflanzen, Vogeleier und allerlei andere naturkundliche Objekte gesammelt, sogar in Gläsern konservierte Bandwürmer gehörten dazu, berichtete der enthusiastische junge

Heinrich dem Professor. Nun benötige er professionellen Rat, wie er seine Begeisterung für die Naturkunde weiterentwickeln und professionalisieren könne. Das damalige Zoologische Museum am Museum für Naturkunde in Berlin war die erste Adresse für alle naturkundlichen Fragen und Aktivitäten, und ein 15-Jähriger brauchte fraglos Mut und Selbstbewusstsein, sich dort an einen der Professoren zu wenden. Heymons, Professor am Zoologischen Institut der Universität Berlin und zugleich Kustos am Zoologischen Museum, war eine Größe seines Faches und sicherlich eine der besten Adressen für den jungen Heinrich, ebenfalls ein professioneller Entomologe zu werden. Besonders wolle er etwas für die Wissenschaft vollkommen Neues entdecken, so Heinrich. Heymons möge ihm bitte sagen, welches die am schlechtesten erforschte Insektengruppe sei, der er sich auf der Suche nach Neuentdeckungen zuwenden solle. Der Professor, selbst ein erfahrener Käferforscher, schlug ihm die Schlupfwespen, die Ichneumonidae, vor. Und da diese wenig erforschte Gruppe parasitischer Wespen viel zu artenreich sei, um von einer einzigen Person innerhalb eines Lebens bearbeitet werden zu können, empfahl er dem jungen Heinrich, er solle sich von vornherein auf eine Teilgruppe der Ichneumoniden konzentrieren, und zwar auf die Unterfamilie Ichneumoninae.

Die Ichneumoniden besitzen im Gegensatz zu ihren räuberischen und stechenden Wespenverwandten einen Eilegeapparat, mit dem sie ihre Eier in ihre Wirte injizieren. Die schlüpfenden Larven ernähren sich parasitisch von ihrem Wirtsorganismus. Die Vielfalt an möglichen Wirten ist gewaltig, wobei der Schwerpunkt auf Schmetterlingen, Käfern und Pflanzenwespen und besonders deren Larven liegt. Die Artenvielfalt der Schlupfwespen ist enorm. Etwa 24 000 sind weltweit bekannt[2], aber die wirkliche Zahl wird um ein Vielfaches höher liegen. Ichneumoniden leben in der Regel recht versteckt, haben kurze Flugzeiten und sind im Laufe ihres begrenzten Daseins damit beschäftigt, einen Geschlechtspartner zu finden und einen geeigneten Wirt aufzuspüren, in dem sie ihre Eier platzieren. Besonders in den Tropen gibt es eine große Artenvielfalt, aber bereits in Deutschland sind mehr als 3600 Arten nachgewiesen.[3] Man geht davon aus, dass die überwiegende Zahl von Insektenarten von mindestens einer spezifisch an sie gebundenen Wespe parasitiert werden. Da Ichneumoniden effektive Widersacher von Schadinsekten in der Landwirtschaft sind, spielen sie im biologischen Landbau eine bedeutende Rolle. Die Taxonomie der Ichneumoniden gilt als schwierig und herausfordernd, und aufgrund ihrer wirtschaftlichen und wissenschaftlichen Bedeutung war zu erwarten, dass sich ein junger Nachwuchsentomologe wie Heinrich schnell einen Namen machen würde, sollte es ihm gelingen, signifikante Beiträge in der Schlupfwespenforschung zu liefern. Heymons Rat war nicht nur fachlich gut durchdacht, er wandte sich auch, wie sich später zeigen sollte, an den Richtigen.

Heinrich war mit ganzem Herzen Naturkundler. Experimentelle Laborbiologie an den Universitäten war nicht das, was er anstrebte. Wichtiger als alles andere war es ihm, in die Natur zu gehen und sich dort auf die Suche nach den Wundern der Evolution zu machen. Seine Leidenschaft verteilte sich auf zwei ganz unterschiedliche Tiergruppen: Vögel und Schlupfwespen. Er begann schon in jungen Jahren, wissenschaftliche Veröffentlichungen über beide Gruppen zu schreiben. Heinrich aber wollte mehr. Er hatte die Werke der klassischen Forschungsreisenden gelesen, insbesondere die der berühmten viktorianischen Forscher wie Henry Walter Bates, Alfred Russel Wallace und Richard Spruce, die unbezahlt und mit Mut und Unternehmergeist aufbrachen, um neue Arten zu entdecken.[4] Genau das wollte auch der junge Gerd Heinrich.

Mit seinen ersten Publikationen über Vögel und Ichneumoniden im Gepäck stellte sich Heinrich dem berühmten Lutz Heck (1892–1983) vor, dem damaligen Direktor des Berliner Zoologischen Gartens. Er plante, Heck davon zu überzeugen, ihn an einer Expedition in ein fernes Land teilnehmen zu lassen, um Tiere für den Zoo zu fangen. Heck war nicht sehr enthusiastisch, auch weil Heinrich bislang neben den Wespen nur Vögel bearbeitet hatte. Heinrich war frustriert, übergab aber Heck sein Manuskript über die Vögel der Dobrudscha, einer Landschaft zwischen dem Unterlauf der Donau und dem Schwarzen Meer.

Heinrich konnte nicht ahnen, dass Heck das Manuskript an einen der wichtigsten und einflussreichsten Ornithologen seiner Zeit weiterreichen würde, nämlich an Erwin Stresemann (1889–1972). Stresemann war Kurator für Vögel am Museum für Naturkunde in Berlin, eine der bedeutendsten Sammlungen der Welt, und zugleich Präsident der Deutschen Ornithologischen Gesellschaft. Und Stresemann war beeindruckt von dem Manuskript des jungen Heinrich. Umgehend rief Stresemann Heinrich auf Gut Borowke an, um ihm mitzuteilen, dass sein Erstlingswerk im berühmten »Journal für Ornithologie« veröffentlicht werden würde. Eine unerwartete Ehre für den jungen Ornithologen.

Aus diesem ersten Kontakt entstand eine lebenslange Freundschaft, die das Leben des jungen Heinrich nachhaltig beeinflussen sollte. Stresemann unterstützte Heinrichs Sammelpläne und beriet ihn bei der Wahl neuer Reiseziele. Heinrichs spätere Frau Anneliese lernte das Präparieren von Vögeln und Säugetieren und wurde auf künftigen Reisen Heinrichs unentbehrliche Mitarbeiterin. 1927 verbrachten sie mehrere Monate in Persien, um Vögel, Schlupfwespen und für Zoodirektor Heck eine seltene Unterart des Leoparden (*Panthera pardus nimr*)[5] zu fangen.

TREFFEN DER GROSSEN

Im Frühsommer 1929 nahm der inzwischen 32-jährige Heinrich an einem Abendessen seines akademischen Vaters Stresemann teil, zu dem eine weitere ornithologische Größe geladen war. Leonard C. Sanford (1868–1950) war ein erfolgreicher Chirurg, sein eigentliches Interesse aber galt der Ornithologie. Dem American Museum of Natural History in New York war er eng verbunden, und er war drei Jahrzehnte lang Mitglied im Kuratorium. Er initiierte den Kauf von zahlreichen Exemplaren seltener und ausgestorbener Vögel für die Sammlung des New Yorker Museums und motivierte wohlhabende Mäzene, umfangreiche Expeditionen zum Beispiel nach Südamerika und in die Südsee zu finanzieren. Durch Sanford konnte auch die gewaltige Vogelsammlung von Baron Walter Rothschild (1868–1937) erworben werden, für deren Bearbeitung in New York ein weiterer Schüler von Erwin Stresemann eingestellt wurde, nämlich Ernst Mayr (1904–2005). Dieser sollte sich in der Folgezeit zu einem der bedeutendsten Evolutionsbiologen des 20. Jahrhunderts entwickeln. Gerd Heinrich beschreibt das Treffen der drei Ornithologen wie folgt:

> In der Villa des Berliner Zoologen Professor Stresemann ist soeben die Abendmahlzeit beendet worden, und der Hausherr hat sich in Begleitung seiner beiden Gäste in das Studierzimmer begeben. Einer von ihnen, Dr. L. C. Sanford, der bekannte Ornithologe und leidenschaftliche Förderer der Sammlungen des American Museum of Natural History in New York, blättert in einem alten wissenschaftlichen Werk von mehr als biblischen Dimensionen – »Birds of Celebes by Meyer & Wiglesworth« ist auf dem Titelblatt zu lesen.

Plötzlich wendet sich der amerikanische Gelehrte an mich, und während sein rechter Zeigefinger mehrmals hintereinander auf eine gerade aufgeschlagene farbige Abbildung tippt, sagt er langsam und mit Nachdruck: »this bird you must get« ... Auf jener Abbildung erblickt man einen äußerst merkwürdigen Vogel, der mit aufgesperrtem Schnabel und erhobenen Flügeln irgendeinen Freudentanz zu vollführen scheint und der, wie aus dem Titel des Bildes hervorgeht, den klangvollen Namen »*Aramidopsis plateni*« trägt.[6]

Heinrich war dieser seltsame Vogel nicht unbekannt, denn im Jahr zuvor durfte er ein Exemplar in der Sammlung von Baron Rothschild in dessen Schloss bewundern. Der Baron selbst führte Heinrich durch seine umfangreichen Sammlungen, die einige der seltensten naturkundlichen Objekte überhaupt enthielten. Dort, in der berühmten Sammlung in Tring, sah Heinrich neben einem Exemplar von *Aramidopsis plateni* auch noch eine andere ornithologische Rarität: die seltene, nur durch zwei von Alfred Russel Wallace (1823–1913) gefangene Exemplare bekannte, Wallace-Ralle *Habroptila wallacii*, die im Deutschen wegen ihres tiefen, trommelartigen Rufes auch Trommelralle genannt wird.

Sulawesi war von Sanford und Stresemann nicht zufällig ausgewählt worden. Sie interessierten sich beide für die schlecht erforschte Vogelwelt des Malaiischen Archipels, einer Inselwelt zwischen der Malaiischen Halbinsel und Australien. Die zahllosen tropischen Inseln beherbergen einen enormen Artenreichtum und sind einer der Hotspots der weltweiten Biodiversität. Die Verbreitungsgebiete vieler Arten beschränken sich dabei auf kleinräumige Areale und Inseln. Der britische Naturforscher Alfred Russel Wallace persönlich hatte den Malaiischen Archipel acht Jahre lang zwischen 1854 und 1862 erforscht und besammelt. Seine Daten legten die Grundlage dafür, dass er im Frühjahr 1858 auf der Molukken-Insel Ternate seine Gedanken zu einer Selektionstheorie zusammenschrieb und damit beinahe Darwins Evolutionstheorie vorwegnahm. Darwins Hauptwerk »On the Origin of Species«, das 1859 erschien und das das wahrscheinlich wichtigste Buch der Biologiegeschichte darstellt, sicherte Darwin bis heute die Priorität für die Entdeckung der modernen Evolutionstheorie und ließ Wallace zum »ewigen Zweiten« werden.[7]

I–2 Der Verlauf der Wallace-Linie im Malaiischen Archipel

Neben seiner Selektionstheorie und seinen Sammelaktivitäten interessierte sich Wallace seit einer früheren Sammelreise zusammen mit Henry Walter Bates (1825–1892) entlang des Amazonas[8] für Verbreitungsmuster von Tierarten. Er stellte fest, dass sich die Zusammensetzung der Tierwelt auf beiden Seiten bestimmter geografischer Barrieren wie Flüssen oder Meeresstraßen häufig drastisch und dauerhaft unterschied. Bei seinen Untersuchungen im Malaiischen Archipel machte er dieselben Beobachtungen. Die Zusammensetzung der Tierwelt auf beiden Seiten einer Linie, die mitten durch die Inselwelt verläuft, unterscheidet sich enorm. Nördlich dieser Linien kommen Tierarten vor, die man auch von anderen asiatischen Inseln und dem asiatischen Festland kennt, südlich hingegen sind Arten verbreitet, die australischen Ursprungs sind, wie zum Beispiel Beuteltiere. Diese Linie, die heute zu Ehren ihres Entdeckers Wallace-Linie genannt wird, stellt also den Kontaktbereich zwischen der asiatischen und der australischen Fauna dar. In ihrem nördlichen Verlauf trennt die Wallace-Linie die beiden Inseln Sulawesi und Borneo,

→ **I-3** Die Farbtafel von *Aramidopsis plateni* (rechts) aus den »Birds of Celebes«, die Sanford und Stresemann Heinrich zeigten.

1/2

die nur 120 Kilometer voneinander entfernt sind. Und doch könnte ihre Tierwelt nicht unterschiedlicher sein.

Das alles hatte Sanford im Kopf, als er im Arbeitszimmer von Stresemann mit Nachdruck auf die Abbildung von *Aramidopsis plateni* klopfte. Sulawesi stand deshalb ganz oben auf seiner Liste. Bei seinem Besuch in Berlin hatte sich Sanford bereits mit Stresemann über die Ziele einer solchen Expedition beraten, und Stresemann schlug Gerd Heinrich als geeignete Person vor, diese Reise durchzuführen. Heinrich sagte mit Begeisterung zu.

Der Auftrag, Heinrich möge *Aramidopsis plateni* fangen, spiegelte Sanfords persönliche Begeisterung für Rallen wider. Da es bislang nur extrem wenige Tiere dieser Art, die das letzte Mal mehr als drei Jahrzehnte zuvor gefangen worden war, in den Sammlungen der Welt gab und keines davon im American Museum, musste unbedingt ein Exemplar für das New Yorker Museum besorgt werden. Zugleich aber hoffte Sanford, dass es Heinrich gelänge, auch die andere so seltene Rallenart, *Habroptila wallacii*, die Trommelralle, zu erbeuten. Wallaces Fundort, die Molukken-Insel Halmahera, liegt in der Nähe von Ternate, wo Wallace seine Selektionstheorie formulierte, und nur rund 120 Kilometer von Sulawesi entfernt. *Habroptila* allerdings gilt als der kleinste lebende, flugunfähige Vogel der Welt, und seine englische Bezeichnung, »invisible bird«, sowie sein Lebensraum, nämlich undurchdringliche Sumpfwälder, ließen die Schwierigkeiten erahnen.

Sanford, Stresemann und Heinrich aber wussten, dass neben den Rallen noch viele andere seltene oder noch unbekannte Vogelarten zu erwarten waren. Alle drei unterzeichneten einen Vertrag, in dem sich Heinrich verpflichtete, mindestens acht Monate auf Sulawesi zu bleiben und mit nicht weniger als 3000 Vogelbälgen zurückzukommen. Er erhielt einen Vorschuss von 5000 US-Dollar, um die Reise für sich und zwei weitere Personen zu finanzieren. Selbst damals keine große Summe.[9]

Am 16. März 1930 erreichte Heinrich Makassar, die Hauptstadt von Sulawesi im Südwesten der Insel. Begleitet wurde er von seiner Frau Anneliese Machatchek und ihrer Schwester Liselotte, die beide als erfahrene Präparatorinnen für das Präparieren der Vogelbälge und der Insekten zuständig waren.

Heinrich hatte nur wenige Anhaltspunkte, wo er die Suche beginnen sollte. Paulus Moninka, ein einheimischer Jäger, hatte dreißig Jahre zuvor ein Exemplar von *Aramidopsis plateni* erlegt und behauptet, der seltsame Vogel käme in der Küstenregion im Norden Sulawesis vor. Heinrich war sich sicher, dass er sich irrte. Er und andere erfahrene Ornithologen nahmen an, dass die Ralle in den tropischen Bergregenwäldern im Inneren Sulawesis und nicht in den Küstensümpfen beheimatet ist.[10]

Mit zwei Gehilfen, neunzehn Packpferden und später mit fünfzig Trägern machten sich Heinrich und seine Begleiterinnen auf den Weg in die Latimodjong-Berge. Vom Menschen völlig unberührte Wälder erwarteten sie, durch deren Schlingpflanzen sie sich mit scharfen Macheten mühsam hindurcharbeiten mussten. Auf einer Höhe von rund 2000 Metern erreichten sie einen Bereich mit moosbewachsenen Bäumen und unaufhörlichem Regen, den Heinrich als erstes Standlager auswählte. Dort schien ein geeigneter Lebensraum für *Aramidopsis* zu sein. Heinrich zahlte die Träger aus und bat sie, in einem Monat wiederzukommen, da sie in höhere Lagen weiterwandern wollten. Seine ersten Eindrücke beschreibt er so:

> Wenn man auf der Suche nach Vögeln die feuchten und kühlen Wälder der Hochgebirgszone durchstreift, so kommt es nicht allzu selten vor, dass man auf stundenlanger Wanderung kaum einen Vogellaut zu hören bekommt und den Eindruck gewinnt, diese Waldungen seien tot und ohne Vogelleben. Plötzlich aber hört man irgendwoher aus den Baumwipfeln ein feines Piepen und Zwitschern, und wenn man in diesen Gebieten schon »zu Hause« ist und die Stimmen der Vögel kennengelernt hat, so vermag man näherkommend alsbald die Stimmlaute von einem halben Dutzend und mehr verschiedener Arten zu unterscheiden. Munter sieht man dann die kleinen Vögelchen dort oben von Zweig zu Zweig flattern, von Baum zu Baum wandern. […] Der vorher scheinbar so öde und tote Wald scheint plötzlich mit buntem und frohem Vogelleben erfüllt zu sein. Einige Minuten lang schwirrt es, piept und zwitschert es rings umher – dann sinkt der Wald wieder langsam in sein altes Schweigen zurück.[11]

Heinrich und das Präparatorenteam arbeiteten hart unter klimatisch schwierigen Bedingungen. »Regen, Regen, Regen jeden Tag. Und kein *Aramidopsis*«, schrieb Heinrich an Stresemann.[12] Der Mangel an Sonnenlicht und Wärme schlug ihnen aufs Gemüt, aber Heinrich jagte und fing unermüdlich jeden Tag. Am 9. August verließen sie die Latimodjong-Berge, bereits mit zahlreichen Vogelbälgen und genadelten Insekten im Gepäck. Sie blieben nur kurze

I-4 Die »Präparationsabteilung«, bestehend aus Anneliese und Lieselotte

Zeit in Makassar, um die bisherige Ausbeute zu sichten und für den Transport nach Übersee vorzubereiten. Weiterhin war sich Heinrich unsicher, wo er als Nächstes nach *Aramidopsis* suchen sollte. Stresemann riet brieflich, nicht in den Küstensümpfen der Minahassa zu suchen, sondern sich der Gipfelregion des Matinangebirges anzunehmen, dem höchsten Gipfel Sulawesis im Norden der Insel. Von der Küste aus, an der unmittelbar die dichten, urwaldbedeckten Gebirgszüge entspringen, machte sich Heinrich sofort auf die Jagd. Das treibhausartige, feucht-heiße Klima machte dem kleinen Team ebenso zu schaffen wie die Heerscharen der lauernden Blutegel. Hier sah Heinrich am Strand das erste Mal das berühmte Hammerhuhn, *Macrocephalon maleo*, das seine Eier in einer Sandgrube verscharrt und von der Sonnenwärme ausbrüten lässt. Heinrich aber musste wieder in die »tiefe, traurige Einsamkeit des Regenwaldes«, immer auf der Suche nach *Aramidopsis*.

> Aber eines fehlt: Jener vielleicht stärkste Reiz des Lebens, den man gewöhnt ist, als »Reiz des Neuen« zu bezeichnen. Und es fehlt auch die Erwartung und Hoffnung, hier noch etwas Wichtiges und Interessantes neu entdecken und damit positive Forschungsarbeit leisten zu können. Es beginnt hier [...] jene Phase der Expedition, bei der die verzweifelte Suche nach der Ralle den alleinigen Mittelpunkt bildet, um den sich nun unser ganzes Dasein mit allen Sinnen und Trachten dreht.[13]

Die Vogelwelt am Fuße des Gebirges schien dürftig zu sein, und in seiner Verzweiflung verlegte sich Heinrich auf die Nachtjagd. Eine südamerikanische Ralle ist als Nachtvogel bekannt, und wer weiß, zu welcher Tageszeit *Aramidopsis* unterwegs ist. Vergeblich. Sie reisten weiter nach Norden und erkletterten unter Mühen die Hochgebirgszone des Matinangebirges. Die Vielfalt an spektakulären Arten war beeindruckend, und sie sahen Flugdrachen, Hornvögel, schwarze Paviane und bunte Giftschlangen. Heinrich hatte bereits vor ihrem Aufbruch in das Hochgebirge Material gekauft, um Bodenvögel mit einer ausgeklügelten Fallenkonstruktion zu fangen. Mehrere Hundert Meter Maschendraht bauten Heinrich und seine Helfer reusenartig so in den undurchdringlichen Regenwald, dass alle Bodenvögel in aufgestellte Vogelnetze geleitet wurden. Neben Baumratten, einigen weniger interessanten Vögeln und einem Frosch führte die »Rallenfalle« nicht zu dem gewünschten Ergebnis. Schweine schließlich zerstörten die Netze, und Heinrich musste zum »unermüdlichen Pirschen und Suchen vom Morgengrauen bis zum Abend, das Warten und Lauschen auf irgendeine Stimme, einen Laut, der dem Ohr noch unbekannt ist«[14], zurückkehren. Längst hatte er seinen Jägern befohlen, nichts anderes mehr als Bodenvögel zu erlegen. Außer einem Großfußhuhn, *Megapodius cumingii*, nichts. Ein halbes Jahr waren sie schon im Regenwald, und sind dem eigentlichen Ziel ihrer Reise doch nicht nähergekommen. Weiteres Geld traf von Sanford ein, der Heinrich inständig bat, nicht lockerzulassen und weiter nach *Aramidopsis* zu suchen. Und wenn es ginge, danach auch noch die Wallace-Ralle von Halmahera.

I-5 Da keine Rallen zu finden waren, verlegte sich Heinrich auf Ratten.

DURCHHALTEN BIS ZUM ERFOLG

Die Küstenregion des Nordens Sulawesis ist unter der niederländischen Kolonialverwaltung stark europäisch beeinflusst worden. Staatliche Kolonialgebäude und gepflegte Asphaltstraßen prägten das Bild. Die Region war leicht zugänglich und galt als gut erforscht, weshalb Heinrich anfänglich zauderte, hier das natürliche Vorkommen der Ralle zu vermuten. Dort traf Heinrich den Jäger Paulus Moninka, der die erste Ralle erbeutet hatte. Heinrich machte sich wieder auf in »die triefenden kalten Hochgebirsgwälder«. Malariaanfälle setzten den dreien zu, ebenso wie Schwärme von Stechmücken und Blutegeln. Heinrich hatte Zeichnungen von *Aramidopsis* dabei und zeigte sie in jedem Dorf, durch das sie kamen, herum. Ein Einheimischer erzählte, er hätte diesen Vogel in seiner Jugend ein paar Mal gesehen, aber er sei selten. Man würde ihn an seinem Ruf erkennen, der klinge wie ein schnarchender Mensch. Heinrich hielt die Erzählung für glaubwürdig und nannte den begehrten Vogel von da an den »Vogel Schnarch«.

Ein Jahr waren sie nun bereits auf Sulawesi, fast die ganze Zeit unter den schwierigsten Bedingungen in den feuchten Hochgebirgswäldern. Langsam kamen Heinrich Zweifel, ob Sanford mit seiner Vermutung wirklich recht hatte, dass die Ralle ein Bewohner der höher gelegenen Wälder war. »Könnte *Aramidopsis* vielleicht in Wirklichkeit eine Sumpfralle sein?«, spekulierte er in einem Brief an Stresemann.[15]

Heinrich beschloss, die bislang so erfolglose Suche nach dem »Vogel Schnarch« zu unterbrechen und stattdessen erst einmal nach der Trommelralle *Habroptila wallacii* auf der nordöstlich von Sulawesi gelegenen Insel Halmahera zu suchen. Auch hier wieder dieselbe Suchstrategie: Er hatte eine Zeichnung des Vogels, die er in den Dörfern von Halmahera herumzeigte. Manche Bewohner meinten den Vogel zu kennen und nannten Heinrich den lokalen Namen. Immer erwiesen sich die Spuren als Sackgassen, und »iiki«, »waringiti« und all die anderen Bezeichnungen entpuppten sich als ganz andere Vogelarten. »soissa« aber konnte er nicht ohne Weiteres eliminieren. Ein lokaler Jäger erzählte ihm, dass genau dieser Vogel in den undurchdringlichen, überfluteten Sago-Sümpfen der Küste lebte. Eine weitere Spur, aber etwas Besseres hatte Heinrich nicht. Die nächsten Wochen verbrachte er damit, möglichst lautlos durch die Sümpfe zu waten, in denen fingerlange Dornen das Fortkommen erschwerten. In der einen Hand eine scharfe Machete, in der anderen das schussbereite Gewehr und mit einem in Monaten gewucherten Vollbart kämpfte er sich meist mit nacktem Oberkörper und barfuß durch die »grüne Hölle«. Eine unbeschreibliche Qual. Lokale Bewohner bestätigten ihm, dass der »soissa« auf seiner Zeichnung hier vorkomme und sie seinen trommelwirbelartigen Ruf regelmäßig hörten. Heinrich setzte eine Belohnung aus. Es war ihm egal, ob er den begehrten Vogel fing oder einer der bezahlten Jäger. Hauptsache endlich ein Erfolg, mit dem er Sanford und Stresemann unter die Augen treten konnte. An einem der nächsten Tage war es so weit: Einem Jäger gelang es, ein Pärchen von *Habroptila* zu erlegen. Überglücklich verließen Heinrich und die beiden Frauen Halmahera, nicht ohne Stresemann sofort brieflich von ihrem Erfolg zu berichten. Sie beschlossen, die gesamte »Heinrich-Expedition« an diesem Punkt zu beenden, *Aramidop-*

I-6 Gerd Heinrich mit Bart und Gewehr in den Sümpfen Sulawesis

sis hin oder her. *Habroptila* war nur auf Platz 2 der Wunschliste, aber immerhin eine so große Besonderheit für den Rallen-begeisterten Sanford, dass eine Rückkehr gerechtfertigt erschien. Alle drei waren nach einem Jahr unter schwierigsten Bedingungen gesundheitlich angeschlagen und litten an Malaria und verschiedenen Entzündungen. Sie sehnten sich nach Rückkehr und trockenen Betten.

Es sollte anders kommen. Sanford, der immer noch *Aramidopsis* mehr begehrte als alles andere, hatte einen weiteren wohlhabenden Mäzen dafür gewinnen können, noch einmal 10 000 US-Dollar in die Expedition zu investie-

I-7 Das blaue Männchen und die unterschiedlich gefärbten Weibchen des Celebeskurzflügel, dessen Gattung nach Gerd Heinrich benannt wurde. Stresemann beschrieb die Gattung, Art und die drei Unterarten *(Heinrichia calligyna calligyna, H. c. simplex* und *H. c. picta)* anhand von Exemplaren, die Heinrich in den Bergen Sulawesis gefangen hatte. Die Aquarellzeichnungen stammen von Bernd Heinrich, dem Sohn von Gerd Heinrich, der sie 2004 im Museum für Naturkunde Berlin anhand des Originalmaterials anfertigte.

ren. Stresemann war zudem überaus euphorisch über die bisherigen Ergebnisse. Sie hätten »fantastische Entdeckungen« gemacht, und alleine »die wunderbare neue Art von Nachtschwalbe«, die Stresemann noch 1931 als *Eurostopodes diabolicus*, Teufelsnachtschwalbe oder Heinrichs Nachtschwalbe, beschrieb, sei »famoses Glück«.[16] Die Expedition müsse fortgesetzt werden. Heinrich und seine Reisegefährtinnen waren von der Neuigkeit über die neu entdeckte Nachtschwalbe so begeistert, dass sie zustimmten, ihre Rückkehr nach Deutschland, in dem sich die wirtschaftliche Situation drastisch verschlechterte, um einige weitere Monate zu verschieben. Heinrich fing tatsächlich zahlreiche noch unbekannte Arten, die die Ornithologen noch lange beschäftigen würden. Mehrere Vogelgattungen und -arten wurden nach ihm benannt, so der Celebeskurzflügel *Heinrichia calligyna* in drei Unterarten.

Als letzte Etappe wollte Heinrich das Mengkokagebirge auf der südöstlichen Halbinsel Sulawesis besuchen. Wieder waren »Regen, Nässe und Frieren [...] der Hauptinhalt unseres Daseins«[17]. Und wieder fingen sie Baumratten, darunter eine noch unbeschriebene Art, und allerlei Vogelarten, aber keine Spur von *Aramidopsis*. Weitere Wochen vergeblichen Suchens vergingen, und schließlich sollte ein letztes Standlager am Fuß des Gebirges den endgültigen Abschluss der Expedition darstellen. Am 18. Januar 1932 hatte Heinrich wie jeden Morgen seine beiden Reisegefährtinnen nach dem Reisfrühstück verlassen und sich aufgemacht, sich mithilfe eines Buschmessers einen Weg durch den beinahe undurchdringlichen Regenwald zu erkämpfen. Längst war er an einem Punkt angekommen, an dem er nicht mehr wollte. Die ewige Feuchtigkeit, die stockige Kleidung, die niemals zu trocknen schien, und der nie endende Kampf gegen Ameisen und Schimmel, die die Nahrungsmittel ebenso wie die erbeuteten Tiere zu verderben drohten. Schwitzend in den Sümpfen der Niederungen und frierend im Nebel der Berge hatten er und seiner Begleiterinnen Monate um Monate im Zelt gelebt. Nun war Schluss, ob er sein eigentliches Ziel nun erreicht hatte oder nicht. Aber was sollte er an diesem Tag anderes tun, als in steter Routine nach »seinem Vogel« zu suchen, solange er noch auf Sulawesi weilte? Immerhin, ein Ende der Tortur war absehbar. Endlich. Am letzten Tag ging Heinrich noch einmal auf die Jagd. Er beschreibt die Ereignisse am Ende seines Buches wie folgt:

> Mit leisen kräftigen Schnitten durchtrennt mein Buschmesser hier und da die Ranken, die sich um meine Füße legen oder sonstwie den Weg versperren. Tastend sucht der Fuß bei jedem Schritt ein Plätzchen, auf das er sich behutsam und geräuschlos niederlassen kann. Vorsichtig Zoll um Zoll schiebt sich der Körper bald aufrecht, bald kriechend durch das Dickicht. Bei jedem Schritt vorwärts muss mit äußerster Willensanspannung möglichste Geräuschlosigkeit erkämpft werden. Dies ist die »Pirsch« im Urwalddickicht! Da ... was ist das ... ein Laut vor mir irgendwo aus dem endlosen Gewirr der Pflanzen, ein Laut, der

ein Brummen zu sein scheint, der der Stimme des schwarzen Warzenschweins ähnelt … nein, mehr noch einem tiefen Schnarchton! In dieser Sekunde erstarre ich zu völliger Bewegungslosigkeit, und während sich der Laut einmal und noch einmal wiederholt, sinke ich Zoll um Zoll in mich zusammen, tauche unmerklich unter im Pflanzendickicht des Bodens. Es brummt immer wieder, zuerst ferner dann immer näher. Minuten vergehen – oder Stunden?! – Ich weiß es nicht mehr. Ich bestehe nur noch aus zwei lauschenden Ohren und zwei Augen, die in wahnsinniger Anspannung versuchen, das Pflanzendickicht vor mir zu durchdringen. Dort … dort hinten hat sich etwas bewegt … ein paar Halme erzittern, ein Blattstengel vibriert … Fest umklammern beide Hände den Schaft der Flinte … Wieder bewegt es sich … ein rötlicher Schnabel? – krachend zerreißt der Schuss das Schweigen des Waldes. – Habe ich getroffen und – was war es?! Ich springe durch das Gestrüpp in langen Sätzen der Stelle zu, auf die ich gezielt. Da liegt ein Vogel am Boden, ein Vogel mit schwarzweißen Streifen unter den Flügeln und mit einem kräftigen, teilweise roten Schnabel – *Aramidopsis plateni*, der Vogel ›Schnarch‹ …

Wer als Jäger Monate und Jahre allein durch die unendliche Einsamkeit tropischer Urwälder gestreift ist, hat mit der Zeit wunderliche Manieren angenommen. So habe ich mir angewöhnt, gelegentlich laut vor mich hinzusprechen, was meine Gedanken gerade beschäftigt. Während ich dem Zelt zu wandere, die kostbarste Beute im Rucksack, die ich je erjagte und erjagen werde, beginne ich langsam zu begreifen, was geschehen ist, und in der Erinnerung jenes Frühsommertages im Hause Stresemann, jenes Augenblicks, der den Auftakt dieses heißen und langen Kampfes um eine zoologische Rarität bildete, murmle ich ein um's andere Mal vor mich hin: ›Doctor Sanford, I've got your bird‹.[18]

”

Wie vertraglich vereinbart, wurde das Exemplar der Schnarchralle später an das American Museum of Natural History in New York geschickt, wo es von Sanford bereits sehnsüchtig erwartet wurde. Gerd Heinrichs Sohn, der US-Evolutionsbiologe Bernd Heinrich, reiste Ende der 1980er-Jahre nach New York, um sich den berühmten Vogel seines Vaters in der ornithologischen Sammlung des American Museum anzuschauen. Der von Anneliese oder Liselotte professionell präparierte Balg befindet sich dort, wie erwartet, in einer der zahlreichen Sammlungsschubladen. Das vorgedruckte, mit der Hand ausgefüllte Etikett der »Heinrich-Expedition 1932« trägt einige Informationen: Nummer 6999, Mengkoka-Gebirge, Südost-Sulawesi, 20.1.1932. Geschlecht: Männchen.[19] Als ich mir im September 2020 in der ornithologischen Sammlung des Museums für Naturkunde Berlin Stresemanns Exemplar der »Birds of Celebes« anschaute, fragte ich Pascal Eckhoff, den Sammlungstechniker, beinahe schon im Hinausgehen, ob sie auch ein Exemplar von *Aramidopsis plateni* in der Sammlung hätten. Zu gerne wollte ich den rätselhaften Vogel einmal sehen, selbst wenn es nicht eines von Heinrichs Präparaten sein würde. Zu meiner Überraschung gibt es tatsächlich ein Exemplar im Berliner Museum, und zu meiner noch größeren Überraschung war auch dieses von Heinrich gefangen worden. Eckhoff zeigte mir das Exemplar, und es trägt ein Etikett, das mit dem des New Yorker Exemplars nahezu identisch ist. Die einzigen Unterschiede: Die Sammlungsnummer ist 7000, das Fangdatum ist der 18.1.1932, und es ist ein Weibchen. Heinrich hatte also offenkundig zwei Exemplare der Schnarchralle erlegt. Aus seinem dramatischen Bericht geht das nicht hervor.[20] Dort inszeniert Heinrich das spannungsgeladene Finale seines zweijährigen Martyriums auf Sulawesi, als habe er unmittelbar vor der Heimkehr nach Deutschland in allerletzter Minute das rettende Exemplar von *Aramidopsis* erlegt, die Siegerbeute. »Dr. Sanford, I've got your bird« ist der letzte, erleichterte Satz des Buches. In Wirklichkeit muss es anders gewesen sein, denn offensichtlich hat er zwei Tage später am selben Ort ein zweites Exemplar erbeutet, das Männchen zum vorher erlegten Weibchen. Das später gefangene Tier schickte er nach New York, das andere Exemplar blieb im Berliner Museum. Dass das früher gefangene Weibchen in Berlin die in der Zählung spätere Sammelnummer trägt, ist zumindest ungewöhnlich.

I-8 Das Berliner Exemplar der Schnarchralle in der für Heinrich typischen Balgform

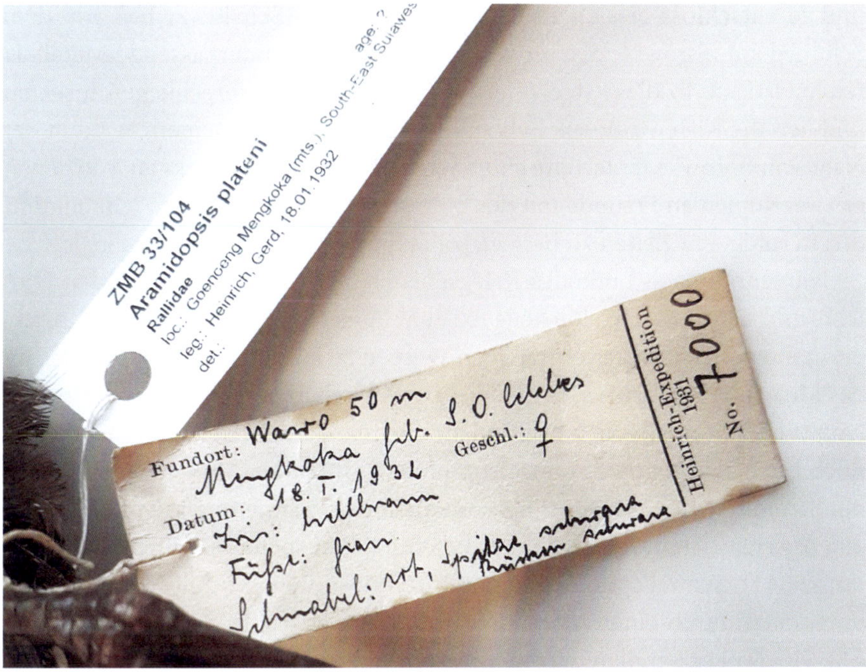

I-9 Das Originaletikett von Heinrich und ein neues Sammlungsetikett am Fuß von *Aramidopsis plateni*

VERGRABENE SCHLUPFWESPEN

In der Folgezeit unternahm Heinrich weitere Expeditionen, so 1937 und 1938 nach Burma, aber der 2. Weltkrieg sollte die meisten Pläne durchkreuzen. Heinrich und seine Familie lebten weiterhin auf dem Gut Borowke in West-Preußen, und zu Ende des Kriegs stand außer Frage, dass die nach Westen vorrückende Rote Armee auch Borowke überrennen würde. Heinrich hatte bereits eine umfangreiche Arbeit über die »Ichneumoniden von Celebes« von mehr als 260 Seiten veröffentlicht, die die Grundlage für sein »Opus Magnum« über die Ichneumonidae der Orientalischen Faunenregion werden sollte. Im August 1944 musste Heinrich vom Schlimmsten ausgehen, und er überlegte, wie er sein Manuskript und besonders die auf Sulawesi und Burma gesammelten Ichneumoniden-Typen vor den Russen retten konnte. Er verschickte zwei Kopien des wichtigen Manuskripts, das das Ergebnis von dreißig Jahren Forschung war, an befreundete Kollegen und teilte dies einer Reihe von weiteren Freunden und Kollegen mit. Die Typen aber konnte er nicht kopieren, und so entschloss er sich zu einem verzweifelten Schritt. Er ließ von dem Schmied auf Borowke, dem er vertraute, zwei ineinanderpassende Metallkisten anfertigen. In diese steckte er mehr als 500 der zerbrechlichen Insekten und ließ die Kisten zulöten. Schließlich vergrub er sie in einem Wald in der Nähe von Borowke. Er fertigte eine »Schatzkarte« des Verstecks an, von denen er zwei Kopien an Freunde mit der Bitte schickte, die wertvollen Ichneumoniden in ruhigeren Zeiten zu bergen, sollte ihm dies nicht möglich sein.[21]

Jahrzehnte nach Ende des Kriegs, als Heinrich schon lange in den USA lebte und sich in Maine eine neue Existenz aufgebaut hatte, war der Zeitpunkt gekommen, sich um die vergrabenen Wespen zu kümmern. Er wandte sich an das Museum und Institut für Zoologie in Warschau und bot ihnen die Schatzkarte an. Sollten sie die Kiste finden, dürften sie die Exemplare, sofern sie noch brauchbar waren, in ihre Sammlung aufnehmen. Zudem versprach er der Sammlung des Museums nordamerikanische Ichneumoniden. Im Gegenzug bat Heinrich darum, sich das Typenmaterial später ausleihen zu dürfen, um seine Forschungsprojekte weiterführen zu können. Mithilfe der Karte und unterstützt durch einen Metalldetektor gelang es leicht, die Kiste zu finden. Alle 515 Typusexemplare waren in bester Verfassung.[22]

HEINRICHS MONSTERWESPE

Als ich in der Hymenopteren-Sammlung des Museums für Naturkunde die beiden riesenhaften Wespen entdeckte, war mir Gerd Heinrichs Name zwar ein Begriff, viel aber wusste ich nicht über ihn und sein Leben. Inzwischen habe ich seine Reiseberichte gelesen, und besonders »Der Vogel Schnarch«, in dem er über seine zweijährige Sulawesi-Reise berichtet, habe ich mit großem Interesse durchgearbeitet. Die wenigen Informationen auf den Etiketten der beiden Männchen, die mir anfänglich kaum mehr mitteilten als den Ort, das Fangdatum und den Sammler, sind für mich nun wie Fenster in Heinrichs Reise voller Gefahren, Mühen, Trübsal und letztlich Euphorie. »Sulawesi, Ile-Ile, 500–800 Meter, Anf. 12 1930«, darauf beschränken sich die beiden Etiketten, die so klein sind, wie es die Gepflogenheiten der Entomologenzunft verlangen. Außer über Ichneumoniden hat Heinrich nichts über Wespen veröffentlicht, aber die beiden großen Wespen werden ihm aufgefallen sein. Erwähnt hat er sie nirgendwo, und auch sein Sohn Bernd, der über meine Beschreibung dieser Art anhand der Exemplare seines Vaters einen Artikel geschrieben hat, glaubt nicht, dass sein Vater diese Tiere jemals erwähnt hat.[23] Vermutlich schon Anfang November 1930, ein halbes Jahr sind Heinrich, seine Frau und deren Schwester schon im steten Kampf mit den Herausforderungen des tropischen Klimas und des Waldes, beginnen sie, den Ile-Ile zu besteigen. Schnell erreichen sie eine Höhe von 1800 Metern und damit ihr eigentliches Ziel, die Hochregionen des Gebirgswaldes. Heinrichs Besteigung des Ile-Ile bleibt ergebnislos, zumindest im Hinblick auf *Aramidopsis*. Nicht aber, was die spätere Monsterwespe betrifft. Er hat die beiden Tiere vielleicht beim Abstieg vom Ile-Ile gefangen, da sie aus mittleren Lagen stammen. Am 23. Dezember sind sie bereits in der Tropenhitze in den Küstenniederungen der Minahassa.

Bemerkenswert für mich ist, dass Heinrich in der ganzen Zeit, die er auf Sulawesi verbrachte und täglich und mit unermüdlicher Ausdauer Vögel schoss und Ichneumoniden sammelte, nur zwei Exemplare der großen Grabwespe fing. Ich weiß nichts über seine Sammelstrategie, vermute aber, dass er große Wespen nicht links liegen gelassen hätte, wenn sie seinen Weg kreuzten. Zwei Exemplare in beinahe zwei Jahren bei einer flächendeckenden Besammlung der Insel ist wahrlich wenig. Auch für unsere Publikation, in der wir *Megalara* beschrieben haben, konnten wir aus den neuen Aufsammlungen von Lynn Kimsey und nach der Überprüfung anderer großer Sammlungen nur sieben Exemplare zusammentragen.

Lynn Kimseys und meine Beschreibung und Benennung von *Megalara garuda* löste wegen der spektakulären Größe dieser tiefschwarzen und tatsächlich unheimlich wirkenden Wespe mit den enormen Kiefern großes internationales Interesse aus. Wir haben beide in der Folge zahlreiche Interviews gegeben, und die Presse wetteiferte mit dramatischen Bezeichnungen wie »Monsterwespe«, »Riesenwespe«, »the king of wasps« und »warrior wasp«. Sogar ins Guinness-Buch der Rekorde schaffte es »unsere« Wespe. Anlass genug für einige private Sammler, Profit aus der Monsterwespe schlagen zu wollen. Seit unserer Publikation von 2012 werden die Männchen von *Megalara garuda* regelmäßig bei eBay-Auktionen angeboten und erzielen nicht selten Preise von mehr als 100 US-Dollar. Bis heute. Diese Entwicklung sehe ich mit Unbehagen, weiß doch niemand etwas über die Populationsgröße dieser prachtvollen Tiere. Ich hoffe, dass unsere Entdeckung nicht unbeabsichtigt dazu beigetragen hat, dass die Monsterwespe künftig in ihrem Bestand bedroht ist.

»Dieses wunderschöne Insekt
mit seinen großen,
leuchtenden Augen«

II

EINE VERSCHOLLENE WÜSTENSCHÖNHEIT TAUCHT WIEDER AUF

Im Oktober 2008 fand Professor Aspöck in seinem elektronischen Postfach eine E-Mail mit einem bemerkenswerten Anhang.[1] Nicht, dass es ihm an einer Flut täglicher E-Mails mangelte, aber diese eine ließ seiner Frau und ihm den Atem stocken. Ulrike und Horst Aspöck, beide Wiener Universitätsprofessoren, gehören seit Jahrzehnten zur ersten Garde der Entomologie. Beinahe 800 Publikationen, darunter zahlreiche Bücher, sind das vorläufige Ergebnis ihrer wissenschaftlichen Karriere. Nachdem sie sich während des Studiums in Innsbruck bereits einmal begegnet waren, dann aber aus den Augen verloren hatten, trafen sie sich 1963 in Wien erneut. Zwischen ihnen bestand sogleich, wie es Ulrike Aspöck ausdrückte, eine »intensive emotionale und intellektuelle Anziehung«. Sie heirateten, bekamen einen Sohn und forschen und publizieren seitdem in einer Intensität und Produktivität, die ihresgleichen sucht. Ulrike Aspöck, hauptamtliche Entomologin im Naturhistorischen Museum in Wien, Horst Aspöck, Professor der Medizinischen Parasitologie am Wiener Hygiene-Museum, beide inzwischen offiziell im Ruhestand, sind sicherlich die bis heute prominentesten Entomologen Österreichs.

Die Liebe der Aspöcks gilt vielen Themen, aber besonders Horst Aspöck brilliert regelmäßig auch mit gepfiffenen Opernarien und lateinischen Aphorismen, die er mit Inbrunst zum Besten gibt. Ganz besonders aber gilt ihre »emotionale und intellektuelle« Zuneigung den Neuropterida, den Netzflüglerartigen. Dass diese Insektengruppe vielen Menschen nicht allzu geläufig ist, wissen auch die Aspöcks, und nicht von ungefähr trägt eine ihrer zahlreichen Veröffentlichungen den Titel »Kamelhälse, Schlammfliegen, Ameisenlöwen. Wer sind sie?«[2].

Wer also sind sie, diese Netzflüglerartigen, denen die Aspöcks einen Großteil ihres Lebens widmen? Neuropterida sind eine Gruppe von Insekten, die sich – wie es der Aspöcksche Publikationstitel bereits andeutet – aus den Kamelhalsfliegen (Raphidioptera), den Schlammfliegen (Megaloptera) und den eigentlichen Netzflüglern (Neuroptera) zusammensetzt. Die wohl in unseren Breiten bekanntesten Netzflügler sind die Florfliegen, zarte Geschöpfe mit grünem Körper und transparenten, dachartig über dem Hinterleib gefalteten Flügeln, die man recht häufig auch in unseren Häusern sieht. Die Florfliegen und ihre ganz anders aussehenden Larven, die sogenannten Blattlauslöwen, werden als effiziente Vertilger von Blattläusen und anderen Schadinsekten im biologischen Pflanzenschutz geschätzt. Die Florfliege *Chrysoperla carnea* war das erste Insekt überhaupt, das in Deutschland als »Insekt des Jahres« geehrt wurde.[3] Zu den Netzflüglern gehören auch die Ameisenjungfern und ihre Larven, die Ameisenlöwen. Ameisenjungfern besitzen zwei Paar transparente, lang gestreckte Flügel und einen schlanken Körper mit langem dünnem Hinterleib. Sie erinnern oberflächlich an Libellen, mit denen sie auch häufig verwechselt werden. Allerdings sind Ameisenjungfern schon auf den ersten Blick recht leicht an ihren deutlich sichtbaren Fühlern von Libellen mit ihren borstenartig wirkenden, kurzen und dünnen Fühlern unterscheidbar. Ihre Larven sind die Ameisenlöwen, von denen viele Arten für ihre Trichter bekannt sind, die sie meist in feinem Sand bauen. Dort lauern sie an der Spitze des Trichters und stürzen sich auf hineinfallende Insekten.

Die Netzflüglerartigen gehören zu den Insekten mit vollständiger Verwandlung, der sogenannten Metamorphose. Ihre Entwicklung beginnt mit einem Ei, aus dem eine Larve schlüpft. Darauf folgt das Puppenstadium, an dessen Ende das fertige, geschlechtsreife Tier steht. Mit der Ablage der Eier beginnt der Zyklus von vorn. Andere Insekten durchlaufen eine als unvollkommen bezeichnete Verwandlung. Aus dem Ei schlüpft eine Miniaturversion des geschlechtsreifen Tieres und entwickelt sich im Laufe mehrerer Häutungen zum erwachsenen Tier. Die vollständige Metamorphose kann getrost als Erfolgsmodell in der Evolution bezeichnet werden. Von den rund eine Million bekannten Insektenarten weisen mehr als 80 Prozent eine vollständige Verwandlung auf, allein 400 000 davon sind Käfer.

Die Zahl der Netzflüglerartigen, wiewohl ebenso wie die Käfer mit einer vollständigen Metamorphose, nimmt sich dagegen recht bescheiden aus. Es sind rund 260 Kamelhalsfliegenarten bekannt, etwas weniger als 300 Schlammfliegenarten und etwa 6000 Netzflüglerarten. Fossilfunde, eine ganze Reihe von urtümlich anmutenden Merkmalen und eine hohe Vielgestaltigkeit legen nahe, dass die Netzflüglerartigen in erdgeschichtlich früheren Zeiten erheblich artenreicher waren, als sie es heute sind. Besonders interessant macht sie die Tatsache, dass sie als mögliche Schwestergruppe aller übrigen Insekten mit vollkommener Verwandlung infrage kommen – vor allem für die Stammesgeschichtsforscher unter den Entomologen eine spannende Diskussion.

Kamelhalsfliegen, Schlammfliegen und Netzflügler haben aus Wissenschaftlerperspektive noch einen weiteren, nicht unerheblichen Vorteil. Mit ihren verhältnismäßig geringen Artenzahlen gehören sie zu den wenigen Insektenordnungen, die von einer einzigen Person einigermaßen vollständig überblickt werden können. Bei 6000 Netzflüglerarten ist die Erinnerungskapazität auch eines trainierten menschlichen Gehirns überbeansprucht, und selbst der Spezialist wird nicht jede einzelne der mehreren tausend Arten und nicht jede der annähernd 15 000 Veröffentlichungen, die zu Neuropteren jemals erschienen sind, memorieren können. Dennoch ist es möglich, sich mit einem gerüttelten Maß an enzyklopädischer Freude der Vollständigkeit bei gleich drei Insektenordnungen ziemlich anzunähern.

Eine solche Freude am enzyklopädischen Überblick haben die Aspöcks ohne jeden Zweifel, und in Sachen Kamelhalsfliegen, Schlammfliegen und Netzflügler macht ihnen niemand etwas vor. Jede Literatur- und Internetrecherche zu diesen Insekten bringt einen in Windeseile auf die Spur der beiden, und bittet man einen Entomologen um neuropterologischen Rat, wird er mit einiger Sicherheit die Aspöcks empfehlen.

Aus diesem Grund schickte Andreas Werno, ein saarländischer Entomologe, ein Foto, das er wiederum von Axel Steiner und Rolf Bläsius, zwei engagierten Schmetterlingskundlern, erhalten hatte, an die Aspöcks. Steiner und Bläsius waren im August 2008 auf einer Schmetterlingssammeltour im Hohen Atlas in Marokko gewesen. Mehr durch Zufall waren sie in der heißesten und für Entomologen meist weniger attraktiven Jahreszeit in niedriger Höhenlage im Paradise Valley gelandet. Aufgrund der Trockenheit und der Hitze des Tages lockte das nächtliche Leuchten nur wenige Nachtfalter – ihr eigentliches Interesse – an, sodass ihnen die Zeit blieb, sich auch mit den anderen Insekten zu beschäftigen, die eine solche Lichtanlage herbeifliegen lässt. Und mit einem Mal saß sie auf dem weißen, von einer grellen Lampe erhellten Tuch: eine riesige Ameisenjungfer mit etwa zehn Zentimetern Flügelspannweite und bunten Augenflecken. Bei seiner Annäherung nahm das Tier eine Schreckstellung ein, bei der es die Flügel, begleitet von einem deutlich vernehmbaren Rascheln, weit aufspannte. Keiner von ihnen hatte bei all seiner Sammelerfahrung jemals etwas Vergleichbares gesehen. Sie machten einige Fotos, bevor das Tier zu ihrer Enttäuschung in der nächtlichen Dunkelheit verschwand. Erst sehr viel später am Abend hörten Steiner und Bläsius erneut das typische Flügelrascheln und konnten das Tier fangen.

Als Werno, der sich recht gut mit Neuropteren auskennt, das Foto der seltsamen Ameisenjungfer aus Marokko sah, dachte er sich gleich, dass es sich um etwas Besonderes handeln musste. Selbst bestimmen konnte er sie nicht. Er wusste, wenn jemand etwas dazu sagen könnte, dann das berühmte österreichische Ehepaar Aspöck.

EIN NETZFLÜGLER GIBT RÄTSEL AUF

Um die Bedeutung dieses Fundes in der Wüste Marokkos einschätzen zu können, muss man in der Geschichte der Neuropterologie, der Netzflüglerkunde, ein Dreivierteljahrhundert zurückreisen. Zu dieser Zeit beschäftigte sich ein junger Mann namens Douglas Eric Kimmins (1905–1985) in den raumnehmenden Sammlungen des Natural History Museum London, dem bis heute bekanntesten und bedeutendsten Naturkundemuseum der Welt, mit der globalen Vielfalt von Netzflüglern und anderen Insekten. Kimmins hatte sich recht früh einen Namen in der Entomologenszene gemacht. Er arbeitete zwischen 1925 und 1948 als mager bezahlter »inoffizieller Teilzeitmitarbeiter« am Londoner Museum und wurde erst dann offiziell angestellt.[4] Sein Hauptaugenmerk galt den Netzflüglern in einem Sinne, wie sie Carl von Linné im 18. Jahrhundert verstanden hatte. Eintagsfliegen, Libellen und einige andere Insekten gehörten damals ebenso zu den Netzflüglern wie die tatsächlichen Netzflüglerartigen im modernen Sinn. Heute wissen wir, dass Libellen, Eintagsfliegen und Netzflügler nur eine oberflächliche Ähnlichkeit besitzen, sie aber nicht näher miteinander verwandt sind.

Kimmins also war unter anderem als Netzflüglerforscher bekannt, und wer in dieser Zeit in England etwas über Netzflügler wissen wollte, wandte sich an ihn. In den frühen 1930er-Jahren erhielt Kimmins eine Ameisenjungfer aus dem Süd-Iran. Ein durchaus üblicher Vorgang, dass Reisende in ferne

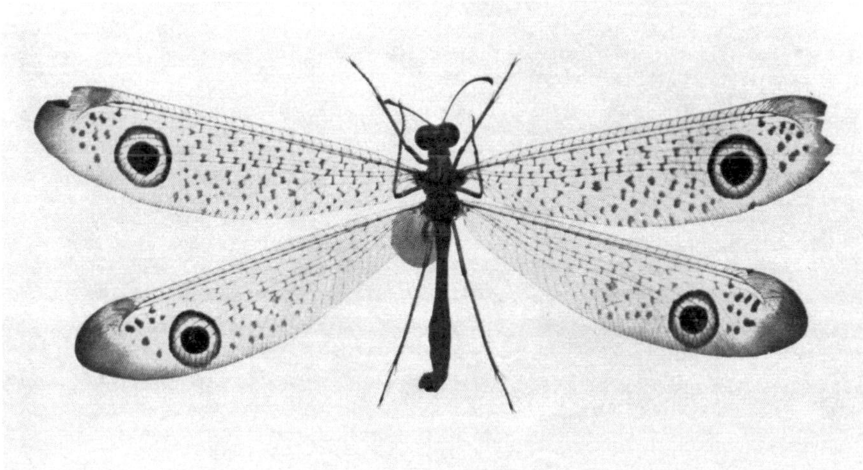

2-1 Das Männchen von *Pseudimares iris* aus der Originalbeschreibung von D. E. Kimmins

2-2 *Pseudimares aphrodite* im Hohen Atlas in Marokko am 24. August 2009

Länder naturkundliche Objekte von dort mitbrachten. Kimmins kannte sich exzellent mit Ameisenjungfern aus, und er hatte die vielleicht größte Vergleichssammlung der Welt vor sich. So etwas wie dieses Tier aber hatte er noch nicht gesehen. Auf jedem der vier lang gestreckten, durchscheinenden Flügel prangte nahe der Spitze ein auffälliger, blau irisierender Augenfleck. Nichts Vergleichbares war bislang aus der Welt der Netzflügler bekannt. Große Augenflecken sind bei Schmetterlingen und anderen Insektengruppen gar nicht selten, bei Netzflüglern allerdings kennt man sie nur von den fossilen Kalligrammatidae, einer schon in der mittleren Kreidezeit ausgestorbenen Gruppe, die allerdings nicht allzu viel mit Ameisenjungfern gemein hat. Kimmins argwöhnte daher, dass diese »überflüssig erscheinenden« bunten Markierungen, wie er sie Horst Aspöck gegenüber 1964 in einem Gespräch bezeichnete, von jemandem hinterlistig hingemalt worden waren, um ihn hereinzulegen. Er untersuchte das seltsame Tier, das zudem ungewöhnlich lange Beine besaß, konnte aber keinen Hinweis auf einen Betrug finden. Nur kurze Zeit später bekam er ein zweites Tier vom selben Ort im Iran, das tot auf einer Veranda gefunden wurde. Dieses Mal handelte es sich um ein Weibchen, während der erste Fund ein Männchen war. Jetzt überzeugt, doch keinem Hoax unter Kollegen aufzusitzen, beschrieb er 1933 die beiden Tiere als neue Art in einer neuen Gattung und nannte sie *Pseudimares iris*, wobei der Artname wohl an die Ähnlichkeit der Flügelflecke mit der Iris eines Wirbeltierauges gemahnen soll.[5]

Mit diesen beiden Tieren, die bis heute wohlbehalten in der Sammlung des Natural History Museum London stecken, wurde es ruhig um *Pseudimares*. Die Gattung blieb rätselhaft, und es tauchten keine weiteren Exemplare der bis dahin einzigen Art auf. Nur die Spezialisten dokumentierten *Pseudimares* weiter in ihren Katalogen und Verzeichnissen, wenn auch als rätselhafte »mystery group«[6].

Das änderte sich schlagartig, als Ulrike und Horst Aspöck 2008 das Foto bekamen. Sie wussten sofort, dass sie hier den seit rund 75 Jahren sehnsüchtig erwarteten Neufund von *Pseudimares* vor sich hatten. Allerdings von einem überraschenden Ort, rund 5500 Kilometer weiter westlich als der Originalfund. Gehört das Tier aus Marokko ebenfalls zu *Pseudimares iris*, der Kiminschen Art von 1933? Unwahrscheinlich bei dieser enormen Distanz zwischen den Fundorten. Also eine neue Art in derselben Gattung? Das Foto reichte nicht, um diese Fragen zu beantworten. Aspöcks mussten das Tier

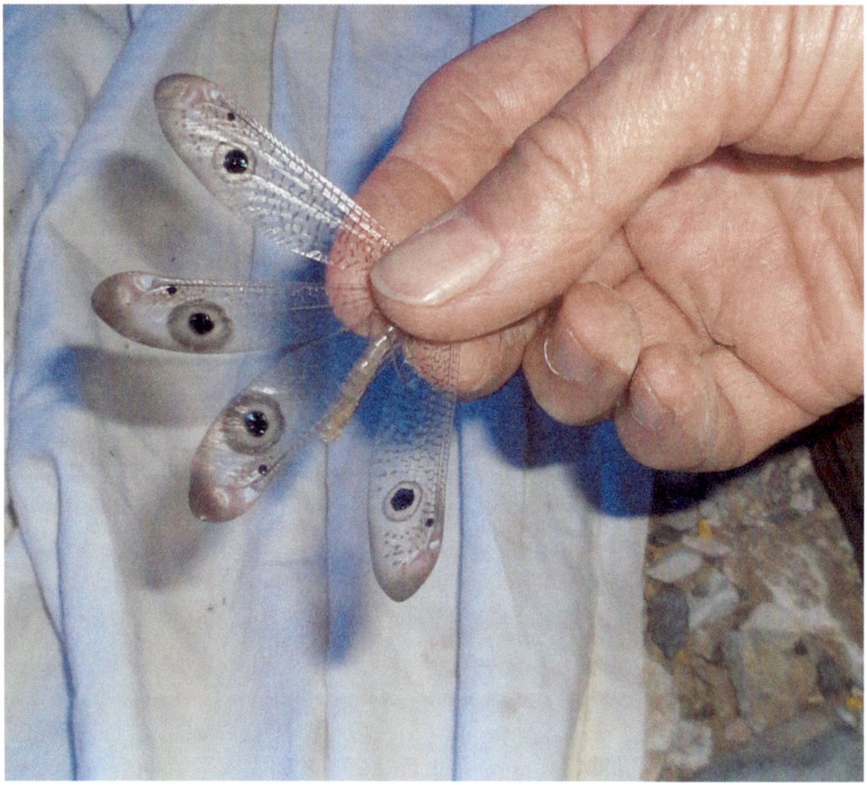

2-3 Ulrike Aspöck hält am 18. August 2013 ihre erste *Pseudimares aphrodite* in der Hand. Marokko, Hoher Atlas

unbedingt persönlich untersuchen und bekamen es von Axel Steiner auch tatsächlich zugeschickt. Sie brauchten nicht lange, um festzustellen, dass es sich um eine noch unbeschriebene Art von *Pseudimares* handelte. Schon 2009 erschien die Beschreibung und Benennung der neuen Art als »Wiederentdeckung des mysteriösen Genus *Pseudimares*« in einer entomologischen Fachzeitschrift. Ursprünglich war es ihre Absicht, den Finder des Tieres, Axel Steiner, im Artnamen zu ehren, was durchaus üblich ist. Steiner aber lehnte dies ab, da er weder Neuropterologe sei, noch empfinde er dies seinem Reisegefährten in Marokko, Rolf Bläsius, gegenüber als angemessen. Er schlug vor, dem Tier lieber einen Namen zu geben, der die Schönheit dieser Art herausstelle. So wählten die Aspöcks Aphrodite, die Göttin der Schönheit, als Namenspatin.

Nun wären es nicht die Aspöcks, wissbegierig und einsatzfreudig, wie sie sind, wenn sie sich mit diesem sensationellen Fund und der neuen Art zufriedengegeben hätten. 2013 machten sie unter der Führung von Rolf Bläsius und zusammen mit Andreas Werno eine Sammeltour in die Region des ursprünglichen Fundorts von *Pseudimares aphrodite* im Hohen Atlas und konnten tatsächlich einige Tiere fangen. Horst Aspöck beschrieb seine Empfindungen so: »Ich werde das fantastische Erscheinen dieses wunderschönen Insekts mit seinen großen, leuchtenden Augen, den großen Augenflecken auf den Flügeln und den langen Beinen nie vergessen, als es aus der Dunkelheit erschien.«[7]

Nach der erfolgreichen Sammelreise der Aspöcks durch Marokko lagen nun mehrere Tiere vor, die für molekulargenetische und anatomische Untersuchungen verwendet werden konnten. Überraschenderweise zeigte sich, dass *Pseudimares* näher mit einer anderen australischen Gruppe von Ameisenjungfern verwandt zu sein schien, was die bisherige Klassifikation innerhalb der Ameisenjungfern infrage stellte.[8] Hier aber ist das letzte Wort noch nicht gesprochen.

2-4 Ein präpariertes Exemplar von *Pseudimares aphrodite* aus Marokko

ZEPHYR UND FLORA IN VENEDIG

Nun ist *Pseudimares*, die großäugige Wüstenschönheit, zugegebenermaßen ein exotischer Fund, dessen Popularität sich weitestgehend auf die Fachkollegen beschränkt und weit hinter einem Quastenflosser oder dem Okapi zurückbleibt. Wer achtet schon auf Netzflügler, außer sie dringen des Nachts vom Licht angelockt in die Wohnung ein? Überraschenderweise scheint *Pseudimares* bereits lange vor der wissenschaftlichen Entdeckung in Erscheinung getreten zu sein. Der spanische Entomologe und Netzflüglerkenner Victor Monserrat sammelt seit Jahrzehnten Darstellungen von Insekten und anderen Gliedertieren in der Kunstgeschichte. Bei seiner weltweiten Suche entdeckte er im Museo Ca' Rezzonico in Venedig ein Deckengemälde, an dem sein neuropterologisch geschulter Blick sofort hängen blieb, »Der Triumph Zephyrs und Floras« von Giovanni Battista Tiepolo (1696–1770),[9] einem der bedeutendsten venezianischen Maler des Spätbarocks in der ersten Hälfte des 18. Jahrhunderts. Das Gemälde stellt Zephyr, eine Windgottheit der griechischen Mythologie, und Flora, die Göttin der Blüte und des Frühlings, sowie einige kleine Engel dar. Das allegorische Gemälde versinnbildlicht das Wiedererwachen der Natur im Frühling – verkörpert durch Flora – und den milden Wind – Zephyr.[10] Während Zephyr in der Kunstgeschichte üblicherweise mit Vogel- oder Schmetterlingsflügeln auf dem Rücken dargestellt wird, sind es bei Tiepolos Zephyr transparente Flügel mit fast endständigen Augenflecken. Die lang gestreckten Flügel des Zephyrs erinnern an Libellen oder Netzflügler, aber bei keiner dieser beiden Insektengruppen kennt man Augenflecken – außer eben bei *Pseudimares*. Legt man ein Foto der Augenflecken von *Pseudimares* größenskaliert neben ein Foto der Flügel des Zephyrs in Tiepolos Gemälde, ist die Ähnlichkeit im Aufbau des »Auges« frappierend. Ein Pärchen kleiner fliegender Engel flattert mit ganz ähnlichen Flügeln durch das obere Bild, und ein weiterer Engel in der unteren Bildhälfte hat Flügel, die an andere Netzflügler erinnern. Da *Pseudimares* so selten und nur den Spezialisten bekannt ist, nimmt es nicht wunder, dass die Kunsthistoriker nicht wussten, was sie von diesen seltsamen Zephyr-Flügeln halten sollten. So nahmen manche an, die Flügel seien eine Chimäre zwischen einem augenfleckenversehenen Schmetterling und einer Libelle, andere vermuteten pure Fantasie.[11]

⟶ **2-5** Deckengemälde »Zephyr und Flora« von Giambattista Tiepolo

Natürlich kann man nicht ausschließen, dass Tiepolo hier tatsächlich seine Fantasie spielen ließ und sich diese Flügel schlicht ausdachte. Allerdings muss man eingestehen, dass die Detailähnlichkeit zu *Pseudimares* eine unwahrscheinliche Koinzidenz wäre. Nicht ausgeschlossen werden kann aber auch, dass Tiepolo, der sein gesamtes Leben vorwiegend in Venetien verbrachte, doch ein Exemplar von *Pseudimares* in die Hände bekommen hatte. Er war der Sohn eines Händlers, der seine Waren vorwiegend über den Schiffsweg transportierte. Es waren die Schiffe, die weltweite Handelswege in exotische Länder ermöglichten und mit deren Hilfe seltsame Naturwunder nach Europa kamen. Diese Objekte legten den Grundstock für die in dieser Zeit von Fürsten und betuchten Bürgern gern angelegten Wunderkammern, Sammlungen von Natur- und Kunstobjekten, die im 19. Jahrhundert in vielen Fällen in Naturkundemuseen aufgingen.[12] Venedig war einer der großen Knotenpunkte im mediterranen Seehandel, und schon lange bestanden Handelsbeziehungen nach Nordafrika. Es ist nicht unwahrscheinlich, dass Tiepolo auf diesem Weg ein Exemplar von *Pseudimares aphrodite* zu Gesicht bekam und seine Schönheit für sich entdeckte.

Der Kunsthistoriker und Tiepolo-Experte William Barcham wies zudem auf eine weitere interessante Verbindung Tiepolos hin.[13] In der Villa des mailändischen Adligen Carlo Archinto (1670–1732)[14] befand sich ein heute zerstörtes Fresko, das neben anderen allegorischen Figuren auch eine frühe Fassung des Zephyrs mit den Augenfleckenflügeln zeigte. Archinto hatte Naturgeschichte, Physik, Chemie und Medizin studiert und förderte in Mailand die Naturwissenschaften und Künste. Er besaß eine umfangreiche Sammlung naturkundlicher und kunsthistorischer Objekte. Barcham hält es für wahrscheinlich, dass Tiepolo in Archintos Sammlung ein Exemplar von *Pseudimares* sah und es als Modell für seinen Zephyr verwendete. Zuerst als Teil des verloren gegangenen Freskos in Archintos Villa selbst, später dann in dem sich nun im Museum Ca' Rezzonico befindlichen Deckengemälde. Die Frage wird sich nicht mehr endgültig klären lassen, sicher scheint aber zu sein, dass sich zweihundert Jahre vor der wissenschaftlichen Entdeckung und Beschreibung von *Pseudimares iris* durch Douglas Eric Kimmins und fast dreihundert Jahre vor der Beschreibung von *Pseudimares aphrodite* durch die Aspöcks der venezianische Barockmaler Tiepolo bereits an dieser wundersamen Wüstenschönheit erfreut hat und ihre spätere wissenschaftliche Entdeckung in seinem künstlerischen Werk vorwegnahm.

SELTEN ODER SELTEN GEFANGEN?

Es bleibt die Frage, warum diese großen und auffallenden Insektenarten bislang der Katalogisierung des Lebendigen entgangen sind. Wissenschaftler sind zurückhaltend, wenn es darum geht, einer Tierart ohne einigermaßen belastbare Daten über ihre Vorkommen und ihre Häufigkeit den Status einer seltenen Art zuzuweisen. Ist eine Art tatsächlich selten, oder wird sie nur selten gefangen oder beobachtet? Dies ist ein bedeutender Unterschied. Die Herpetologen, die vor einigen Jahren *Pseudimares aphrodite* in Marokko beobachten konnten, fanden sie rund 200 Kilometer südlich des ursprünglichen Fundorts, was zeigt, dass sie wohl weiter verbreitet ist, als man vielleicht hätte annehmen können. Hubert Rausch, ein bekannter österreichischer Netzflüglerforscher, erzählte mir, dass sein Schwiegervater Franz Ressl (1924–2011), ebenfalls ein in Österreich wohlbekannter Entomologe, 1975 von einer ungewöhnlichen Ameisenjungfer berichtet hatte, die er anlässlich einer Iran-Expedition in der Insektensammlung der Islamischen Azad-Universität von Karadsch gesehen hatte. Sie besaß irisierende Augenflecken auf den Flügeln, aber da Ressl das neuropterologische Hintergrundwissen fehlte, maß er dem Tier keine weitere Bedeutung bei. Man sieht, dass *Pseudimares* wohl immer wieder an verschiedenen Orten auftaucht, auch wenn sie sicherlich nur selten gefangen wird. Horst Aspöck nimmt an, dass die beiden Arten nur sehr kurze Flugzeiten haben, die man als sammelnder Wissenschaftler genau treffen muss. Zudem fliegen sie offenkundig nur nachts im heißesten Hochsommer, wenn die saisonale Trockenheit die Lebewesen ihrer sowieso schon kargen Lebensräume in eine Sommerpause zwingt. Nur wenige Wissenschaftler und Sammler versuchen zu dieser Zeit ihr Glück. Auch wenn die Arten sicherlich keine übermäßig große Populationsdichte besitzen, scheint doch ihre vermeintliche Seltenheit eher darauf zurückzuführen sein, dass nur wenige Enthusiasten zur richtigen Zeit am richtigen Ort sind, um die Tiere finden zu können.

*»So viel ist neu
in Neuguinea,
es ist verrückt«*

III

ENGMAULFRÖSCHE UND BAUMKÄNGURUS AUF NEUGUINEA

Rainer Günther kann sich an die Entdeckung des ersten Exemplars von *Choerophryne microps* genau erinnern. *Choerophryne microps* ist eine Froschart, die, soweit man weiß, nur im indonesischen Teil Neuguineas vorkommt. Die Frösche sind winzig klein, und die durchschnittliche Körperlänge der Männchen beträgt von der Schnauzenspitze bis zum hintersten Ende ihres Rumpfes 16 Millimeter, die der Weibchen weniger als 19 Millimeter. Kaum mehr also als mein Daumennagel. Diese winzigen Fröschchen im Regenwald Neuguineas aufzuspüren, ist alles andere als eine Trivialität, aber Günther ist einer der wenigen Taxonomen, die sich auf südostasiatische Frösche, insbesondere von Neuguinea, spezialisiert haben.

Bis heute kann ein erheblicher Teil von Neuguinea als unerforscht gelten. Dazu gehören auch die Wondiwoi-Berge auf der Wandammen-Halbinsel, die im Nordwesten der riesigen Insel Neuguinea liegen. Die Bergzüge ragen bis zu einer Höhe von mehr als 2200 Meter auf und sind überwiegend von tropischem Regenwald bedeckt. Dörfer gibt es nur wenige, und das Innere des Waldes betritt man besser nur mit erfahrenen einheimischen Führern.

Seine erste wissenschaftliche Expedition nach Neuguinea führte Günther 1997 in den westlichen Teil der Insel. Er hatte sich Michael Balke angeschlossen, einem Entomologen der Zoologischen Staatsammlung München. Balke hatte bereits zahlreiche Sammelreisen nach Neuguinea unternommen, um Wasserkäfer zu fangen. Eine Sammelexpedition in die Wildnis eines fremden, wenig erschlossenen Gebietes wie Neuguinea ist mit Gefahren und Risiken verbunden, zumindest aber mit vielen Unsicherheiten. Sich jemandem mit Ortkenntnissen anzuschließen, ist daher eine gute Idee. Günthers bisherige Neuguinea-Erfahrungen beschränkten sich auf eine selbst organisierte Urlaubsreise, die er zwei Jahre zuvor mit seiner Frau und einem befreundeten Ehepaar durchgeführt hatte. Die Idee, Neuguinea und besonders den indonesischen Teil aus froschkundlicher Sicht zu erkunden, reichte zurück bis in die Zeit vor der deutsch-deutschen Wiedervereinigung. Günther war von 1985 bis 2006 Kustos der Herpetologischen Sammlung des Museums für Naturkunde im Ostteil von Berlin. Das Museum ist Heimstatt einer riesigen wissenschaftlichen Sammlung mit einer Unmenge an naturkundlichen Objekten aus den deutschen Kolonien. Sie waren die Grundlage der Entdeckung zahlreicher bislang noch unbekannter Arten, sodass die Sammlungen des Museums für Naturkunde bis heute das Typenmaterial, also die Belegexemplare von Artbeschreibungen, Tausender neu beschriebener Arten beherbergt. Grund

3-1 Karte von Neuguinea

genug für Froschforscher aus aller Welt, nach Berlin zu kommen, um sich die dort verwahrten Typen von Fröschen anzuschauen.

Neuguinea, die mit 786 000 Quadratkilometern zweitgrößte Insel der Erde, soll nach Ansicht alter Kartografen die Form eines Paradiesvogels in Seitenansicht haben. Der Vogelkopf weist nach Westen in Richtung der südostasiatischen Inselwelt und berührt dabei beinahe den Äquator, während der Schwanz nach Südosten zeigt. Die Insel hat eine bewegte politische Vergangenheit. Ab 1828 hatten die Niederlande den Kopf der Insel als Halbinsel mit Namen Vogelkop annektiert. 1884 teilten die Kolonialmächte Niederlande, England und Deutschland Neuguinea unter sich auf. Die Niederlande beanspruchten das gesamte Gebiet westlich des 141. Längengrads (Kopf und Brust des Vogels), während sich England und das Deutsche Reich die östlich dieses Längengrads liegenden Gebiete (Rücken und Schwanz) untereinander aufteilten. Der nördliche Teil, der Rücken, wurde dem Deutschen Reich zugeschlagen, der südliche Teil England. Das sogenannte Niederländisch-Neuguinea wurde 1963 als Westpapua ein Teil von Indonesien, während der Osten Neuguineas seit 1973 als Papua-Neuguinea autonom und seit 1975 ein souveräner Staat ist.

Als Kaiser-Wilhelms-Land war der Nordosten des heutigen Papua-Neuguinea von 1899 bis 1919 unter deutscher Kolonialverwaltung. Bereits vorher hatte die Neuguinea-Kompagnie, eine von Bankiers und Großfinanziers gegründete Gesellschaft, deutsche Wirtschaftsinteressen in der Südsee vertreten. Im Zuge der wirtschaftlichen Exploration des Gebietes gelangten so zahlreiche naturkundliche und ethnografische Objekte nach Deutschland und wurden den entsprechenden Museumssammlungen zugeführt. Die größte systematische Initiative zur Erforschung von Kaiser-Wilhelms-Land war die Kaiserin-Augusta-Fluss-Expedition, die den sperrigen, offiziellen Titel »Expedition des Reichskolonialamtes, der Königlichen Museen und der Deutschen Kolonialgesellschaft zur Erforschung des Kaiserin-Augusta-Flusses in Kaiser-Wilhelms-Land« trug. Der Kaiserin-Augusta-Fluss trägt heute den Namen Sepik und ist mit etwa 1100 Kilometern Länge der längste Fluss Neuguineas und eines der bedeutendsten Flusssysteme der Welt. Die Expedition, die auch als »Berliner Sepik-Expedition« bekannt ist, dauerte eineinhalb Jahre, und in ihrem Rahmen wurden neben geografischen und geologischen Untersuchungen auch umfangreiche zoologische, botanische und ethnografische Aufsammlungen durchgeführt. Die gesammelten Objekte wurden zum überwiegenden Teil den fachlich zuständigen Museen in Berlin übergeben, also dem Ethnologischen und dem Botanischen Museum sowie dem Zoologischen Museum.

In seiner Funktion als Kustos der herpetologischen Sammlung und Froschexperte kannte Günther nur die wenigen Frösche aus verschiedenen Teilen Neuguineas, die sich in der Berliner Sammlung befanden. An eine eigene Reise während der Zeit des Eisernen Vorhangs war allerdings nicht zu denken, auch wenn spannende Reiseberichte bis zu Günther drangen. James E. Menzies, ein bekannter Herpetologe, der über die Taxonomie der Frösche Neuguineas und der Salomonen forscht und viele Jahre in Papua-Neuguinea lebte, erzählte Günther in farbenfrohen Worten von der überbordenden Artenvielfalt auf Neuguinea. Günther war besonders beeindruckt von der großen Zahl der angeblich noch unbeschriebenen Froscharten. Menzies aber, der vorwiegend in Papua-Neuguinea tätig war und selbst schon zahlreiche Froscharten von dort entdeckt und beschrieben hatte, berichtete, dass »drüben« im indonesischen Teil Neuguineas kaum jemand gesammelt hatte. Er sei überzeugt, so Menzies, dass auch dort viel unbekannte Arten zu erwarten seien. Dasselbe hatte Günther von Michael J. Tyler (1937–2020) erfahren, einem der bekanntesten australischen Herpetologen, der in den 1970er-Jahren die Berliner Sammlung besucht hatte. Tyler hielt den indonesischen Teil von Neuguinea für eines der aussichtsreichsten Gebiete, um noch unbekannte Froscharten zu entdecken.

Seitdem ließ Günther der Traum, einmal in das westliche Neuguinea zu reisen, nicht mehr los. Mit der deutschen Wiedervereinigung öffneten sich auch für die Wissenschaftler des Museums für Naturkunde die Grenzen, und

3-2 Rainer Günther mit Marthinus Kapisa von der Insel Biak, der für Günther der wichtigste Helfer bei den meisten seiner Reisen nach Neuguinea war

bisher unerreichbar erscheinende Sammelorte rückten nun in greifbare Nähe. Als Günthers Sohn Volker und dessen heutige Frau Jane nach der Wende auf einer größeren Reise auch Neuguinea besuchten und ihm mitteilten, er könne doch einfach einen Flug buchen und dort hinfahren, fing Günther an, Pläne zu schmieden.

Bei seiner ersten Reise 1997 begann er seine Erforschung der Frösche Westneuguineas von dem Ort Nabire aus, dem Verwaltungszentrum der Region. Nabire liegt, um beim Vogelvergleich zu bleiben, am nördlichen Rand des schlanken Vogelhalses zwischen Kopf und Schulter. Von Nabire gibt es nur wenige Straßen und Wege in das Landesinnere und die Gebirge. Untergebracht war die Forschergruppe in einer Art privater biologischer Station am Kilometer 53 der Straße Nabire – Mapia, deren einziger Angestellter und gleichzeitig Leiter ein guter Bekannter Michael Balkes war. Günther fand schon während dieser ersten Expedition fünf neue Froscharten, was sein Interesse an Neuguinea und der Vielfalt der dortigen Amphibien noch wachsen ließ. Zusammen mit Immo Tetzlaff, dem technischen Mitarbeiter der Berliner herpetologischen Sammlung, Michael Balke und einigen lokalen Gehilfen machte Günther sich in den tropischen Regenwald auf. Eine mühselige Kletterei in gerader Linie die Berge hinauf erwartete sie, und besonders Günther wurde unablässig von Buschmilben gepeinigt, die juckende und nässende Hautirritationen hervorriefen. Schon frühere Reisende nannten die Buschmilben aus guten Gründen die »Geißel Neuguineas«.[1] Aber auch sonst gilt Neuguinea unter Forschungsreisenden in vielerlei Hinsicht als herausfordernd. Der bekannte britische Naturforscher Alfred Russel Wallace, der fast acht Jahre lang die Inselwelt des Malaiischen Archipels bereiste, verließ Neuguinea nach einem fast viermonatigen Aufenthalt mit offensichtlicher Erleichterung:

> An keinem Orte habe ich so zahlreiche Entbehrungen ausgestanden und so viel Verdruss gehabt. Nirgends hatte ich so anhaltende Regengüsse, fortwährende Krankheiten, Mangel an gesunder Nahrung und eine über jede Beschreibung gehende Ameisen- und Fliegenplage erlebt, wie gerade hier. Es gehörte denn auch die Begeisterung eines Naturforschers dazu, um sich über dieselben hinwegzusetzen. Diese Leiden waren umso unerträglicher, als meine Bemühungen nicht durch glänzende Erfolge entschädigt wurden.[2]

3-3 Rainer Günthers Camp am Maja-Bach im Wondiwoi-Gebirge

Die Enttäuschung über den ausbleibenden Fangerfolg musste Günther nicht mit Wallace teilen. Günther hatte in den Wondiwoi-Bergen auf der Wandammen-Halbinsel in der Nähe des Maja-Baches sein Zelt aufgebaut, um von dort auf nächtliche Streifzüge zu gehen. Tagsüber leben die Frösche versteckt und lautlos, sodass sie kaum zu finden sind. Erst mit der Dämmerung werden sie aktiv und lassen ihre Rufe hören, die je nach Art bis tief in die Nacht andauern. Es sind diese Rufe, die den erfahrenen Froschjäger leiten. Hat man einen Ruf gehört, muss man versuchen, die Richtung des Frosches im dichten Buschwerk zu orten, und sich langsam anschleichen. Ist man zu laut und kommt dem Frosch unerwartet zu nah, verstummt er, und es gibt kaum eine Möglichkeit, ihn zu finden. Wenn man sich aber nah genug an die Schallquelle herangeschlichen hat, ohne das Tier zu verscheuchen, kann man versuchen, mit

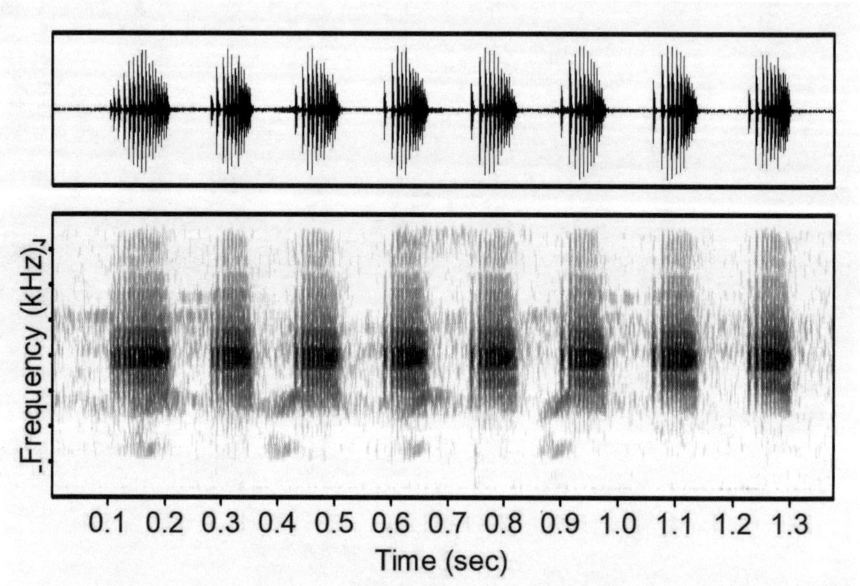

3-4 Grafische Darstellung des aus acht Noten bestehenden Paarungsrufs von *Choerophryne microps*. Das Oszillogramm (oben) zeigt den Verlauf der Lautstärke und das Spektrogramm (unten) den Verlauf der Frequenzen.

einer Taschen- oder Kopflampe den Frosch zu lokalisieren und sich ihm weiter nähern in der Hoffnung, ihn fangen zu können. Eine anstrengende und schweißtreibende Angelegenheit im nächtlichen Urwald. Die Rufe aber dienen Günther nicht nur als Orientierung, um die Frösche zu finden. Sie sind als Kommunikationsmittel zwischen den Fröschen artspezifisch, und ein erfahrener Froschforscher wie Günther kann die meisten Arten bereits am Ruf voneinander unterscheiden. Dazu verlässt er sich nicht allein auf sein Gehör, sondern nimmt den Ruf mittels DAT-Rekorder mit Richtmikrofon auf. DAT-Rekorder sind heute kleine, handliche Aufnahmegeräte für digitale Tonaufnahmen. So kann er später die bioakustischen Parameter der Rufe mithilfe einer Analysesoftware miteinander vergleichen und die spezifischen Eigenschaften der jeweiligen Rufe in Form einer Grafik mit in seine Veröffentlichung aufnehmen.

Günther beschreibt den nächtlichen Fang so:

> Je näher man an die Schallquelle herankommt, desto besser werden natürlich die Tonaufnahmen. Deshalb war es meine Strategie, zuerst Aufnahmen aus größerem Abstand zu machen, um das Tier nicht so zu stören, dass es aufhört zu rufen, und um wenigstens Rufbelege zu haben. Dann bin ich immer näher an die »Schallquelle« (manchmal waren die Verursacher ja auch Insekten oder Vögel) herangegangen, habe dabei immer wieder Aufnahmen gemacht und versucht, das Tier zu entdecken. Das ist oft sehr schwierig, weil die Rufer in zusammengerollten Blättern, in der Laubschicht, in kleinen Erdhöhlen, im dichten Kraut- oder Buschwerk oder hoch (10 Meter und mehr) auf Bäumen sitzen. Wenn die Tierchen die Rufaufnahme-Prozedur ohne Flucht überstanden hatten, wurden sie mit einer Taschenlampe angestrahlt und im schnellen Zugriff mit der Hand gefangen.

Nach dem Abendessen am Lagerfeuer beschlossen Günther und Tetzlaff, noch ein wenig am Maja-Bach entlangzulaufen. Dabei hörten sie immer wieder den charakteristischen, keckernden Ruf eines Frosches, den Günther zuvor noch nie gehört hatte. Sie wussten also, dass es in unmittelbarer Nähe ihres Lagers Frösche einer ihnen noch unbekannten Art geben musste. Günther war sich sicher, dass der Ruf vom Boden kam, während Tetzlaff meinte, ihn aus den Bäumen gehört zu haben. Sie folgten dem Rufen möglichst leise und waren sich schließlich sicher, dass sich der Frosch auf oder an einem dünnen Bäumchen befinden musste. Günther leuchtete mit seiner Taschenlampe um das Bäumchen herum und entdeckte schließlich eine spitze Nase, die aus einer kleinen Höhlung des Stämmchens herausschaute. »Ich war natürlich ganz begeistert«, freut sich Günther noch Jahre später, als ich ihn interviewte. Aber wie nun den Frosch fangen? Die Höhlung war so klein, dass man unmöglich mit seinen Fingern hineingreifen konnte, um den Frosch herauszuholen. Günther entschied sich, die Höhlung mit seiner Hand zuzuhalten, sodass der Frosch zumindest schon einmal in der Falle saß. Mit der Säge seines Allzweckmessers kappte Tetzlaff kurzerhand das dünne Stämmchen oberhalb und unterhalb der Höhlung, die Günther weiterhin mit seiner Hand geschlossen hielt. Das abgesägte Stück konnte Günther dann in Ruhe in eine Plastiktüte stecken, und erwartungsgemäß sprang das Fröschchen mit der spitzen Nase aus seiner Höhle und in die Tüte.

3-5 Ein Männchen von *Choerophryne microps*, das später zu einem der Typusexemplare der Art wurde

In den Folgetagen fingen Günther und Tetzlaff weitere dieser spitznasigen Frösche, keiner aber saß wie der erste Frosch in einer kleinen Höhle. Sie hockten in der Laubstreu und in geringer Höhe an Bäumen. Als besonders erfolgreicher Fänger erwies sich Salom Marani, einer der einheimischen Gehilfen. Bei weiteren Sammelreisen in diese Region hatte Günther gemeinsam mit ihm schließlich 28 Exemplare in der Sammlung, 23 Männchen und fünf Weibchen. Genug, um sich daran zu machen, den taxonomischen Status der Art zu klären. Lange Serien von Exemplaren sind bei Artbeschreibungen wichtig, um die Variabilität innerhalb einer Art beurteilen zu können. Nur so kann man eine neu entdeckte Art sicher von anderen Arten unterscheiden.

Einen Frosch mit einer solchen langen Nase hatte Günther noch nicht gesehen, und er konnte annehmen, dass es sich um etwas Neues handelt. Zurück in Berlin, machte er sich abermals daran, die relevante Literatur über die

Frösche Neuguineas durchzusehen. Er entdeckte die Beschreibung eines Frosches, der nach der Originalbeschreibung von 1911 seinem Fund sehr ähnlich war, insbesondere hinsichtlich des auffällig verlängerten Maules. Gesammelt hatte den Frosch der Schweizer Anthropologe und Forschungsreisende Otto Schlaginhaufen (1879–1973) während einer Südsee-Expedition 1907 bis 1910, die ihn auch in das Torricelli-Gebirge im Nordwesten von Papua-Neuguinea führte. Der langnasige Frosch wurde von dem Dresdner Zoologen Benno Wandollek unter den Namen *Choerophryne rostellifer*, wörtlich: der »Nasentragende«, beschrieben. War Günthers Nasenfrosch also schon früher entdeckt worden? »Nun gut, ein schöner Fang zwar, aber leider keine neue Art«, sagte sich Günther enttäuscht. Doch er ließ nicht locker. Eine genauere Untersuchung brachte auffällige Detailunterschiede zwischen dem Frosch Schlaginhaufens und Günthers Fröschen zutage, sodass er sich schließlich sicher war, doch eine noch unbekannte Froschart entdeckt zu haben. Er nannte sie *Choerophryne microps* und veröffentlichte seinen Fund 2008.[3] Der Artname bezieht sich auf die auffallend kleinen Augen der neuen Art: *Micro* entstammt dem Griechischen und bedeutet klein, und *ops*, ebenfalls griechischen Ursprungs, Auge.

Die kleinäugige *Choerophryne* war nicht die einzige Art, die Günther auf Neuguinea entdeckte. Genau genommen folgte eine Neuentdeckung der nächsten. »So viel ist neu in Neuguinea, es ist verrückt«, erzählte er mir. »Beinahe die Hälfte aller Frösche, die ich dort gefangen habe, sind noch unentdeckte Arten.« Bis Oktober 2020 hatte er insgesamt 102 Froscharten von Neuguinea beschrieben. Rund die Hälfte von ihnen hat er auf seinen sieben Neuguinea-Reisen, die er zwischen 1997 und 2008 unternommen hat, selbst gesammelt. Die anderen stammen von seinem Kollegen Stephen Richards aus Australien, mit dem er eng zusammenarbeitet und publiziert. »Mehr als 450 Froscharten sind derzeit von Neuguinea und den umliegenden Inseln bekannt, aber ich bin fest überzeugt, dass dort mehr als 1000 vorkommen«, so Günther. Und er scheint recht zu behalten. Günther hat inzwischen noch weitere Froscharten von Neuguinea entdeckt, und erst 2019 war er an der Beschreibung einer Art beteiligt, die das Wissenschaftlerteam wegen ihres einzigartigen langen Zipfels an ihrem runden Maul *Litoria pinocchio* nannte.[4] Im Jahr 2021 publizierte Günther zusammen mit seinem Co-Autor Richards die Beschreibungen von noch einmal elf neuen Froscharten aus Neuguinea, und weitere Neubeschreibungen sind schon in Vorbereitung.

WASSERRATTEN UND BAUMKÄNGURUS

Neuguinea ist eine Region mit einer der artenreichsten und am wenigsten erforschten Biodiversität der Erde. Biogeografisch gehört Neuguineas Tierwelt zum australischen Faunenbereich und weist in ihrer Artenzusammensetzung enge Beziehungen zu Australien auf. Der Anteil an Endemiten, also von Spezies, die nur dort vorkommen, ist auf Neuguinea enorm groß, und viele der endemischen Arten sind ungewöhnliche evolutive Wege gegangen. Unbekannte Tierarten können einem dort auf Schritt und Tritt begegnen. So hat erst 2009 ein britisches Kamerateam, während der Dreharbeiten zu einem BBC-Dokumentarfilm, zahlreiche neue Arten entdeckt. Unter anderem eine der größten Rattenarten weltweit mit 82 Zentimetern Länge und 1,5 Kilogramm Gewicht, sowie den kleinsten Nasenbeutler der Erde.[5] Nach einem Bericht des WWF wurden auf Neuguinea allein zwischen 1998 und 2008 mehr als eintausend neue Tierarten entdeckt.[6] Darunter sind zwölf Säugetierarten, was an sich schon ungewöhnlich ist, da noch unbekannte Säugetiere heute nur selten entdeckt werden. Eines davon ist ein Ameisenigel, der nach dem Naturforscher und Tierfilmer Sir David Attenborough benannt wurde.

Auf Neuguinea gibt es eine ungewöhnlich hohe Zahl unterschiedlicher und komplexer Ökosysteme, was eine der Ursachen für das Vorkommen einer großen Zahl an Arten ist. Das Spektrum der Lebensräume reicht von Korallenriffen und Seegraswiesen im Meer über Mangrovenwälder, Savannen, Tiefland- und Nebelwälder, alpine Wiesen bis hin zu Gletschern. Allein der indonesische Teil Neuguineas ist die Heimat von 15 000 bis 20 000 Pflanzenarten, rund 650 Vogelarten, 125 Säugetierarten und mehr als 220 Reptilienarten.[7] Rund die Hälfte dieser Arten sind in ihrem Verbreitungsgebiet endemisch, kommen also nur dort vor.

Der Artenreichtum besonders des bergigen Inneren lockt seit der Entdeckung der Insel im 16. Jahrhundert zahlreiche Naturforscher nach Neuguinea. Alfred Russel Wallace unternahm ab 1858 mehrere Reisen in verschiedene Gegenden der Insel. Geplagt von Fliegen, Buschmilben und Dauerregen blieb der Fangerfolg hinter seinen Erwartungen zurück. Insbesondere suchte er, wie so viele vor und nach ihm, nach Paradiesvögeln. Paradiesvögel haben ihren Verbreitungsschwerpunkt auf Neuguinea. Die Männchen beeindrucken durch ihr farbenprächtiges und beinahe künstlich wirkendes Prachtgefieder. Im 19. Jahrhundert bis in die 1920er-Jahre waren Paradiesvogelfedern auf dem Mode-

3-6 »Scene in Neu Guinea, mit charakteristischen Thieren« aus Alfred Russel Wallaces »Die Geographische Verbreitung der Thiere«, 1876

markt hochbegehrt, um insbesondere Damenhüte zu schmücken. Zu Tausenden wurden sie auf Neuguinea geschossen und nach Europa und in die USA als lukratives Geschäft exportiert. Erst im frühen 20. Jahrhundert wurde die Jagd auf Paradiesvögel verboten. Wallace sah nur fünf der dreizehn damals bekannten Arten, und es war ihm auch nicht vergönnt, eine neue Art zu entdecken, obwohl er davon ausgehen konnte, dass es solche gab. Die scheuen Vögel lebten tief in den Bergwäldern Neuguineas, und man wusste wenig über sie.

Rainer Günther wusste von Wallaces Reisen nach Neuguinea, es war aber ein anderer Naturforscher, dessen Reise nach Neuguinea ihm noch viel mehr als wissenschaftliches Vorbild diente: Ernst Mayr. Ernst Mayr war einer der bekanntesten Gegenwartsbiologen und gilt bis heute manchen als der »Darwin des 20. Jahrhunderts«. Er ist einer der Hauptarchitekten der Synthese der Evolutionstheorie, die in der ersten Hälfte des 20. Jahrhunderts die neuen Befunde der modernen Genetik, Populationsbiologie, Paläontologie, Zoologie, Botanik und der biologischen Systematik als ergänzende Fortschreibung der Darwinschen Evolutionstheorie zusammenführte. Bis zu seinem Tod im Jahr 2005 schrieb er kontinuierlich Bücher zur Theorie und Philosophie der Biologie, die ihn über den Kreis der Fachwissenschaftler hinaus bekannt machten. Heute noch steht in Günthers Arbeitszimmer ein Exemplar eines der einflussreichsten Bücher Mayrs, »Artbegriff und Evolution« von 1967, das Günther durch sein wissenschaftliches Leben begleitet hat.

Für Günther und viele andere Biologen aber ist Mayr nicht nur als Evolutionstheoretiker einer der wichtigsten Naturforscher des 20. Jahrhunderts. Seine Biologenkarriere hatte der 1904 geborene Mayr als Ornithologe begonnen. Bereits im Alter von 19 Jahren veröffentlichte Mayr seine erste wissenschaftliche Arbeit über Vögel, und schon 1926 wurde er im Alter von 21 Jahren über ein ornithologisches Thema promoviert. Nur ein Jahr später traf Mayr beim Internationalen Zoologenkongress in Budapest den berühmten Sammler und Naturforscher Baron Walter Rothschild, der ihn fragte, ob er bereit sei, für ihn und Leonhard C. Sanford vom American Museum of Natural History in New York eine Expedition nach Neuguinea durchzuführen.[8] Rothschild hatte ein weltumspannendes Netz von Sammlern aufgebaut, sein Gewährsmann auf Neuguinea aber, der bislang fleißig Vögel geschickt hatte, war nach einem Schlaganfall nicht mehr arbeitsfähig.[9] Rothschild suchte einen Ersatz, um den steten Fluss von Vögeln aus dieser so wichtigen Region zu sichern, und seine Wahl fiel auf den jungen Berliner Ornithologen. Mayr,

3-7 Ernst Mayr kurz vor seiner Abreise nach Neuguinea

kaum 23 Jahre alt und ohne Erfahrung in tropischen Expeditionen, erkannte seine Chance und sagte zu. Die nächsten hektischen Monate dienten Mayr dazu, die notwendige Expeditionsausrüstung zu besorgen, Vogelpräparation zu lernen und insbesondere die relevante Literatur über die Vogelwelt Neuguineas zu lesen. Er besuchte verschiedene Sammlungen, besonders die Rothschild-Sammlung in Tring und das damalige Zoologische Museum Berlin. Als Mayr im Februar 1928 nach Neuguinea aufbrach, kannte er nach seinen eigenen Worten den Namen und die systematische Stellung jeder von Neuguinea bekannten Vogelart.[10]

Erwin Stresemann, der bereits Gerd Heinrichs Reise nach Sulawesi vermittelt hatte, war der Mentor Mayrs am Zoologischen Museum in Berlin. Er und die Mitarbeiter der Ornithologischen Abteilung verabschiedeten Mayr am Berliner Anhalter Bahnhof. Niemand wusste, ob er Mayr wiedersehen würde, denn die Sterblichkeit unter den Forschungsreisenden auf Neuguinea war erschreckend hoch. Krankheiten waren eine allgegenwärtige Gefahr,

3-8 Drei Grünnacken-Dickköpfe *(Pachycephala soror klossi)*, die Ernst Mayr auf Neuguinea gefangen hat. Sie tragen die Originalfundortetiketten von Mayrs Expedition.

und die einheimischen Ethnien waren zudem dafür bekannt, dauerhaft im Krieg miteinander zu liegen und sich Fremden gegenüber aggressiv zu verhalten. In seinem Reisebericht »Zwei Jahre unter den Kannibalen Neuguineas« beschreibt der Naturforscher Antwerp E. Pratt (1852–1924) seinen Versuch, im Arfak-Gebirge zu sammeln. Die Feindseligkeit der lokalen Bewohner zwang ihn, seine Sammeltätigkeit nach Papua-Neuguinea zu verlagern.[11]

Im März 1928 machte sich Mayr mit einem Tross von mehr als 50 Trägern, die seine Ausrüstung für mehrere Monate transportierten, drei javanischen Präparatoren und drei einheimischen Schmetterlingsfängern auf den Weg in die Arfak-Berge auf der Vogelkop-Halbinsel von Neuguinea. »Es war wirklich unberührte Natur. Die Vogelwelt war unglaublich«, beschrieb Mayr später seine Reise auf Neuguinea.[12] Er sollte insgesamt zwei Jahre im Südpazifik bleiben, und davon sechseinhalb Monate auf Neuguinea. In dieser Zeit trug er eine bedeutende Menge an naturkundlichen Exemplaren zusammen: Rund

2700 Vogelbälge und 260 Säugetierpräparate, 4000 Schmetterlinge, 4000 Käfer, 1000 Heuschrecken sowie einige Spinnen, Skorpione, Krebse, Schnecken, Würmer, Eidechsen und Schlangen schickte er in die Heimat.[13] Dazu gehörten zahlreiche Pflanzenbelege, anhand derer später allein 38 neue Orchideen- und 12 neue Rhododendron-Arten beschrieben wurden.[14] Vogelarten wie die Dickköpfe (Pachycephalidae) und ihre Verbreitung in der komplexen Inselwelt Südostasiens waren der Schlüssel dafür, dass Mayr durch seine Arbeiten über das Wesen und die Entstehung biologischer Arten zu einem der bedeutendsten Evolutionsbiologen des 20. Jahrhunderts wurde.[15]

Unter den zahlreichen Säugetieren, die Mayr von Neuguinea mitbrachte, waren drei noch unbeschriebene Arten. Alle drei wurden in den ersten Jahren nach Mayrs Rückkehr benannt. *Leptomys ernstmayri*, eine von fünf heute bekannten Arten von Neuguinea-Wasserratten der Gattung *Leptomys*, wurde von dem deutschen Säugetierforscher Hans Rümmler beschrieben. *Dactylopsila palpator ernstmayri* ist ein Streifenbeutler, von dem heute nicht mehr angenommen wird, dass er eine eigene Unterart darstellt. Beschrieben wurde er von dem Zoologen Georg H. W. Stein (1897–1976), der lange als Kustos in der Säugetierabteilung des Berliner Zoologischen Museums tätig war und 1931 bis 1932 zusammen mit seiner Frau Clara Neuguinea bereiste. Diese Reise, die ebenfalls durch Vermittlung von Ernst Stresemann erneut vom American Museum of Natural History in New York finanziert wurde, war als Fortsetzung der Reise Mayrs gedacht.

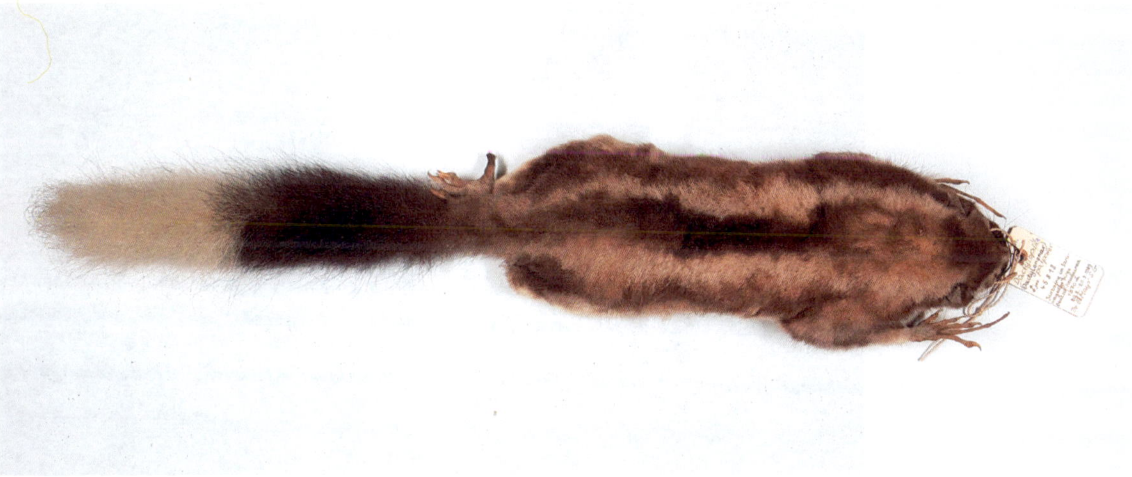

3-9 Balg eines Langfinger-Streifenbeutlers (*Dactylopsila palpator*), gefangen von Ernst Mayr im Saruwaged-Gebirge auf Papua Neuguinea, Februar / März 1929

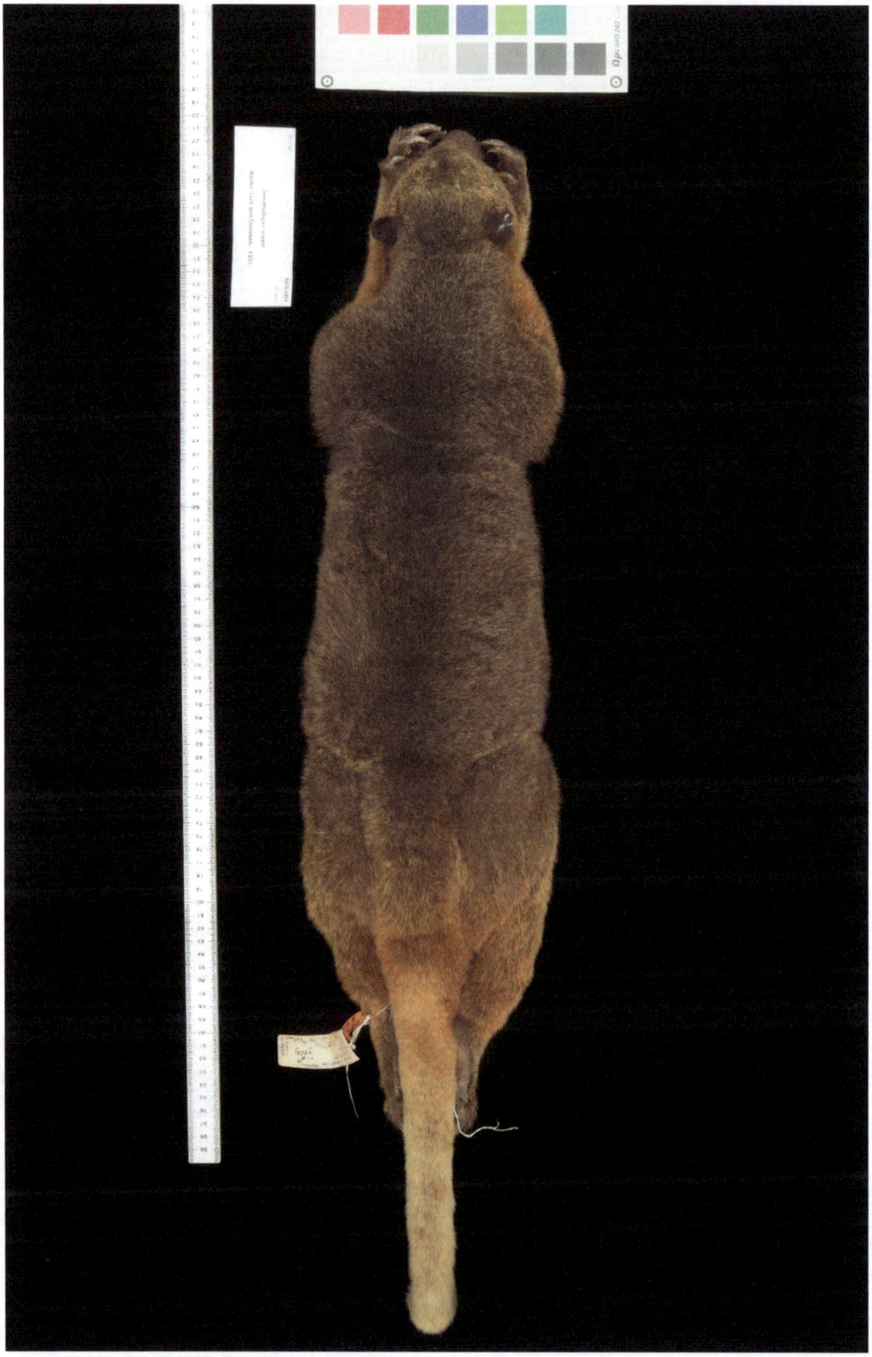

3-10 Das Typusexemplar des Wondiwoi-Baumkängurus *(Dendrolagus mayri)* im Natural History Museum London

Und schließlich ein Baumkänguru. Baumkängurus sind eine Gruppe von Kängurus, die durchweg in Bäumen leben und sich in vielem von dem vertrauten Bild der am Boden lebenden Kängurus unterscheiden. In Anpassung an die Fortbewegung in Bäumen sind die Vorderextremitäten der Baumkängurus kräftiger und die Hinterbeine kürzer und stämmiger. Die zwölf bekannten Arten kommen vorwiegend auf Neuguinea vor, wobei zwei Arten auch aus Queensland aus dem nördlichsten Australien bekannt sind. Mayr brachte von seiner Neuguinea-Reise aus den Wondiwoi-Bergen mehrere Exemplare von Baumkängurus mit, von denen sich eines als ungewöhnlich herausstellte. Der schwerreiche Walter Rothschild beschrieb es daraufhin 1933 zusammen mit dem britischen Zoologen Guy Dollman (1886–1942) als neue Unterart des Doria-Baumkängurus und nannte es zu Mayrs Ehren *Dendrolagus dorianus mayri*. Die Veröffentlichung von Rothschild und Dollman ist eine der schönsten Publikationen über Säugetiere ihrer Zeit, weil sie alle Arten und Unterarten der Baumkänguru-Gattung *Dendrolagus* in besonders realistisch wirkenden, großformatigen, kolorierten Kupferstichen abbildet. Die leuchtenden Farben verführen beinahe dazu, das weiche Fell dieser Tiere berühren zu wollen. Außer einigen Zootieren hatten Rothschild und Dollman keine lebenden Baumkängurus gesehen und mussten sich auf die Erzählungen von anderen Naturforschern verlassen, als sie anhand von Bälgen, Fellen und Skeletten die Körperhaltung der Tiere im Bild darstellten. Seit 2007 gilt das wunderschön fuchsrote Wondiwoi-Baumkänguru von Rothschild und Dollman als eigenständige Art und heißt dementsprechend *Dendrolagus mayri*.

Und es sollte vorerst das einzige Exemplar seiner Art bleiben. 90 Jahre lang hat kein Naturforscher *Dendrolagus mayri* wiedergesehen, und selbst einheimische Jäger konnten keine Hinweise dafür liefern, dass es diese Art überhaupt noch gab. Es sollte bis 2017 dauern, bis das Wondiwoi-Baumkänguru wiederentdeckt wurde.[16] Michael Smith, ein britischer Amateur-Botaniker, war der Leiter einer kleinen Expedition in das Wondiwoi-Gebirge. Ziel der Reise war es, Rhododendron- und Orchideen-Arten zu finden. Mithilfe von vier Trägern, einem lokalen Jäger sowie einem lokalen Studenten erklomm Smith den Bergwald bis auf eine Höhe von mehr als 1500 Metern. Mühsam musste sich die Gruppe ihren Weg durch einen schwer zugänglichen Bambuswald schlagen. Dort oben, mitten im Dickicht und auf einer Höhenlage, die die lokalen Jäger meist meiden, machte Smith Fotos eines Baumkängurus hoch in den Ästen eines Baumes. Smith hatte auf zahlreichen Reisen in ferne

Länder auf der Suche nach Rhododendren und Orchideen schon viele Zufallsentdeckungen gemacht und pflegte Fotos von allem zu machen, was ihm interessant erschien. Nach seinen Reisen wandte er sich dann üblicherweise an die jeweiligen Spezialisten, immer in der Hoffnung, dass sie ihm die Objekte auf seinen Fotos bestimmen könnten.

Das Foto des Baumkängurus schickte Smith an zwei australische Beuteltierforscher, Mark Eldridge und Roger Martin. Die beiden trauten ihren Augen kaum, als sie Smiths Fotos sahen. Die charakteristische Fellzeichnung dieser Art war unverkennbar. Das 90 Jahre lang verschollene Wondiwoi-Baumkänguru existierte tatsächlich weiterhin auf Neuguinea, allerdings in derart unzugänglichen Lebensräumen der Hochlagen des Wondiwoi-Gebirges, dass es an ein Wunder grenzt, dass Smith es überhaupt hatte entdecken können.

Rainer Günther denkt noch heute mit glänzenden Augen an seine Expeditionen auf Neuguinea zurück. Viel Arbeit ist noch zu tun, und viele Hundert Froscharten warten noch auf ihre Entdeckung. Nach Neuguinea wird er selbst nicht mehr fahren. Das Alter. Aber in der Sammlung des Museums für Naturkunde Berlin, das all die Frösche beherbergt, die er im Laufe der Jahre gefangen hat, warten noch etliche Exemplare darauf, dass er sich ihrer annimmt und die Liste der von ihm beschriebenen Froscharten weiter verlängert.

Neuguinea bleibt ein Sehnsuchtsort für Biodiversitätsforscher. Es gibt kaum einen Ort auf der Erde, an dem es noch derart ausgedehnten und schwer zugänglichen tropischen Regenwald gibt. Auch Neuguinea ist von Abholzung, Bergbau, Wilderei und Tierhandel bedroht, noch aber finden viele Arten dort ihr Auskommen. Bislang ist nur ein Teil der Biodiversität Neuguineas erforscht und beschrieben worden, und noch Hunderte, ja Tausende von unbeschriebenen Arten, besonders Insekten und andere Wirbellose, müssen noch entdeckt werden. Die zahlreichen Froscharten, die Günther allein aus dem Nordwesten Neuguineas beschrieben hat, und die Wiederentdeckung einer charismatischen Tierart wie dem Wondiwoi-Baumkänguru, wecken das Interesse der Öffentlichkeit und bahnen Wege zur weiteren Erforschung des Artenreichtums dieser Insel – und hoffentlich auch zu geeigneten Schutzmaßnahmen.

⟶ **3-11** Eine farbenprächtige Darstellung des Wondiwoi-Baumkängurus aus der Originalbeschreibung von Rothschild und Dollman von 1936

»Größer als
der Kaiser selbst«

IV

GORILLAS KOMMEN NACH EUROPA

Am 30. August 1902 machte sich eine kleine Gruppe von drei deutschen Offizieren und zwanzig Askaris, den aus der örtlichen Bevölkerung rekrutierten Soldaten in niedrigen Dienstrangen, auf den Weg aus der Stadt Usumbura, dem heutigen Bujumbura im Staat Burundi. Zu ihnen gehörte eine größere Zahl einheimischer Träger, die die Ausrüstung transportierten. Ihr Weg führte sie nach Norden, um einige deutsche Außenposten zu besuchen. Leiter der Expedition war Hauptmann Friedrich Robert von Beringe, der von dem Oberarzt Dr. Engeland sowie dem Unteroffizier Ehrhardt begleitet wurde. Das Ziel der Reise war die militärstrategische Sicherung der deutschen Kolonialmacht in der Region. Hauptmann von Beringe beabsichtigte, die lokalen Chiefs »durch Erledigung von ›Schauris‹«[1] enger an die deutsche

4-1 Geografische Verbreitung der beiden Gorilla-Arten

4-2 Robert von Beringe in der weißen Offiziersuniform der Schutztruppe für Deutsch-Ostafrika

4-3 Robert von Beringe mit einer Gruppe von Askaris

Kolonialmacht zu binden. Schauris waren öffentliche Verhandlungen, bei denen kleinere Streitigkeiten zwischen den Dorfbewohnern im Sinne eines Friedensgerichts geregelt wurden. Wohnte ein deutscher Kolonialbeamter einem Schauri bei, bekräftigte er die Stellung des Chiefs und dessen Verbundenheit mit der Kolonialmacht. Zudem beabsichtigte von Beringe, Msinga, dem Sultan von Ruanda und »Herr über 1½ Millionen Menschen«,[2] einen formalen Besuch abzustatten, um die guten Beziehungen weiter zu festigen. Die Reise diente also vor allem der »Stärkung der Macht und des Ansehens der deutschen Verwaltung in diesen Gebieten«, wie von Beringe in seinem Reisebericht betonte.[3]

Robert von Beringe schildert mit dem herrschaftlichen Gestus des Kolonialoffiziers detailliert sein Zusammentreffen mit Msinga:

> In breiter Front ging ich in der Landschaft Nduga gegen das Dorf Nyanza des Msinga vor, die Askaris mit aufgepflanztem Seitengewehr, die Träger in dichtem Haufen dahinter, von den nach Tausenden zählenden Eingeborenen zu beiden Seiten begleitet. Lager schlugen wir etwa 500 m vom Sultansdorf entfernt auf, in welchem die deutsche Flagge gehißt war. Gegen 11 Uhr erschien dann Luabelinda [der von Msinga geschickte Kontaktmann], um uns das Erscheinen Msingas zu melden. Es verging indessen noch eine weitere Stunde, bis sich der vor dem Sultansdorf lagernde schwarze Haufen löste und sich unter dem Gedröhne von fünf großen und auf dem Kopfe getragenen Trommeln auf unser Lager in Bewegung setzte. Die Spitze bildeten mehrere hundert Speer- und Bogenträger, denen der eigentliche Zug mit einer tausendköpfigen Menge folgte. Inmitten dieser befand sich der Msinga in einem Tragekorbe, zu beiden Seiten von etwa 30 außergewöhnlich großen Watussis im Kriegsschmuck begleitet. Im Lager stellten sich diese dann in weitem Halbkreis um mein Zelt auf, so Platz für den nachfolgenden Msinga schaffend, welcher 50 m vorher seinem Tragkorbe entstiegen war. Ich begrüßte den Msinga mit Handschlag, die neben meinem Zelt aufgestellten Askaris präsentierten, während Msinga, von den Watussi Luandangiko, Kawale und Luabilinda begleitet, mir in mein Zelt folgte. [...] Nachdem ich dort dem Msinga erklärt hatte, dass ich nur in friedlicher Absicht zu ihm gekommen wäre, versicherte er mir, der deutschen Regierung untertan zu sein. [...] Die ganze Begrüßung, bei welcher ein gewisses Zeremoniell beobachtet wurde, dauerte kaum 10 Minuten.[4]

Vom Sitz des Sultan Msinga in Nyanza aus zog die inzwischen durch weitere Askaris und einige deutsche Offiziere auf 53 mit Gewehren bewaffneten Personen angewachsene Gruppe weiter Richtung Norden. Neben seinem offiziellen Auftrag nutzte von Beringe jede sich bietende Gelegenheit, das noch weitgehend unentdeckte Land zu erforschen. Er hatte umfangreiche Aufzeichnungen über zurückliegende Expeditionen in der Region angefertigt, die ihm als Orientierung dienten. Anfang Oktober erreichte der Trupp die Virunga-Vulkankette im Dreiländereck zwischen Ruanda, dem Kongo und Uganda, einem Gebiet im ostafrikanischen Grabenbruch mit vulkanischer Aktivität. Die Hänge der Vulkankegel sind von artenreichem, tropischem Regenwald bedeckt. Nachdem sie am Fuß des Kana-Vulkans ein Lager aufgeschlagen hatten, unternahm von Beringe zusammen mit Dr. Engeland am 16. Oktober »mit nur wenigen Askaris und den notwendigen Lasten und Trägern« eine

Wanderung, um den ältesten der acht Virunga-Vulkane, den erloschenen Vulkan Sabinyo, zu besteigen. Der Berg liegt am Ostrand der Vulkankette im heutigen Vulkan-Nationalpark in Ruanda und war vor von Beringes Besuch noch nicht von Europäern begangen worden. Bis etwa zur halben Höhe bestand die Vegetation des Sabinyo aus dichtem Bambus mit nur einzelnen Bäumen, die zur Spitze immer spärlicher wurden. Die Besteigung erwies sich wegen des dichten Untergestrüpps als schwierig. Auf 2500 Metern Höhe errichteten sie auf einem Plateau mit einem beeindruckenden Ausblick bis in die Rutshuru-Ebene ein weiteres Lager. Am zweiten Tag erreichten sie eine Höhe von etwa 3150 Metern, wo sie ihr Zelt direkt auf dem Berggrat aufstellten, von dem die Hänge zu beiden Seiten steil abfielen. Die Träger und Askaris suchten bei einer Temperatur um den Gefrierpunkt in einigen Felshöhlen Schutz vor dem eisigen Wind.

An diesem Ort sollte Robert von Beringe der erste Europäer werden, der einen Berggorilla zu Gesicht bekam – und wenige Minuten später war er der erste Europäer, der einen Berggorilla erschoss. Die Ereignisse schildert von Beringe in seinem Expeditionsbericht im *Deutschen Kolonialblatt*:

4-4 Robert von Beringe wird mitsamt seiner Ausrüstung von Trägern über einen Fluss getragen.

> Von unserem Lager aus erblickten wir eine Herde schwarzer, großer Affen, welche versuchten, den höchsten Gipfel des Vulkans zu erklettern. Von diesen Affen gelang es uns, zwei große Tiere zur Strecke zu liefern, welche mit großem Gepolter in eine nach Nordosten sich öffnende Kraterschlucht abstürzten. Nach fünfstündiger, anstrengender Arbeit gelang es uns, ein Tier abgeseilt heraufzuholen. Es war ein männlicher, großer, menschenähnlicher Affe von etwa 1 ½ m Größe und einem Gewichte von über 200 Pfund. Die Brust unbehaart, die Hände und Füße von ungeheurer Größe. Es war mir leider nicht möglich, die Gattung des Affen zu bestimmen. Für einen Schimpansen hatte derselbe eine wohl noch nicht bekannte Größe, und das Vorhandensein von Gorillas ist bis jetzt bis zu den Seen hin noch nicht festgestellt worden.[5]

Die letzten fünfzig Meter des Aufstiegs waren ohne Bergsteigerausrüstung nicht zu schaffen, und nachdem Engeland auf einer Höhe von 3200 Metern wegen eines Schwächeanfalls zurückbleiben musste, machten sie sich »nach Niederlegen einer Flaschenurkunde« auf den Rückweg zu ihrem Lager auf dem Felsgrat. Am nächsten Abend erreichten sie ihr Standlager am Fuß des Vulkans. Der weitere Marsch führte sie nach Südwesten in Richtung des Kivu-Sees. Nach vier Tagen legten sie in einem Dorf einen Ruhetag ein und nutzten die Zeit, den Gorilla »abzubalgen und zu skelettieren«.[6] In der Nacht kam es zu einem unangenehmen Zwischenfall. Eine Hyäne machte sich an den präparierten Überresten des Gorillas zu schaffen. Fell und Skelett wurden dabei so stark beschädigt, dass sie nicht mehr zu retten waren, und nur der Schädel blieb unversehrt.[7] Am 15. November 1902 schließlich erreichte von Beringe Usumbura, den Ausgangspunkt seiner Reise.

Auf dem Landweg brachten Robert von Beringe und Dr. Engeland den Gorilla-Schädel nach Daressalam in Tansania, von wo er nach Berlin an Ludwig Heck, den Direktor des Zoologischen Gartens Berlin, verschifft wurde. In einem Schreiben an Heck, dem eine Fotografie des frisch erlegten Affen beigelegt war, kündigte Engeland die Ankunft des Präparats an. Heck, der selbst kein Affentaxonom war, wandte sich an Paul Matschie am damaligen Zoologischen Museum Berlin, dem heutigen Museum für Naturkunde Berlin, und legte ihm das verfügbare Material des rätselhaften Affen vor: den Schädel, die Fotografie des Affen sowie Engelands Schreiben.

4-5 Der am Vulkan Sabinyo geschossene und gesicherte Gorilla, anhand dessen Paul Matschie den Berggorilla beschrieb. Ganz rechts Robert von Beringes »Offiziersbursche«

»ICH NENNE IHN *GORILLA BERINGERI*«

Paul Matschie war seit Anfang der 1890er-Jahre einer der bekanntesten Spezialisten für afrikanische Säugetiere. Sein Lebensweg, er wurde immerhin Titularprofessor und zweiter Direktor des Zoologischen Museums in Berlin, war ungewöhnlich.[8] Ohne Universitätsabschluss kam er zuerst als freiwilliger Helfer in der Vogelabteilung an das Museum. Er war 1887 für den Umzug der zoologischen Sammlungen aus dem Hauptgebäude der Humboldt-Universität in das heutige Gebäude des Museums für Naturkunde eingestellt worden. Später wurde Matschie erst Assistent, dann Verwalter und schließlich Kustos der Säugetiersammlung. Unter seinem Einfluss konnte die Säugetiersammlung erheblich erweitert werden und rangiert heute unter den zehn größten musealen Säugetiersammlungen der Welt.[9] Matschie war ein außerordentlich aktiver Taxonom und beschrieb im Laufe seiner Karriere eine enorme Zahl von neuen Arten, die meisten davon allerdings anhand feinster Unterschiede, die sich bei einer erneuten Prüfung oft nicht bestätigen ließen. So sind von den 76 Arten von Primaten, die er beschrieb, heute nur noch vier gültig. Sein wissenschaftliches Renommee nahm zudem erheblichen Schaden, als er sich in späteren Jahren zu Aussagen verstieg, die nicht auf dem Boden einer kausalen Evolutionstheorie gründeten. Seine tiergeografischen Überlegungen wurden zunehmend bizarr und gipfelten 1923 in der Behauptung, die Verbreitungsgebiete tropischer Tierarten seien durch die Diagonalen der geradzahligen Längen- und Breitengrade bestimmt. Er stellte sich zudem vor, dass die Erde ein Lebewesen sei, das auf der Stufe eines frühen tierischen Entwicklungsstadiums stehen geblieben sei und aus dessen Zellen die verschiedenen Tierformen hervorgegangen seien.[10]

Matschie hatte bereits verschiedentlich über afrikanische Affen publiziert, und er stand im Kontakt mit Ludwig Heck, um diesen bei der Auswahl neuer Tiere für den Zoologischen Garten zu beraten. Es war für Heck naheliegend, Matschie das Material vorzulegen, das Engeland ihm übersandt hatte. Matschie verglich den Schädel und die auf dem Foto erkennbaren Merkmale im Detail und konnte bestätigen, dass es sich tatsächlich nicht etwa um einen Schimpansen handelte – was von Beringe nicht hatte ausschließen können –, sondern um einen Gorilla. Das war insofern ungewöhnlich, als sich das bis dahin bekannte Verbreitungsgebiet des Gorillas auf die westlichen Küstenländer Zentralafrikas beschränkte. Der von Beringesche Gorilla war aber mehr als 1500 Kilometer weiter östlich erlegt worden. Mit Recht stellte sich Matschie die Frage, ob es sich bei dem Gorilla vom Kivu-See tatsächlich um dieselbe Art handelte, die bereits seit mehr als fünf Jahrzehnten als *der* Gorilla mit dem wissenschaftlichen Namen *Gorilla gorilla* bekannt war. Zum Vergleich standen ihm 25 Schädel männlicher Gorillas aus Westafrika zur Verfügung, die sich in vier, seiner Meinung nach relevanten, Merkmalen von Robert von Beringes Männchen vom Vulkan Sabinyo unterschieden. Spätere Untersuchungen haben zwar gezeigt, dass nur eines dieser Merkmale bei der Untersuchung einer größeren Stichprobe ostafrikanischer Gorillas tatsächlich Gültigkeit hat.[11] Dennoch lag Matschie in seiner Interpretation des neuen Fundes richtig. Die westafrikanischen Gorillas und der viel weiter östlich lebende Gorilla gehören zwei verschiedenen Arten an. Matschie nannte die neue Art nach Robert von Beringe *Gorilla beringei*. Dabei unterlief ihm ein kleiner Fehler. Ein zusätzliches »r« als vorletzter Buchstabe hatte sich aus nicht mehr nachvollziehbaren Gründen in »*Gorilla beringeri*« eingeschlichen, wo bei ordnungsgemäßer Latinisierung des Findernamens keines sein darf. Nach den Nomenklaturregeln gilt ein solcher Verschreiber als »inkorrekte ur-

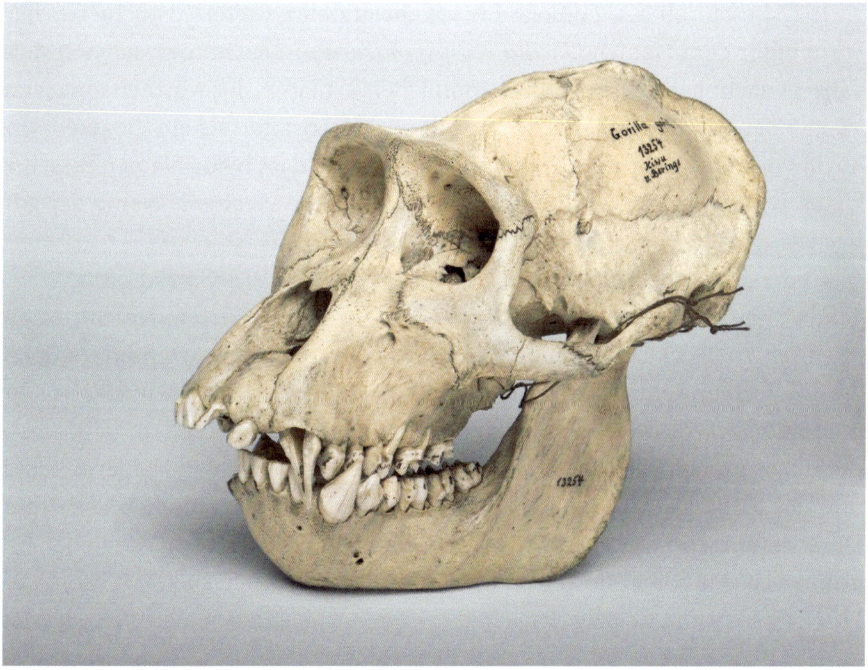

4-6 Der Schädel des von Robert von Beringe geschossenen Gorillas, der sich jetzt als Holotypus von *Gorilla beringei* in der Säugetiersammlung des Berliner Naturkundemuseums befindet.

sprüngliche Schreibweise«, die in Folgepublikationen ohne Weiteres in die richtige Form korrigiert werden darf und muss. Bemerkenswerterweise verwendete Matschie im Jahr darauf erneut die fehlerhafte Form *beringeri*, sodass man vermuten kann, dass er sich seines Fehlers gar nicht bewusst war.

Heute kennt die Primatentaxonomie zwei Unterarten des Östlichen Gorillas. Als Unterarten werden Populationen einer Art verstanden, die sich äußerlich unterscheiden und in unterschiedlichen Verbreitungsgebieten vorkommen. Im Namen erkennt man Unterarten daran, dass sie im Gegensatz zum zweiteiligen Artnamen einen dritten Namensbestandteil besitzen. Ein Beispiel ist *Gorilla beringei beringei*, die Unterart, zu der auch der von Beringsche Typus gehört.

Noch eine zweite Unterart von *Gorilla beringei* ist bekannt. Der österreichische Bergsteiger, Afrikaforscher und Zoologe Rudolf Grauer hatte 1908 ein erwachsenes Gorilla-Männchen am Westufer des Tanganjikasees erlegt. Matschie standen das Fell und der Schädel zur Verfügung, und 1914 nannte er die neue Art nach dem erfolgreichen Schützen *Gorilla graueri*. Sie wird heute als Unterart *Gorilla beringei graueri* unter dem deutschen Namen »Östlicher Flachlandgorilla« gesehen.

1927 beschrieb der Zoologe Ernst Schwarz eine weitere östliche Gorilla-Form unter dem Namen *Gorilla rex-pygmaeorum*. Was immer sich Schwarz dabei gedacht hat, es ist ein ungewöhnlicher Artname, der wörtlich übersetzt »König der Pygmäen« heißt. Heute gilt dieser Artname als ein jüngeres Synonym von *Gorilla beringei graueri*. Das bedeutet, dass beide Namen dieselbe Unterart bezeichnen, *Gorilla beringei graueri* aber als älterer Name der gültige ist.

In derselben Veröffentlichung, in der Matschie 1914 *Gorilla graueri* eingeführt hatte, beschrieb er noch zwei weitere *Gorilla*-Arten. Herzog Adolf Friedrich zu Mecklenburg hatte das Material für alle drei Arten im Rahmen der Deutschen Zentralafrika-Expedition 1907/1908 aus den deutschen Kolonien mitgebracht. Matschie benannte *Gorilla zenkeri* nach dem deutschen Botaniker und Gorillajäger Georg Zenker, der in Yaoundé in Kamerun lebte und das Zoologische Museum Berlin regelmäßig mit Naturalien versorgte. Die zweite Art war *Gorilla hansmeyeri*, dem ein erwachsenes Männchen zugrunde lag, das von »Feldwebel Peter [...] erlegt und von Geheimrat Professor Dr. Hans Meyer in Leipzig geschenkt« worden war. Diese beiden Arten waren bereits 1913 in einer Arbeit des US-Primatenforschers D. G. Elliot in seinem wegweisenden Buch »Review of the Primates« als »unbeschrieben« erwähnt worden. Matschie übernahm die formale Beschreibung und benannte die Arten neu. *Gorilla zenkeri* und *hansmeyeri* hatten aber keinen dauerhaften Bestand und gelten heute als Synonyme des Westlichen Gorillas.

GORILLA GORILLA – EINE ART UND VIELE NAMEN

Der Westliche Gorilla ist die weitaus häufigste und am weitesten verbreitete der beiden Gorilla-Arten. In Zoologischen Gärten wird ausschließlich diese Art gehalten. Es überrascht daher nicht, dass diese Art früh entdeckt und unter verschiedenen Namen beschrieben wurde. Die womöglich erste Erwähnung von Gorillas gibt Historikern und Biologen bis heute Rätsel auf. Um 525 vor Christus umsegelte Hanno der Seefahrer, ein Admiral Karthagos, mit einer gewaltigen Flotte aus 60 Galeeren mit rund 30 000 Männern und Frauen einen großen Teil Westafrikas. Ziel der Reise war es, an der afrikanischen Küste weitere Stützpunkte anzulegen und dieses Gebiet stärker an Karthago zu binden. Westafrika war bereits vor Hanno von karthagischen Seefahrern erkundet worden, aber Hannos Flotte fuhr weiter, als es seine Vorgänger wagten. In seinem Reisebericht, dem *Periplus Hannonis*, beschreibt Hanno gleich zwei Begegnungen mit seltsamen Kreaturen:[12]

> [Wir] kamen in den Winkel des Sees, über den sehr hohe Berge hereinragten, die voll wilder Menschen waren, die sich in Tierfelle gehüllt hatten; sie warfen mit Felsbrocken, verjagten uns und ließen uns nicht an Land gehen.
>
> Und in diesem See lag eine weitere Insel, voll von wilden Menschen. Es waren überwiegend Weiber, die am ganzen Körper dicht behaart waren; die Dolmetscher nannten sie gorillai. Wir verfolgten sie, konnten aber keine Männer fangen; sie entwischten alle, weil sie ausgezeichnete Kletterer waren und sich mit Felsbrocken zur Wehr setzten; Weiber aber fingen wir drei ein; sie bissen und kratzten und wollten denen, die sie führten, nicht folgen. Daher töteten wir sie, zogen ihnen die Haut ab und brachten die Bälge nach Karthago mit.

Diese berühmte Stelle aus dem *Periplus* ist vielfach diskutiert worden, und es ist bis heute unklar, wo Hanno diese seltsamen Geschöpfe gesehen hat und besonders, was er eigentlich gesehen hat. Schaffte es seine Flotte, bis zum Golf von Guinea zu rudern, um von dort in Kamerun auf Gorillas zu treffen? Oder waren es doch eher Schimpansen? Oder sogar überlebende »Urzeitmenschen«? Unklar bleibt letztlich auch, welcher Sprache das Wort »goríllai« entstammt. Möglicherweise ist es etymologisch mit dem Wort »gorel« der westafrikanischen Fulani verwandt, die damit »kleine Menschen« oder Pygmäen bezeichnen.[13]

Allen Unklarheiten zum Trotz blieb Hannos »goríllai« in unserem umgangssprachlichen und wissenschaftlichen Wort »Gorilla« erhalten. Urheber des formalen Artnamens *gorilla* waren zwei US-Amerikaner, der Geistliche Thomas Staughton Savage (1804–1880) und der Anatom Jeffries Wyman (1814–1874). Genau genommen war es Savage allein, der als Autor des Artnamens gelten muss.

4-7 Pfarrer Thomas S. Savage

Pfarrer Savage war 1836 nach Liberia gereist, um dort als Missionar der amerikanischen Episkopalkirche zu dienen. Mehr als ein Jahrzehnt trotzte er dem tropischen Klima des westafrikanischen Landes. Seine Frauen aus zwei Ehen starben, vermutlich an Malaria. Bemerkenswerterweise kam Savage erst 1847, am Ende seiner Missionarstätigkeit auf seiner Rückreise von Liberia nach Amerika in Kontakt mit einem Gorilla. Seine Reiseroute führte ihn auch nach Gabun. Dort verbrachte er vier Wochen im Haus des befreundeten Missionars John L. Wilson in einem Dorf südlich von Libreville, der Hauptstadt Gabuns. Wilson hatte sein Haus mit ethnologischen und naturkundlichen Objekten seiner afrikanischen Umgebung dekoriert. Ein ungewöhnlicher Schädel fiel Savage sofort auf. Ohne Zweifel der Schädel eines Affen, aber für einen Schimpansen viel zu groß und mit viel zu prominenten Oberaugenwülsten und einem ungewöhnlich hohen Schädel- und Nackenkamm, wie er bei den ihm bekannten Affen nicht vorkam. Savages Neugier war geweckt, und er erkundigte sich bei lokalen Jägern, die ihm von einem affenartigen Tier berichteten, das ihnen aufgrund seiner Größe, Wildheit und seines besonderen Verhaltens gut bekannt sei. Durch Wilsons Vermittlung gelang es Savage, aus den umliegenden Dörfern weitere Affenschädel beiderlei Geschlechts und unterschiedlichen Alters zu bekommen. Das ungewöhnliche Aussehen der Schädel zusammen mit den glaubwürdigen Berichten der »intelligent natives«[14] ließen ihn zu der Überzeugung kommen, dass er eine »neue Art des Orang« vor sich

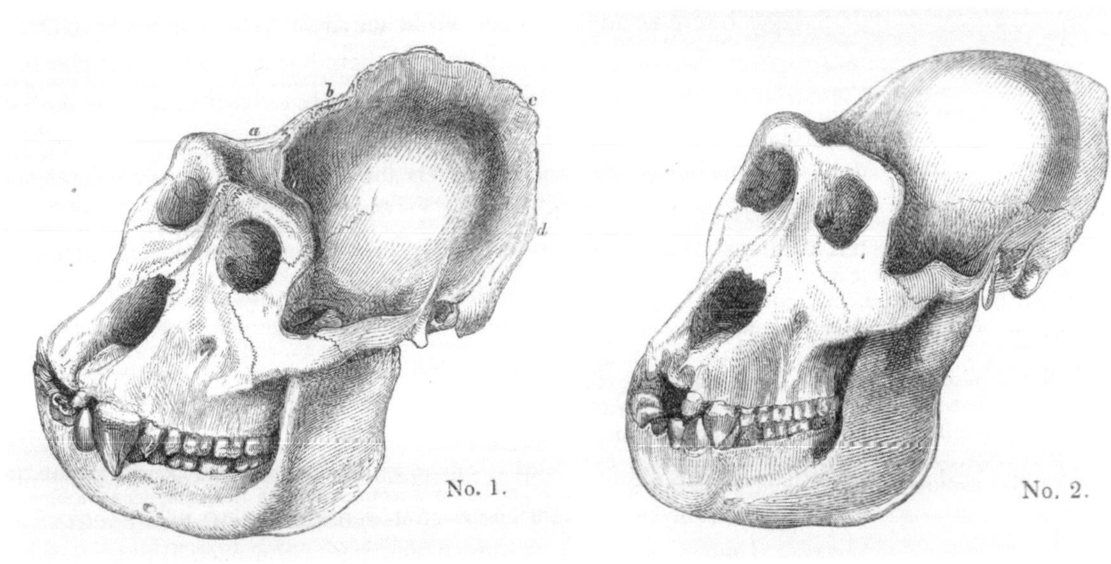

4-8 Die beiden Zeichnungen von Savage aus Owens Beschreibung des »neuen Schimpansen«

hatte. Zu der Zeit wurde der malaiische Name »Orang« nicht nur für den südostasiatischen Orang-Utan verwendet, sondern für alle großen Menschenaffen.[15] Savage gelang es nicht, lebende Gorillas zu sehen. Ihr nächstes Vorkommen lag mehrere Tagesreisen östlich seines Aufenthaltsortes.

Während er auf das Schiff wartete, das ihn zurück in seine nordamerikanische Heimat bringen sollte, schrieb er jeweils einen Brief an Richard Owen (1804–1892) und Samuel Stutchbury (1798–1859), in denen er beiden von der Entdeckung der neuen Affenart berichtete. Der Brite Richard Owen war zu seiner Zeit einer der bekanntesten und einflussreichsten Zoologen und Naturkundler. Er hatte umfangreiche Monografien zur vergleichenden Anatomie von Wirbellosen, insbesondere aber von Wirbeltieren, veröffentlicht und war fraglos die erste Adresse, wenn es um die Bedeutung charismatischer Tierformen und ihre Einordnung im System der Organismen ging. Owen beschäftigte sich bevorzugt mit solchen Tierarten, die groß, imposant und bekannt waren und Renommee versprachen. Stutchbury wiederum war der Kurator der »Bristol Institution for the Advancement of Science«, dem heutigen »Bristol City Museum and Art Gallery«. Seinen Briefen legte Savage Skizzen der Affenschädel bei. »Ich habe an diesem Ort die Existenz eines Tieres mit außergewöhnlichen Eigenschaften entdeckt«, schrieb Savage an Owen, mit dem er bereits früher korrespondiert hatte.[16]

Savages Interesse an den ungewöhnlichen Gorillaschädeln war auch den Europäern in Gabun nicht verborgen geblieben. Insbesondere ein englischer Kapitän mit Namen George Wagstaff interessierte sich sehr für afrikanische Naturobjekte jeder Art. Wagstaff stand mit Stutchbury in Bristol in Verbindung, der, nachdem er Savages Brief erhalten hatte, mehrere in Westafrika tätige Schiffskapitäne gebeten hatte, nach solchen Schädeln Ausschau zu halten. Wagstaff gelang es, drei weitere Schädel zu besorgen und sie Stutchbury in Bristol zu übergeben. Unmittelbar nach seiner Ankunft in Bristol starb Wagstaff »an afrikanischem Fieber« und nahm so genauere Informationen über die Herkunft der Schädel mit ins Grab. Stutchbury wiederum leitete die Schädel sogleich an Owen in London weiter, der sie im Dezember 1847 erhielt. Und sich prompt an eine Veröffentlichung machte, wohl wissend, dass eigentlich Savage die Ehre der Entdeckung des neuen Riesenaffen zustand. Schon im Februar 1848 beschrieb Owen in den *Proceedings of the Zoological Society of London* »eine neue Schimpansen-Art«, die er nach Thomas S. Savage *Troglodytes savagei* nannte. Die beiden Zeichnungen, die ihm Savage aus Gabun geschickt hatte, waren Teil der Veröffentlichung. Ob Owen mit seiner schnellen Beschreibung Savage ein Schnippchen schlagen wollte, ist nicht sicher zu sagen, da er die neue Art immerhin nach ihm benannt hatte.

Derweil war auch Savage nicht untätig gewesen. Er hatte die Schädel mit in die USA genommen und sie Wyman zukommen lassen, der bereit war, den Savage in Afrika entstandenen Kaufpreis zu erstatten. Savage beabsichtigte, die neue Art selbst zu beschreiben, und bat Wyman, sich in seiner Kompetenz als Anatom mit dem Skelett zu beschäftigen. Da aufgrund von Savages Bemühungen in Gabun mehrere Schädel im Umlauf waren, befürchtete Wyman, jemand könnte Savage zuvorkommen und ihm den Ruhm der Erstbeschreibung streitig machen. Vorsichtshalber platzierte Wyman in den *Annals and Magazine of Natural History*, einer der renommierten naturkundlichen Zeitschriften Englands, eine sechszeilige Notiz unter dem Titel »New Orang-Outan«. Darin teilte er mit, dass Savage mehrere Schädel und Teile des Skeletts einer neuen Affenart besäße, die er demnächst im *Journal of the Boston Society of Natural History* beschreiben werde. Diese Notiz, die die erste gedruckte Erwähnung des Westlichen Gorillas darstellt, erschien im Oktober 1847, noch zwei Monate bevor Owen die ersten Gorillaschädel von Stutchbury erhielt.

→ **4-9** Ein zähnefletschender männlicher Gorilla

Bereits im Dezember 1847 erschien schließlich Savages Veröffentlichung, in der er die neu entdeckte Art beschrieb. Savage hatte sich vorgestellt, dass sie nach ihrem lokalen gabunischen Namen benannt werden würde: *engéena*.[17] Er überließ letztlich Wyman die Wahl des Namens, der auf die mutmaßlich erste Erwähnung des Gorillas bei Hanno dem Seefahrer hinwies. So nannten sie die neue Art *Troglodytes gorilla*. Uneinigkeit besteht seitdem, wer nun eigentlich der tatsächliche Autor dieser Art ist. In den meisten Katalogen werden Savage und Wyman als gemeinsame Autoren geführt. Liest man den Titel ihrer Publikation genau, sieht man, dass es eine zweiteilige Veröffentlichung ist, für die jeweils einer der beiden zuständig ist. Der erste Teil unter dem Titel »Notice of the external characters and habits of *Troglodytes gorilla*, a new species of Orang from the Gaboon river« stammt von Savage, der zweite Teil unter dem Titel »Osteology of the same« dagegen von Wyman. Wie der Primatenforscher Colin Groves bereits klargestellt hat, kommt die Ehre der ersten Beschreibung und Benennung und damit der Entdeckung der Gorilla-Art allein Thomas S. Savage zu. Wymans Rolle war die vergleichende Beschreibung der Knochen, mehr nicht.

Savages Veröffentlichung von *Troglodytes gorilla* erschien rund zwei Monate vor Owens *Troglodytes savagei*, und auch Owen musste einsehen, dass Savages Name für den Gorilla Vorrang hatte. Während Savage somit als der eigentliche Entdecker des Gorillas gilt, weil der von ihm veröffentlichte Name bis heute Gültigkeit hat, verschwand Owens *Troglodytes savagei* als Synonym von *Troglodytes gorilla* in den Annalen der Primatentaxonomie.

SCHIMPANSE ODER GORILLA

Noch allerdings hieß der Gorilla *Troglodytes* und galt damit als Schimpansenart. Das sollte sich erst 1851 ändern, als der Gorilla in eine eigene Gattung gestellt wurde. Allerdings war auch dem Namen *Troglodytes* keine Zukunft beschieden, zumindest nicht als Menschenaffengattung. Schon 1806 hatte der französische Ornithologe Louis Jean Pierre Vieillot eine uns wohlbekannte Vogelart mit eben diesem Namen bezeichnet: den Zaunkönig. Für die damals einzige bekannte Schimpansenart wurde *Troglodytes* 1812 von dem französischen Zoologen und Naturkundler Étienne Geoffroy Saint-Hilaire (1772–1844) veröffentlicht. Nach den zoologischen Nomenklaturregeln ist dies eine unzulässige erneute Verwendung des bereits vorhandenen und in Gebrauch befindlichen Namens. Da *Troglodytes* für den Zaunkönig älter ist, hat er nach den Regeln Vorrang vor dem jüngeren *Troglodytes* bei den Menschenaffen. Ebenso wie der Gorilla ist auch der Schimpanse vielfach beschrieben worden, und so kommt der in der Chronologie nächste Gattungsname ins Spiel: *Pan*, beschrieben 1816 von dem deutschen Naturforscher Lorenz Oken (1779–1851). Daher heißt die Schimpansengattung heute *Pan*. Sie umfasst zwei Arten, den Gemeinen Schimpansen *Pan troglodytes* und den Bonobo, *Pan paniscus*.

1851 nun schlug Isidore Geoffroy Saint-Hilaire (1805–1861), der Sohn von Étienne, vor, den Gorilla in eine eigene, vom Schimpansen unterschiedene Gattung zu stellen: *Gorilla*. Dieser Name gelangte schnell in den allgemeinen Sprachgebrauch und veränderte die Wahrnehmung der riesigen Menschenaffen für immer.

4-10 Verwandtschaftsbeziehungen der rezenten Hominidae

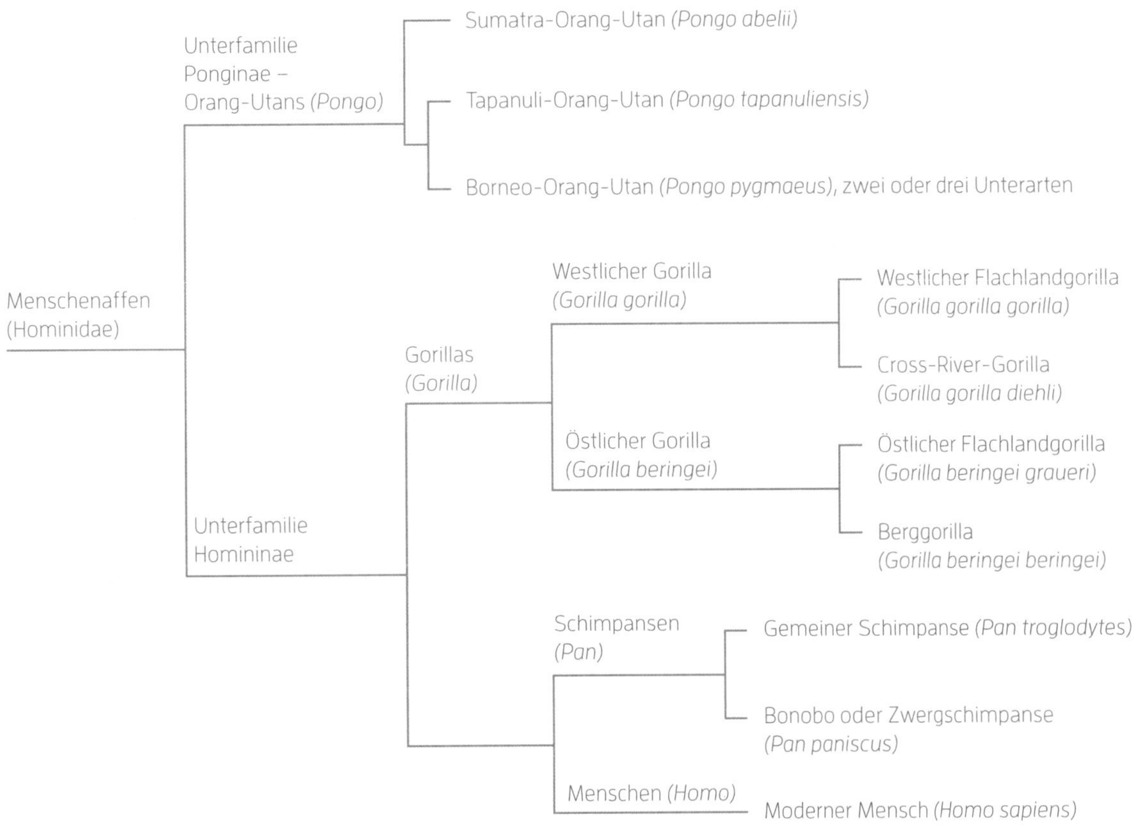

KOLONIALE AFFEN

Damit war der Weg bereitet für eine weltumspannende Popularisierung des Gorillas. Das Interesse der Wissenschaftler und der Bevölkerung an diesen gleichermaßen faszinierenden wie bedrohlich wirkenden Menschenaffen war enorm. Die westliche Welt versuchte mit Nachdruck, weiteres Untersuchungsmaterial zu beschaffen. Das erwies sich als schwierig. Erst 1876 sollte es gelingen, einen lebendigen Gorilla nach Europa zu schaffen. Das Jungtier mit Namen M'Pungu lebte für mehr als ein Jahr im Berliner Aquarium und löste eine Welle der Gorillabegeisterung aus.[18] Bis dahin war man auf totes Untersuchungsmaterial angewiesen, was zwar weniger Transportprobleme bereitete, leicht zu bekommen war aber auch das nicht. Thomas S. Savage hatte sich in Gabun Schädel und Knochen verschaffen können, die als dekorative oder mystische Objekte bereits in Gebrauch waren. Sie reichten ihm, Wyman und Owen für die Beschreibung und Benennung der ersten Gorilla-Art, aber es blieben zu viele Fragen offen, die die westlichen Wissenschaftler brennend interessierten. Dazu bedurfte es vollständigerer Präparate, die neben dem Skelett und dem Fell auch die Weichteile vorwiesen. Von Verhaltensbeobachtungen an lebenden Tieren ganz zu schweigen. So wurden Mitte des 19. Jahrhundert behelfsweise in Weingeist konservierte ganze Affen in Fässern nach Europa verschifft, die von den Gelehrten mit Ungeduld erwartet wurden. 1852 erreichte eine solche Lieferung Paris und konnte in der Tat manche der drängendsten Fragen klären. Nun reichte die damals übliche Weingeistkonservierung allerdings nicht aus, die Präparate auf einem mehrere Wochen dauernden Überseetransport von Westafrika nach Europa in ordentlichem Zustand zu erhalten. Immer wieder geschah es, dass die Wissenschaftler beim Öffnen der weingeistgefüllten Fässer vor dem Verwesungsgestank zurückweichen mussten und sich ihre Hoffnung auf gut erhaltenes Untersuchungsmaterial abrupt zerschlug. Als die zwei Gorilla-Exemplare in Paris ankamen, wies das größere der beiden bereits starke Spuren der Verwesung auf.[19] Als nur einige Jahre später ein vollständig in Alkohol konservierter Gorilla im Natural History Museum in London eintraf, wurde berichtet, der Verwesungsgestank aus dem Transportbehälter wäre ausreichend gewesen, »eine Kompanie Soldaten zu vergasen«.[20]

Den schlechten Zustand ihrer Untersuchungsobjekte mussten die Wissenschaftler hinnehmen, da ihnen nichts Besseres zur Verfügung stand. Das

Konservierungsmittel hatte die schwarze Färbung der Haut in ein dunkles Braun verwandelt, und durch den Verwesungsprozess waren ganze Hautpartien haarlos geworden. Der Bauch der Tiere war durch die Verwesungsgase aufgetrieben und die Lippen gummiartig ausgeleiert. Insbesondere die konservierungs- oder verwesungsbedingte Fehlstellung der Lippen führte zu dem

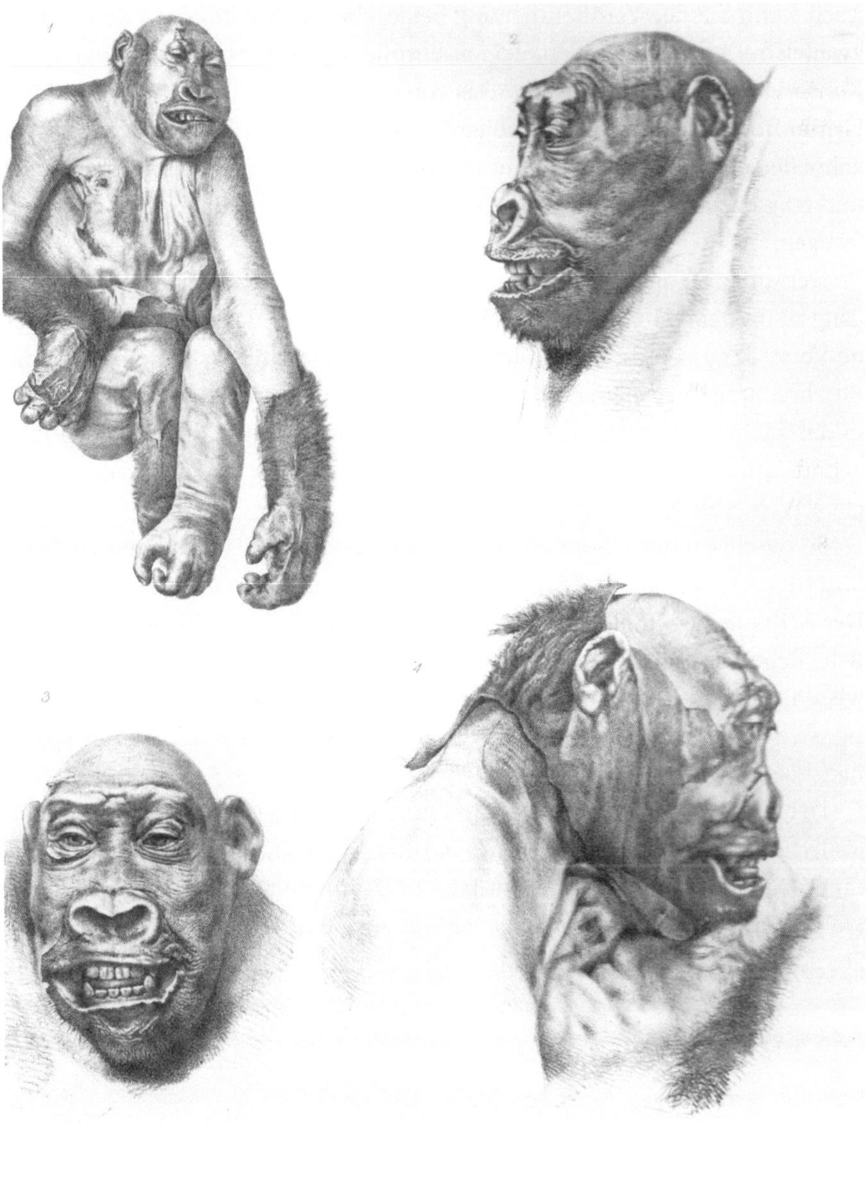

4-11 Zeichnungen eines jugendlichen Gorillas, der in einem Fass Weingeist von Gabun nach London transportiert wurde. Man erkennt den Haarverlust, die Ablösung der Haut und die veränderten Gesichtszüge.

Eindruck eines zähnefletschenden Ungeheuers, was sich in vielen zeitgenössischen Illustrationen widerspiegelt. Isidore Geoffroy Saint-Hilaire hatte bereits den Gorillas ihren Gattungsnamen gegeben und machte sich nun daran, die beiden konservierten Tiere zu untersuchen. Die einzigartigen Merkmale ließen ihn zur Überzeugung kommen, hier eine neue, von *Gorilla gorilla* verschiedene Art vor sich zu haben, und er beschrieb sie 1855 als *Gorilla gina*. Auch wenn die der Veröffentlichung beigegebenen Abbildungen den Gorilla zweifelsfrei erkennen ließen, zeigen besonders die Porträts die Folgen von Konservierung und Verwesung. Das von dem Künstler und Zoologen Marie Firmin Bocourt angefertigte farbige Bild eines sich am Baum aufrichtenden, zähnefletschenden Gorilla-Männchens löste dagegen großes Interesse aus und trug dazu bei, das Bild von Gorillas als Furcht einflößenden Bestien zu festigen.[21]

Der direkte Zugang zu den afrikanischen Kolonien förderte auch den Zugang zu immer weiteren Tieren. Da man Mitte des 19. Jahrhunderts noch keine Vorstellung von der Variabilität des Westlichen Gorillas hatte, und da die Beschreibung einer neuer Gorilla-Art ein aufsehenerregendes Ereignis auch in der Fachwelt war, verwundert es nicht, dass im Laufe der nächsten Jahrzehnte zahlreiche weitere neue Gorilla-Arten das Licht der wissenschaftlichen Welt erblickten.

So beschrieb der US-amerikanische Zoologe J. H. Slack anhand eines kolorierten Abgusses eines Gorilla-Schädels 1862 die Art *Gorilla castaneiceps*. Der Artname bedeutet »kastanienfarbener Kopf« und bezieht sich auf die rötliche Behaarung auf dem Scheitel des Tieres. Slack konnte zu seiner Zeit nicht wissen, dass die Farbe der Kopfbehaarung von *Gorilla gorilla* sehr vielgestaltig ist. Heute ist der Abguss allerdings vollständig schwarz, weil er später nachkoloriert wurde.[22]

Der nächste Versuch der Beschreibung einer neuen Gorilla-Art, die sich als Irrtum herausstellte, war *Gorilla mayema* der französischen Zoologen Edmond Alix und Aimé Bouvier im Jahr 1877. Ihnen lag ein außergewöhnlich kleiner Schädel eines Weibchens vor, der aus dem Dorf von König Mayêma aus der Nähe von Brazzaville in der Demokratischen Republik Kongo stammt.

→ **4-12** Kopf und Brustbild des konservierten männlichen Exemplars von *Gorilla gina*, das in Weingeist nach Paris gebracht wurde. Es zeigt deutlichen Haarverlust sowie Haut- und Lippenveränderungen durch die unzureichende Konservierung.

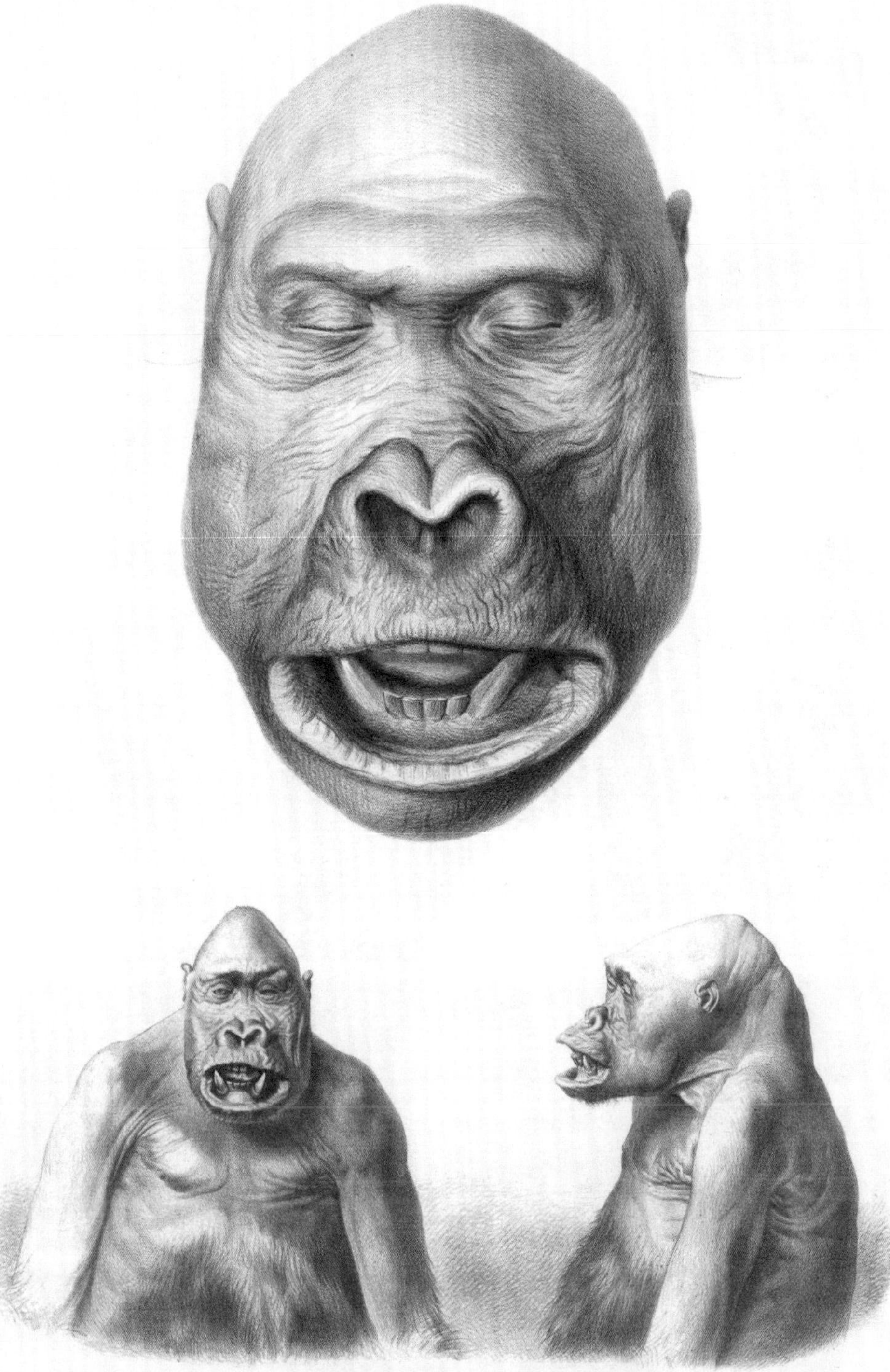

Bocourt del et lith.

GORILLA UND MENSCHENEVOLUTION

Mit der Entdeckung des Gorillas 1847 hatte sich bestätigt, dass es neben den viel früher beschriebenen Schimpansen (1812) und Orang-Utan (1760) eine dritte große Menschenaffenart gibt. Seit ihrer Entdeckung hatten die Menschenaffen Wissenschaftler wie Nichtwissenschaftler durch ihre Ähnlichkeit mit dem Menschen gleichermaßen fasziniert wie abgestoßen, und der neu entdeckte Gorilla entfachte die Diskussion um eine etwaige nähere Verwandtschaft der Menschenaffen mit dem Menschen neu. In seinem Bericht von 1847 über das Skelett von *Troglodytes gorilla* nahm Wyman mit einer für die Öffentlichkeit wichtigen Schlussfolgerung Stellung: »Wer sich die Mühe macht, das Skelett des Negers mit dem eines Orang zu vergleichen, wird die große Lücke, die die beiden trennt, mit einem Blick erfassen.« Er ergänzte, dass »Neger und Orang den Punkt darstellen, wo Mensch und wildes Tier, wenn man die Gesamtheit ihrer Organisation beachtet, sich einander möglichst eng annähern«.[23] Wymans Vorstellung einer evolutiven Nähe bestimmter Menschengruppen zu den Menschenaffen befremdet uns heute, war aber zu seiner Zeit auch unter Wissenschaftlern weitverbreitet. Der deutsche Evolutionsbiologe und Zoologe Ernst Haeckel (1834–1919), der als »deutscher Darwin« einer der prominentesten Befürworter der modernen Evolutionstheorie war, verwies ebenfalls auf die »außerordentliche Aehnlichkeit, welche sich zwischen den niedersten wollhaarigen Menschen und den höchsten Menschenaffen selbst jetzt noch erhalten« habe.[24] Dem Gorilla als menschenähnlichstem Primat und damit möglicher Verbindung zwischen den Primaten und den »primitiven« Menschen kam dabei in der Öffentlichkeit eine besondere Bedeutung zu. Präparate und Abbildungen von Gorillas ließen sich gut vermarkten, und die Naturkundemuseen versuchten, ihre Ausstellungen mit einem besonders spektakulär inszenierten Gorilla zu schmücken.

In Hamburg hatte sich seit ihrer Gründung 1868 die Firma Umlauff darauf spezialisiert, mit Naturalien aus aller Welt und vor allem mit Tierpräparaten und ethnografischen Menschennachbildungen zu handeln.[25] Besonders für Johannes Umlauff, der sich in einem eigenen Geschäft in Berlin auf zoologische Präparate und Naturalien spezialisiert hatte, wurde die Präparation und der Handel mit Gorillas zur lukrativen Obsession.[26] 1900 konnte Umlauff von

←— **4-13** Darstellung eines präparierten männlichen Exemplars von *Gorilla gina*

Hans Paschen, einem in Yaoundé im deutsch kolonialisierten Kamerun ansässigen Vertreter eines Hamburger Warenhauses, die Haut und das Skelett eines Gorillas kaufen. Zuvor war Umlauff brieflich mitgeteilt worden, dass der Gorilla riesenhaft sei, angeblich größer als zwei Meter. Johannes Umlauff fertigte von dem Gorilla ein Standpräparat an, das den Affen in einer aufrechten, bedrohlichen Pose zeigte. Das Maul weit aufgerissen, die Zähne gefletscht, der Rücken unnatürlich gerade, stützt sich der hoch aufgerichtete Gorilla an einem Baumstumpf ab. Das Bild des Präparats wurde in der Folge in verschiedenen Büchern verwendet, so in der zweibändigen Enzyklopädie »The Living Animals of the World« von 1901. Um das Bild des präparierten Tieres noch natürlicher wirken zu lassen, wurde in diesem Buch der Hintergrund durch eine lockere Urwaldatmosphäre malerisch ergänzt. Zudem stützt sich der Gorilla nun an einem Felsen und nicht mehr an einem Baumstumpf ab. Die Bildunterschrift lautet: »The largest Gorilla ever captured«.[27]

Wegen des großen Interesses an dem Gorilla ließ die Firma Umlauff eine 16-seitige Broschüre mit dem Titel »Der Riesen-Gorilla des Museum Umlauff Hamburg. Schilderung seiner Erlegung und wissenschaftliche Beschreibung« drucken, die noch 1901 erschien und die anlässlich öffentlicher Präsentationen des Präparats für 20 Pfennig verkauft wurde. In St. Pauli fand 1901 die erste Vorführung statt, die so erfolgreich war, dass Umlauff gebeten wurde, den Gorilla auf der Siebten Deutschen Geweih-Ausstellung 1901 zu präsentieren. Kaiser Wilhelm II. lege Wert darauf, das ungeheure Tier, das »größer sein sollte als er selbst«[28], persönlich in Augenschein zu nehmen. Obwohl es damals bereits neuere Informationen über das Verhalten der Gorillas gab, die zeigten, dass sie in Wirklichkeit friedliche Pflanzenfresser mit ausgeprägtem Sozialverhalten waren, inszenierte die Firma Umlauff den »Riesen-Gorilla« in der Tradition der Gorilla-Darstellungen als gefährliche Bestie. Zugleich thematisierte die Informationsbroschüre die vermeintliche Ähnlichkeit zwischen dem Gorilla und bestimmten afrikanischen Ethnien. Der Gorilla nehme im Gegensatz zu anderen Primaten »nächst dem Menschen die höchste Stelle« ein.[29] Zur Illustration dieser Behauptung war in der Broschüre ein Foto des erlegten Tieres abgebildet, das in sitzender Position von drei Männern der

→ **4-14** »The largest Gorilla ever captured«. Der präparierte Gorilla der Firma Umlauff, den Haeckel als *Gorilla gigas* und Rothschild als *Gorilla orilla matschiei* beschrieben haben.

4-15 Ernst Haeckels »Riesengorilla« *Gorilla gigas*, »von drei Negern gehalten«

lokalen Bevölkerung in einer afrikanischen Dorfumgebung gestützt wird. Mit diesem Foto wurde einerseits die Riesenhaftigkeit des Gorillas belegt, andererseits aber auch eine Ähnlichkeit zwischen dem Affen und der afrikanischen Bevölkerung angedeutet.

Ein solcher Sensationsfund kam auch Ernst Haeckel zur Untermauerung seiner Hypothese einer engen Verwandtschaft zwischen »primitiven« Menschen und den Gorillas gerade recht. Er nahm die zwei besonders instruktiven Fotos aus der »Riesen-Gorilla«-Broschüre von Umlauff in die fünfte

Auflage der »Anthropogenie« von 1903 auf, seinem Hauptwerk zur Stammesgeschichte des Menschen: die drei afrikanischen Männer, die den sitzenden Gorilla stützen, und das von Umlauff angefertigte Standpräparat. Im Text beschreibt er in wenigen Sätzen die Riesenhaftigkeit des Tieres (»sein gewaltiger Brustkasten ist doppelt so breit als derjenige eines starken Mannes«[30]) und stellt fest, dass er sich hinreichend »von der gewöhnlichen Art (*Gorilla gina*) zu unterscheiden scheint«, dass er als neue Art mit dem Namen *Gorilla gigas* gelten könne. Haeckel schließt die Beschreibung mit dem Hinweis, dass sich die Unterschiede zwischen Mensch und Gorilla »aus dem verschiedenen Wachstum derselben, bedingt durch die Anpassung an verschiedene Lebensweisen und ungleichartigen Gebrauch der einzelnen Organe« erklären lassen. Dennoch sei durch die überragende Ähnlichkeit der Grundgestalt »die vielbestrittene ›Abstammung des Menschen vom Affen‹ morphologisch bewiesen«.[31]

Das enorme öffentliche Interesse an dem Riesen-Gorilla blieb auch im Ausland nicht verborgen. In Tring in der Grafschaft Hertfordshire hatte Baron Walter Rothschild (1868–1937), der der schwerreichen Rothschild-Finanzdynastie entstammte, 1892 sein eigenes zoologisches Privatmuseum gegründet. Er finanzierte Expeditionen in die ganze Welt, um weiteres Tiermaterial für sein Museum zu erhalten, nahm aber selbst ebenfalls an vielen Sammelreisen teil. Viele der noch unbekannten Arten aus der Sammlung seines Museums beschrieb er selbst in zahlreichen wissenschaftlichen Veröffentlichungen. Sein wissenschaftliches Hauptsammel- und Forschungsgebiet waren Vögel und Schmetterlinge, und seine Sammlung galt zeitweilig als eine der größten und reichhaltigsten Privatsammlungen der Welt. Rothschild galt als Exzentriker, der in einer von Zebras gezogenen Kutsche reiste und Kängurus im Garten des Museums in Tring hielt.[32] Er war immer auf der Suche nach besonders spektakulären Objekten für sein Museum, und für 20000 Mark erwarb Rothschild den Riesen-Gorilla von der Firma Umlauff.[33]

Rothschild war sich offenbar nicht bewusst, dass Haeckel anhand des Präparats von Umlauff bereits 1903 die neue Art *Gorilla gigas* beschrieben hatte. 1905 veröffentlichte der Baron eine umfangreiche Revision aller »Anthropoid Apes«, also der Menschenaffen, und unterschied zwei Unterarten von *Gorilla gorilla*.[34] Der Nominatunterart *Gorilla gorilla gorilla* aus Gabun stellte er eine neue Unterart entgegen, zu der der von Paschen erlegte Riesen-Gorilla gehört und die er nach Paul Matschie benannte: *Gorilla gorilla matschiei*.

PAUL MATSCHIES GORILLAS

Der so geehrte Paul Matschie war derweil nicht untätig geblieben. 1904 fügte er eine weitere Gorilla-Art dazu: *Gorilla diehli*. »Herr Diehl von der Gesellschaft Nordwest-Kamerun« hatte neun Gorilla-Schädel aus dem Gebiet des Cross-Flusses im Grenzgebiet von Kamerun und Nigeria mitgebracht. Heute befindet sich dort auf der nigerianischen Seite der Cross River Nationalpark. Die vier männlichen und fünf weiblichen Schädel waren teilweise angebrannt und dienten, wie Matschie annahm, in den Dörfern der Region als Fetische. Eines der Weibchen stellte sich als ungewöhnlich weit nördlich vorkommender Vertreter von *Gorilla gorilla* heraus, die anderen acht Schädel aber gehörten Matschies Meinung nach zu einer noch unbeschriebenen Art, die er nach »Herrn Diehl« benannte. Neben *Gorilla beringei* ist *Gorilla diehli* eine weitere von Matschie beschriebene Gorilla-Art, die bis heute Bestand hat, zumindest als gültige Unterart des Westlichen Gorillas, dann entsprechend mit dem Namen *Gorilla gorilla diehli*. Umgangssprachlich wird diese Unterart auch als Cross-River-Gorilla bezeichnet.[35]

Doch damit nicht genug. 1905 beschrieb Matschie seine dritte Gorilla-Art *Gorilla jacobi* nach einem Leutnant Jacob, der das Tier im Gebiet des Dja-Flusses in Kamerun erlegte. 1914 ließ er, wie bereits erwähnt, drei weitere Gorilla-Arten folgen: *Gorilla hansmeyeri*, *Gorilla zenkeri* und *Gorilla graueri*. Eine weitere neue Unterart, ebenfalls aus Kamerun, beschrieb Matschie 1912 als *Gorilla gorilla schwarzi* als eine »Kleinere Mitteilung« im *Jahrbuch des Provinzialmuseums Hannover*. Formal gesehen war der Autor dieser »Mitteilung« in seiner Funktion als Herausgeber Wilhelm Adolf Fritze (1860–1927), der Leiter der Zoologisch-Naturkundlichen Abteilung des damaligen Provinzialmuseums Hannover, das heute den Namen »Museum Natur und Mensch« trägt. Nach den internationalen Nomenklaturregeln in der Zoologie muss Fritze als der offizielle Autor dieser Unterart gelten und nicht Matschie, der sie inhaltlich eigentlich zu verantworten hat, namentlich aber nicht als Autor in Erscheinung trat. Insgesamt kann Matschie als der aktivste Beschreiber von Gorilla-Arten und -Unterarten bezeichnet werden, da er mehr Namen zur Gorillataxonomie beigetragen hat als irgendein anderer Wissenschaftler.

Nach Matschie kamen noch drei weitere Arten und Unterarten des Westlichen Gorillas hinzu: *Gorilla uellensis*, beschrieben 1927 von Henri Schouteden (1881–1972) am Königlichen Museum für Zentral-Afrika im belgischen

Tervuren. Im selben Jahr beschrieb Baron Rothschild *Gorilla gorilla halli* aus Äquatorial-Guinea. Als bis heute letzte Neuentdeckung bei Gorillas beschrieb 1943 Serge Frechkop (1894–1967), ein belgischer Zoologe russischer Abstammung, *Gorilla (Pseudogorilla) ellioti* aus dem Gabun. Er stellte die neue Art in die eigene Untergattung *Pseudogorilla*, die der US-Zoologe Daniel Giraud Elliot 1913 für Gorillaformen eingeführt hatte, die er aufgrund ihrer geringen Größe für Übergangsformen zwischen Gorillas und Schimpansen hielt.

ORDNUNG AUS DEM CHAOS

Eine neue Gorilla-Art zu entdecken, zu beschreiben und zu benennen, konnte für einen Primaten- oder Säugetierforscher den Höhepunkt seiner Karriere darstellen. Dem Mosaik unserer Kenntnis dieser uns so ähnlichen und doch ganz verschiedenen Menschenaffen einen wesentlichen Stein hinzuzufügen, versprach Aufsehen und Öffentlichkeit. In den rund einhundert Jahren zwischen 1847 und 1943 sind etwa zwanzig neue Art- und Unterartnamen veröffentlicht worden, die die beteiligten Wissenschaftler nach der Untersuchung von Schädeln, Skeletten und Totalpräparaten in bestem Glauben veröffentlicht hatten, eine abgrenzbare Art des Gorillas gefunden zu haben. Morphologische Unterschiede zwischen den verschiedenen geografisch voneinander getrennt lebenden Populationen wurden in Hülle und Fülle gefunden, aber was bedeuteten diese Unterschiede? Hier herrschte Unklarheit, und so entschieden sich viele Wissenschaftler, lieber eine Art zu beschreiben und sich die Chance nicht entgehen zu lassen, sich in der Wissenschaft unsterblich zu machen.

Eng verknüpft ist die Geschichte der taxonomischen Erforschung der Gorillas mit der Kolonialgeschichte Zentralafrikas. Nicht von ungefähr ist der Beschreiber der ersten Gorilla-Art ein Geistlicher, der als Missionar in Liberia seinen Dienst tat und dabei ein vertieftes Interesse an der westafrikanischen Artenvielfalt entwickelte. Thomas S. Savage ist der einzige Fall in der Geschichte der Gorilla-Taxonomie, bei dem der Sammler zugleich auch der Entdecker und Beschreiber der neuen Art ist. Die weiteren Gorilla-Exemplare wurden von Kolonialoffizieren, kolonialen Freizeit-Jägern und naturkundlichen Sammlern zusammengetragen und den Affenspezialisten in ihrer Heimat übermittelt.

Ab Mitte der 1920er-Jahre nahm die Mehrheit der Gorilla-Forscher an, dass es nur eine Gorilla-Art gibt, die sich in mehrere Unterarten (oder Rassen, wie man sie damals nannte) unterteilt. Dieser Ansicht war auch der US-amerikanische Zoologe Harold Jefferson Cooldige Jr. (1904–1985), der aber 1929 nur zwei Unterarten erkannte, nämlich eine für die westlichen Gorilla-Populationen und eine für die östlichen.[36] Spätere Untersuchungen haben bestätigt, dass es eine gravierende Lücke zwischen den westafrikanischen und ostafrikanischen Gorillas gibt. Diese Lücke sowohl in den anatomischen als auch den genetischen Daten wird heute als ausreichend betrachtet, zwei Gorilla-Arten voneinander zu unterscheiden: der Westliche Gorilla *Gorilla gorilla* und der Östliche Gorilla *Gorilla beringei.*[37] Innerhalb dieser beiden Arten wiederum sind ebenfalls Unterschiede zwischen verschiedenen, geografisch voneinander getrennten Populationen feststellbar, sodass die Primatenforscher heute davon ausgehen, dass jede der beiden Arten zwei gut abgrenzbare Unterarten umfasst. Zusammengefasst stellt sich die heutige Gorilla-Taxonomie wie folgt dar:

Gorilla gorilla (Savage, 1847) (Westlicher Gorilla)
- *Gorilla gorilla gorilla* (Savage, 1847) (Westlicher Flachlandgorilla)
- *Gorilla gorilla diehli* Matschie, 1904 (Cross-River-Gorilla)

Gorilla beringei Matschie, 1903 (Östlicher Gorilla)
- *Gorilla beringei beringei* Matschie, 1903 (Berggorilla)
- *Gorilla beringei graueri* Matschie, 1914 (Östlicher Flachlandgorilla).

Nur vier der insgesamt rund 20 in der Entdeckungsgeschichte des Gorillas veröffentlichten Namen sind also heute noch gültig: *gorilla, diehli, beringei* und *graueri*. Drei der Namen stammen von Paul Matschie, der damit trotz seiner skurrilen Vorstellungen über die Geografie und Evolution der afrikanischen Säugetiere den Gorillas für immer seinen Stempel aufdrückte.

GORILLA-SCHUTZ

Während ich über die Geschichte der Entdeckung des Östlichen Gorillas recherchiere, wird in der Presse mehrfach über Morde an Wildhütern aus dem

Virunga-Nationalpark berichtet. Der gleich an drei Länder angrenzende Park, der 1925 gegründet wurde und damit der älteste Nationalpark Afrikas ist, wird immer wieder Schauplatz von bewaffneten Konflikten zwischen Rangern, Rebellen, Wilderern und illegalen Holzfällern. Seit der Gründung des Nationalparks sind bereits etwa 175 Wildhüter getötet worden. Im Virunga-Nationalpark existiert heute die größte Population des Berggorillas *Gorilla beringei beringei* mit mindestens 604 Tieren, Stand 2018.[38] Seit der letzten Zählung sechs Jahre zuvor hatte der Bestand um enorme 26 Prozent zugenommen, ein erfreuliches Ergebnis der internationalen Schutzbemühungen, was dazu führte, dass der Berggorilla 2018 auf der Roten Liste der bedrohten Tierarten von »vom Aussterben bedroht« zu »stark gefährdet« heruntergestuft wurde.[39] Besonders durch Lebensraumverlust, aber auch durch Wilderei sind die Gorilla-Arten und -Unterarten dennoch weiterhin bedroht, wenn auch in sehr unterschiedlichem Ausmaß. Es bleibt zu hoffen, dass ihre Zukunft gesichert werden kann.

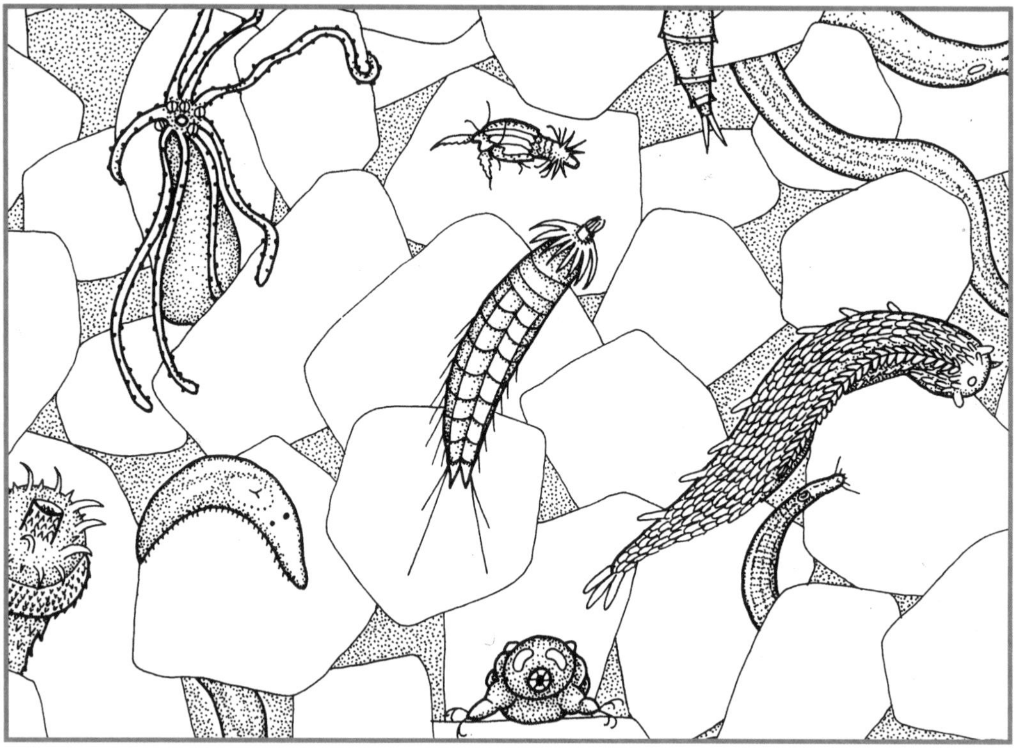

»Überall Fremdartiges,
Erstaunliches,
nie Geschautes«

V

NEUE LEBENSFORMEN ZWISCHEN STRAND UND TIEFSEE

Unter den heute schon bekannten rund 1,5 Millionen Tierarten herrscht eine schier unerschöpfliche Fülle an Vielgestaltigkeit. Organisationstypen, die sich als erfolgreich herausstellen, werden im Laufe des evolutiven Anpassungsprozesses ständig variiert und ergänzt. Jede Art, die neu entdeckt wird, scheint eine Variante eines bereits bekannten Bauprinzips zu sein und lässt sich daher einer schon bekannten Tiergruppe zuordnen. Beinahe erscheint es unvorstellbar, in unseren Tagen noch eine Tierart zu finden, die sich grundsätzlich von allem Bekannten unterscheidet und einen völlig neuen Organisationstyp darstellt. Und doch passiert genau das hin und wieder. In der auf Carl von Linné zurückgehenden Klassifikation der Organismen sind die sogenannten »Stämme«, lateinisch Phyla, Singular Phylum, die oberste Ebene in der Klassifikation der Tiere. Jeder Stamm, von denen derzeit je nach Vorstellungen von den verwandtschaftlichen Beziehungen nur 20 bis 30 unterschieden werden, kann also als ein bestimmter Organisationstyp verstanden werden. Er unterscheidet sich von allen anderen Organisationstypen so sehr, dass er im Stammbaum der Organismen einen eigenen Hauptast darstellt und als eigener Stamm klassifiziert wird. Einen neuen Stamm anhand von Arten zu beschreiben, die sich in die bekannten Tiergruppen nicht einordnen lassen, ist in der Zoologie eine große Seltenheit und zählt zu den außergewöhnlichsten Entdeckungen, die man als Systematiker überhaupt machen kann.

Die Beschreibung eines neuen Stamms ist auch deshalb etwas so Besonderes, weil jeder neue Hauptast im Baum des Lebens Folgen für das Verständnis der Evolution der Tiere haben kann. Entlang der Linien des Metazoen-Stammbaums, also der grafischen Darstellung der Verwandtschaftsbeziehungen der vielzelligen Tiere, lassen sich evolutive Transformationen von äußeren und inneren Merkmalen, Verhaltensweisen und allen möglichen anderen Eigenschaften eines Organismus nachvollziehen. Ändert sich das Verzweigungsmuster eines Stammbaums, ändert sich zugleich die Vorstellung darüber, welche evolutiven Wege die Organismen in ihrer stammesgeschichtlichen Vergangenheit gegangen sind.

So ungewöhnlich die Entdeckung neuer Tierstämme auch ist, hin und wieder gelingt es eben doch, eine bislang noch nicht bekannte Lücke im Beziehungsgeflecht der organismischen Großgruppen zu schließen und Tierarten

→ **5-1** Winzige Meereslebewesen unter dem Mikroskop

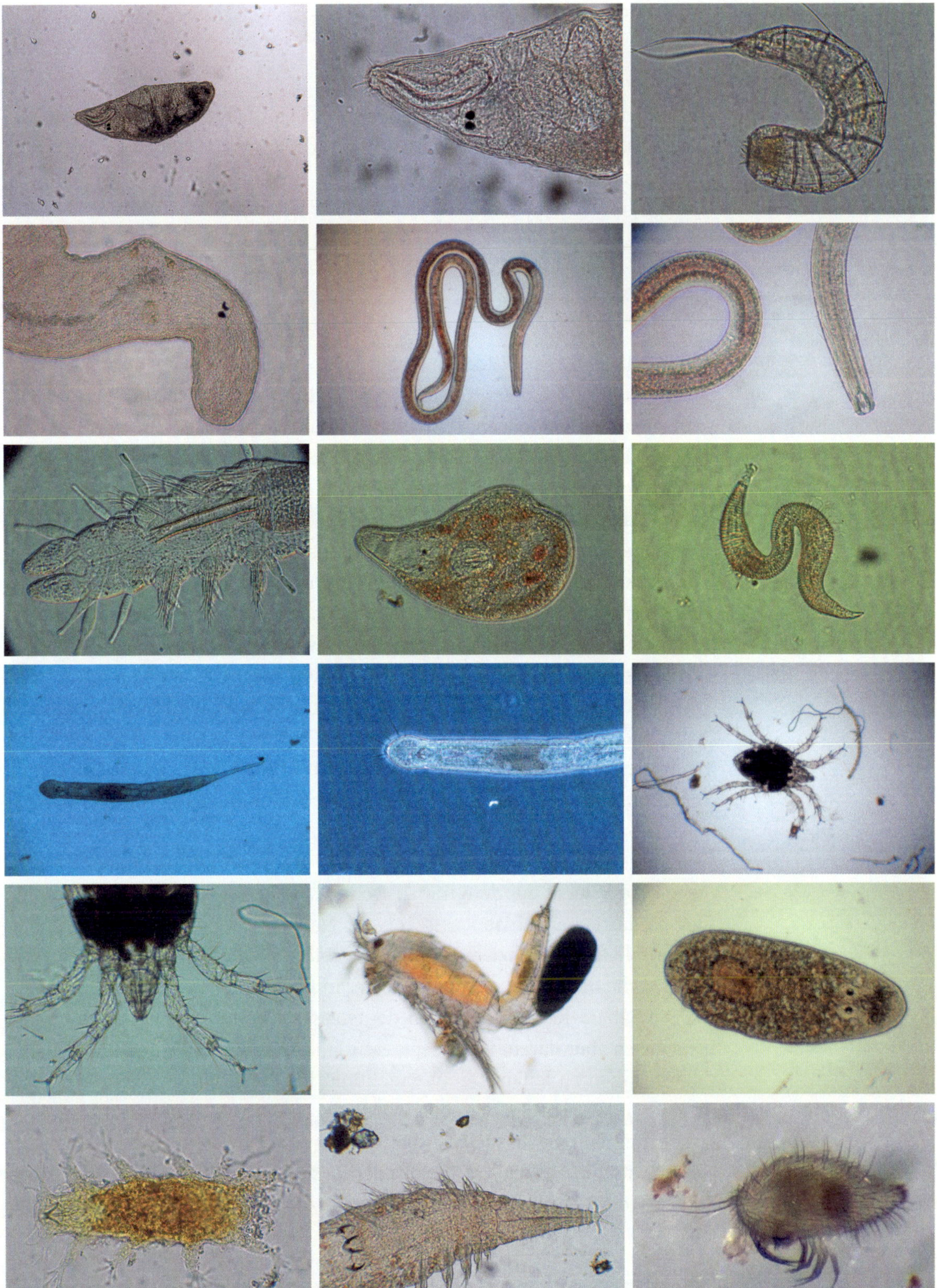

zu finden, deren Merkmalkombination es erforderlich macht, ihnen einen neuen Stamm zu widmen. Als sei die Entdeckung *eines* noch unbekannten Stamms nicht aufsehenerregend genug, einem dänischen Wissenschaftler ist das vor gar nicht langer Zeit gleich *dreimal* gelungen.

NACHTS IM LABOR

Reinhardt Møbjerg Kristensen wuchs im dänischen Westjütland auf, weit entfernt von der nächsten größeren Stadt und inmitten der Natur. Er studierte Biologie und Geologie an der Universität in Århus und interessierte sich anfänglich besonders für Insekten, die er für das Naturkundemuseum in Århus mit Leidenschaft sammelte. Auf Reisen in die Osttürkei und auf den Kanarischen Inseln zeigte sich sein Sammeltalent besonders für Käfer, und so finanzierte die Universität dem jungen Kristensen eine Forschungsreise, die ihn von Marokko, Algerien und Tunesien aus durch die Sahara führen sollte. Ziel der Reise war es, möglichst viele Schwarzkäfer der Familie Tenebrionidae zu sammeln. Tenebrionidae sind typische Bewohner trocken-heißer Lebensräume und kommen dort in großen Artenzahlen vor. »Alles ging schief«, erzählte mir Kristensen. Nachdem er bereits an die 5000 Schwarzkäfer gesammelt hatte, erkrankte Kristensen im algerischen Biskra schwer an viszeraler Leishmaniose, einer durch Protozoen der Gattung *Leishmania* hervorgerufenen Infektionskrankheit, die auch »Schwarzes Fieber« genannt wird. Die schiffchenförmigen Leishmanien wüteten in seinem Blut, und Kristensen sah dem Tod entgegen. Eine Krankenschwester mit Namen Nadja stahl das erforderliche Medikament aus dem französischen Krankenhaus in Biskra und rettete ihm so das Leben. Kristensens Tochter Nadja, mit der er Jahrzehnte später wissenschaftlich publizieren sollte, erhielt ihren Namen in dankbarer Erinnerung an die helfende Krankenschwester in Biskra.

Die Sahara-Reise hatte einen desaströsen Verlauf genommen, bereitete Kristensen aber darauf vor, in späteren Jahren große und sorgfältig geplante Expeditionen zu leiten. Der Wendepunkt in seinem bislang entomologisch geprägten Wissenschaftlerleben wurde durch einen universitären Kurs über arktische Biologie ausgelöst, der an der ganzjährig besetzten Arktisforschungsstation auf der grönländischen Diskoinsel stattfand. Ein drastischer Wechsel des Lebensraums von der Sahara zur Arktis für den jungen Wissen-

5-2 Reinhardt M. Kristensen im Juli 2010 auf der Diskoinsel, wo er auf einer Höhe von 930 Metern über dem Meeresspiegel Tardigraden sammelte

schaftler. Der Kurs auf der Diskoinsel entpuppte sich als ernsthafte arktische Forschungsexpedition. Kristensen wurde beauftragt, sich mit den Springschwänzen (Collembola), einer urtümlichen Gruppe von flügellosen Insekten, zu befassen. Seine Beobachtungen veröffentlichte Kristensen 1975 in seiner ersten wissenschaftlichen Publikation. Nebenbei aber stellte er fest, dass es in den Becherfallen nicht nur von rosafarbenen Springschwänzen wimmelte, sondern dass immer wieder Tardigrada, Bärtierchen, in die Fallen gerieten. Die recht niedlichen und in ihrer behäbigen Bewegung an Bären erinnernden Tardigrada sind kleine, sechsbeinige Lebewesen, die wahrscheinlich nah mit den Gliederfüßern (Arthropoda) und den Stummelfüßern (Onychophora) verwandt sind. Die extrem anpassungsfähigen und resilienten Tierchen kommen weltweit in Meeren und im Süßwasser vor, aber auch in feuchten Lebensräumen im Boden oder Moospolstern. Kristensen fand überraschenderweise in einem einzigen See auf der arktischen Diskoinsel mehr als zehn Arten von Bärtierchen, von denen die meisten noch unentdeckt waren. In den nächsten Jahren befasste er sich intensiv mit arktischen Bärtierchen und veröffentlichte zahlreiche Artbeschreibungen.

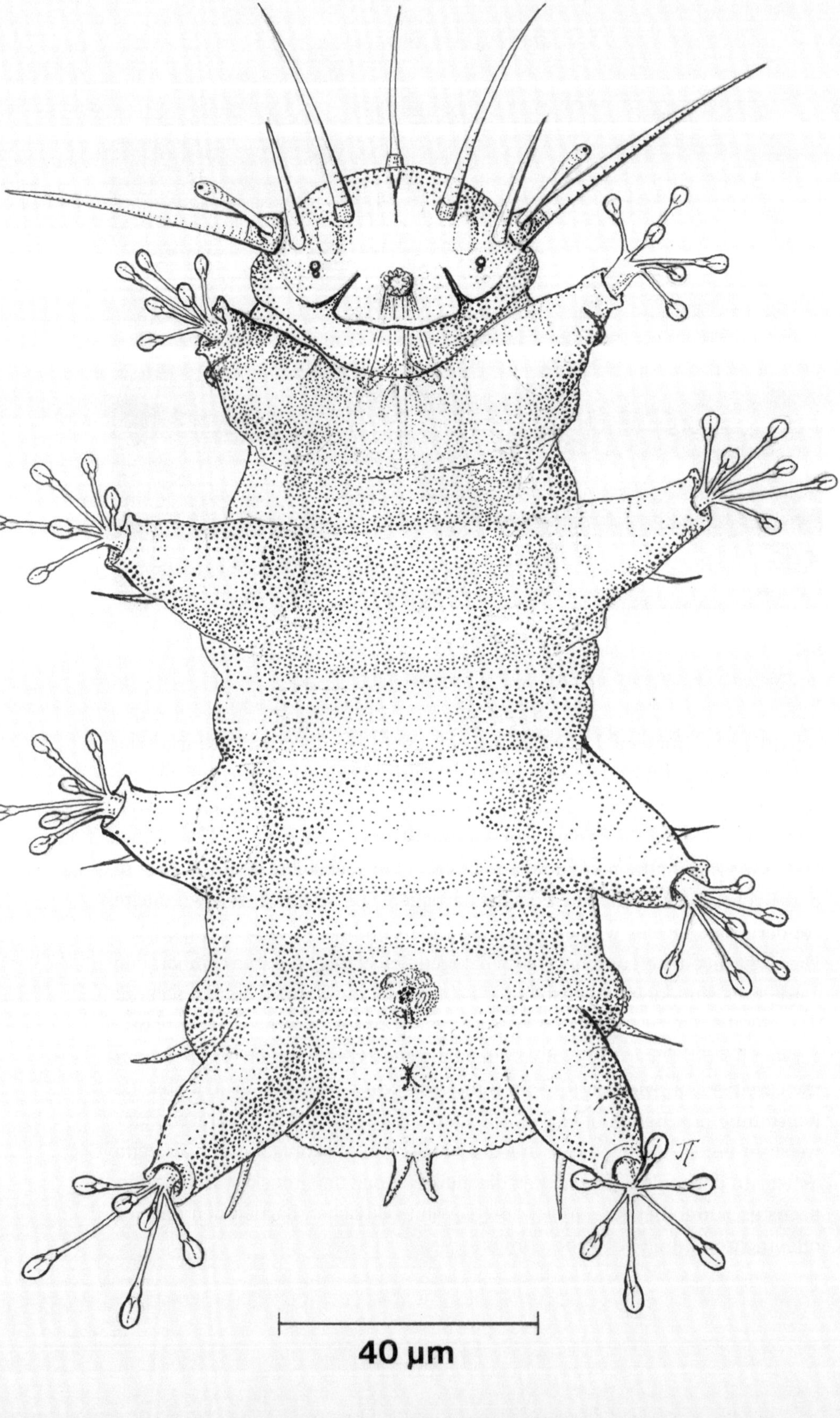
40 µm

Kristensens akademische Lehrer allerdings waren nicht überzeugt, dass er eine wissenschaftliche Karriere nur auf der Taxonomie und Systematik von Bärtierchen aufbauen und einen Job bekommen könnte. Sie empfahlen ihm, verschiedene moderne Untersuchungsmethoden zu erlernen und in seiner Forschungsarbeit zu kombinieren. Kristensen lernte in der Folgezeit die Feinheiten der Transmissions- und Rasterelektronenmikroskopie sowie die sogenannte Nomarski-Interferenzmikroskopie, ein lichtmikroskopisches Verfahren zur kontrastreichen Darstellung kontrastarmer Objekte. Diese Techniken erlaubten ihm nicht nur, seine Bärtierchen mit ungeahnter Detailgenauigkeit zu untersuchen und zu beschreiben. »Das Fantastischste aber war, dass ich bei meiner Arbeit an meinem geliebten *Batillipes noerrevangi* [eine Bärtierchenart, die Kristensen 1978 beschrieben hatte] immer wieder seltsame, mikroskopisch kleine Lebewesen im sandigen Meeressediment fand. Sie gehörten zu vielen verschiedenen Tierstämmen«, erzählte mir Kristensen.

LEBEN ZWISCHEN SANDKÖRNERN

Hier stieß er das erste Mal auf Gnathostomulida, zu Deutsch Kiefermündchen. Dabei handelt es sich um eine Organismengruppe von wurmähnlicher Gestalt, deren Körperlänge 0,3 bis vier Millimeter beträgt. Sie leben im Sandlückensystem der Meere, das neben den Gnathostomulida Lebensraum für eine enorme Vielfalt an Organismen ist. Die Bedeutung des Sandlückensystems erkannte der Kieler Zoologe Adolf Remane (1898–1976) als Erster. Remane gilt bis heute als eine der bedeutendsten Persönlichkeiten der Zoologie, die in den Gebieten der Systematik und Meereskunde, aber auch in den theoretischen Grundlagen der Zoologie, prägend wirkte. Für eine Bearbeitung der Fauna der Ostsee nahm sich Remane einen Lebensraum vor, von dem er erwartete, dass er besonders artenarm und daher in kurzer Zeit beherrschbar sei: der Sandstrand.[1] Das sollte sich als Irrtum herausstellen, denn das Lückensystem zwischen den Sandkörnern entpuppte sich als artenreicher und komplexer Lebensraum. Zugleich fand sich dort nicht nur eine große Zahl unbekannter Arten, sondern auch viele vollkommen unbekannte Organisa-

←**5-3** Kristensens Lieblingsbärtierchen *Batillipes noerrevangi* in einer Ansicht von unten

tionsformen, deren systematische Einordnung ganz und gar nicht trivial war. Es war auch Remane, der für die Erforschung der Sandlückenfauna, die wissenschaftlich als Mesopsammon oder häufiger noch als Meiobenthos bezeichnet wird, geeignete Methoden entwickelte. Mithilfe feinmaschiger Planktonnetze und Bodendredschen, mit feiner Gaze ausgestatteter Schleppnetze, die über den Meeresboden gezogen werden, führte Remane Pionieruntersuchungen an der mikroskopischen Meeresfauna durch.[2] Einer der Schüler Remanes, der Zoologe Volker Storch, schrieb, dass im 20. Jahrhundert nur zwei bis dahin vollkommen unerforschte und überraschend artenreiche und exotische Lebensräume entdeckt wurden: die interstitielle Fauna des Sandlückensystems durch Adolf Remane in den 1920er-Jahren und die Hydrothermalquellen der Tiefsee in den späten 1970er-Jahren.[3]

Das von Porenwasser gefüllte Lückensystem zwischen den Sandkörnern ist dabei ein in vieler Hinsicht extremer Lebensraum. Es ist ein »Kleinhöhlensystem von immensen Ausmaßen«, wie Remane es ausdrückte.[4] Die Tiere leben also in einem Labyrinthsystem, dessen Ganggröße von der Größe der Sandkörner und deren Lage zueinander abhängt. Dieser Lebensraum ist sehr instabil und durch Wasserbewegungen dauernden Veränderungen unterworfen. Die im Sandlückensystem lebenden Organismen sind an diese speziellen Bedingungen hochgradig angepasst. »Die erste Voraussetzung für die gesamte Meiofauna, um erfolgreich zu sein, ist es, klein zu sein«, beschreibt ein aktuelles Meiobenthos-Lehrbuch eine der wichtigsten Anpassungsstrategien.[5] Untersuchungen zeigen, dass die Körpergröße von Meeresorganismen von offenem Wasser über Schlamm und die Algenzone bis zum sandigen Boden abnimmt, der Anteil an Kleinstformen unter den Arten aber zunimmt. Im Sand kommen also viele und kleine Arten vor, im Freiwasser dagegen wenige und dafür große. Arten von Organismengruppen, die in anderen Lebensräumen beachtliche Körpergrößen besitzen, können im Sandlückensystem winzig und verzwergt sein. So gibt es dort Polypen, die zu den Nesseltieren gehören, von nur 0,4 Millimeter Größe. Auch andere Formen liegen in einem ähnlichen Größenbereich: Ringelwürmer (Polychaeta) ebenfalls 0,4 Millimeter, Schnecken (Gastropoda) ein Millimeter, Meeresasseln 1,2 Millimeter und Seegurken drei Millimeter.[6] Um sich behände durch das Sandlückensystem bewegen zu können, reicht es, den Körperquerschnitt klein zu halten, die

→ **5-4** Ein Leben zwischen Sandkörnern: Vielfalt des Meiobenthos

Körperlänge dagegen spielt nur eine geringe Rolle. Viele Meiobenthos-Organismen sind im Verhältnis zum Querschnitt erstaunlich lang und fadenförmig. Während die Länge selbst lang gestreckter Meeresorganismen meist nur drei- bis zehnmal ihre Breite beträgt, sind manche Bewohner des Sandlückensystems bis zu einhundertmal länger, als sie breit sind.

Neben der Verzwergung ist eine weitere wichtige Anpassung an die Bedingungen des Sandlückensystems eine starke Biegsamkeit. Wurmartige Organismen mit weicher Körperhülle können sich leicht der dreidimensionalen Struktur ihres Lebensraums anpassen. Gliederfüßer, die ein starres Außenskelett besitzen, erreichen eine höhere Flexibilität durch die Entwicklung einer größeren Zahl an gleichförmigen Segmenten, was sie wurmartig und biegsam werden lässt.

Viele Sandlückenbewohner zeigen weitere Anpassungen an ihren Lebensraum, wie zum Beispiel spezielle Organe oder Ausscheidungsprodukte zur Anheftung an die sich dauernd in Bewegung befindlichen Sandkörner. Hinzukommen können besondere Fortbewegungsformen wie Gleiten, Winden, Krabbeln und Graben, sowie Verstärkungen der äußeren Körperhülle durch Stacheln und andere Fortsätze, um sich zwischen den Sandkörnern verkeilen zu können.

In diesem dynamischen und komplexen Mikrolückensystem des Meeressandes, der auf den ersten Blick artenarm und beinahe steril wirkt, hat sich daher eine spezielle, vielfältige Lebenswelt entwickelt. Besonders verblüffend sind Arten, die zu umfangreichen Tiergruppen gehören, die formenreich im freien Wasser oder festsitzend auf dem Untergrund leben und die, wie es der Zoologe Peter Ax (1927–2013) ausdrückte, »einzelne hochgradig adaptierte Spezialisten in das Sandlückensystem entsandt haben«.[7]

Ein besonders spektakuläres Beispiel für eine solche »Entsendung eines Spezialisten« ist die winzige Hydrozoen-Gattung *Halammohydra*, die Remane 1927 im Sandboden der Nord- und Ostsee entdeckt hatte.[8] 1924 fiel Remane bei Untersuchungen des Sandes der Kieler Bucht ein seltsames Tier auf. Klein, tentakelreich, kurzer Rumpf. Remane hielt es erst für einen Borstenwurm, aber die mikroskopische Untersuchung offenbarte eine interessante Struktur. Das Tier besaß sogenannte Nematocysten oder Nesselkapseln. Dabei handelt es sich um umgewandelte Zellen, die mittels eines nach außen ragenden Auslösemechanismus zur »Explosion« gebracht werden können. Es gibt eine enorme Zahl verschiedener Nematocysten, die durch die Explosion

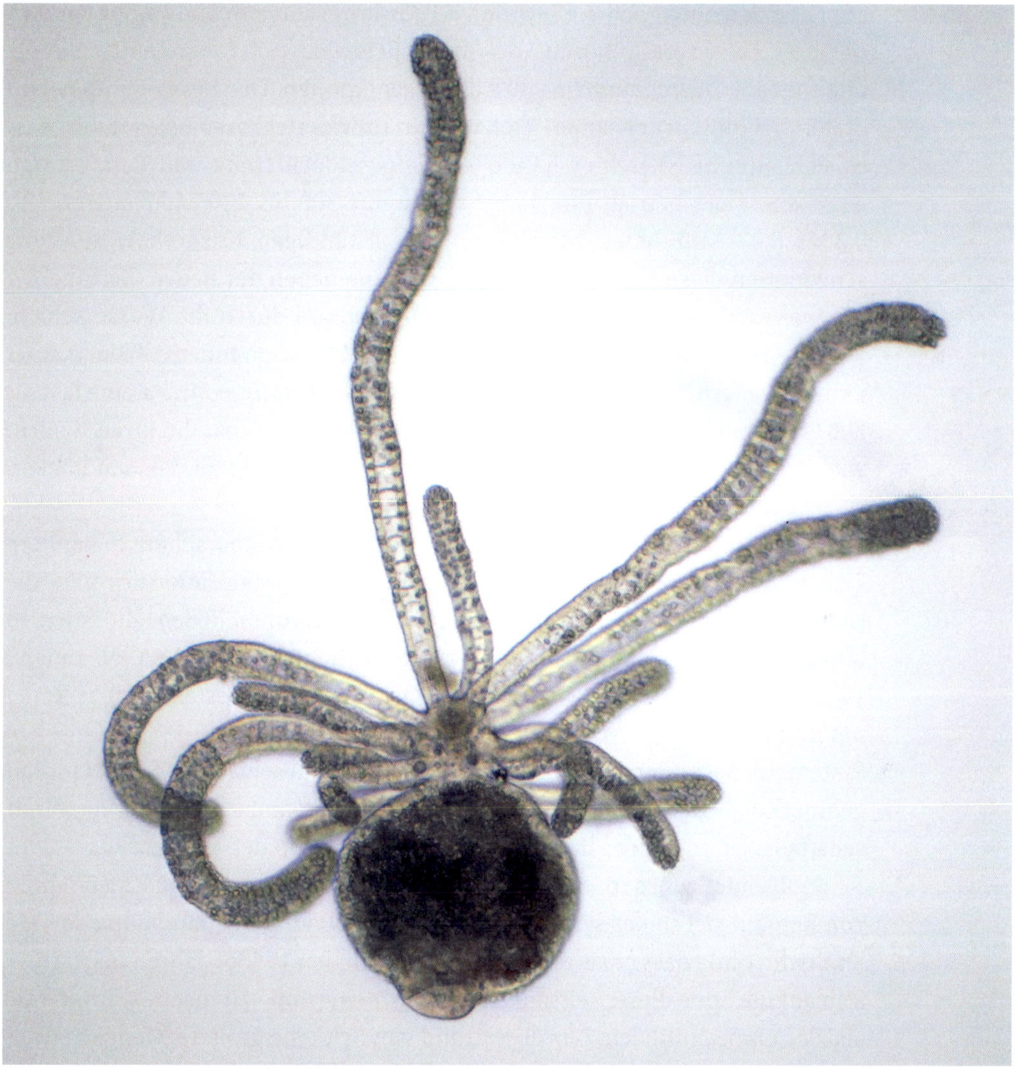

5-5 Mikrofoto der extrem an das Leben im Sandlückensystem angepassten Hydrozoe *Halammohydra octopodides* aus dem Sand der Nordküste der französischen Bretagne

Schläuche oder Stilette nach außen schleudern, durch die unter anderem Nesselgifte abgegeben werden. Diese hoch spezialisierten Nesselzellen sind eines der Charaktermerkmale der Nesseltiere (Cnidaria), zu denen die sessilen Blumentiere (Anthozoa), die freischwimmenden Würfelquallen (Cubozoa) und Scheibenquallen (Scyphozoa) sowie die auch im Süßwasser vorkommenden Hydrozoa gehören. Bekannte Beispiele für Nesseltiere sind die Ohrenqualle (*Aurelia aurita*) und die Seeanemonen. Der Besitz von Nematocysten bei diesem seltsamen Tier war ein unwiderlegbarer Beleg dafür, dass es sich um ein Nesseltier handelte. Als geschlechtsreife und damit ausgewachsene Tiere beträgt ihre Körperlänge nur 300 bis 420 Mikrometer, also 0,3 bis 0,42 Millimeter. Mithilfe einer vollständigen Körperbewimperung schwimmen diese Nesseltiere, für die Remane neben der neuen Gattung *Halammohydra* zwei neue Arten beschrieb, langsam durch die Wasserschicht zwischen den Sandkörnern. Ihre systematische Position innerhalb der Nesseltiere ist weiterhin umstritten. Möglicherweise ist *Halammohydra* eine fast bis zur Unkenntlichkeit abgewandelte Meduse der Hydrozoa, die ihren Schirm, wie man ihn von der Ohrenquelle kennt, in Anpassung an das Sandlückensystem zurückgebildet hat.

Neben solchen außergewöhnlichen Spezialisten aus schon bekannten Tiergruppen entdeckte Remane im Meiobenthos Organisationsformen, die sich keiner der schon bekannten Tiergruppen zuordnen ließen. Zu ihnen gehören die Gnathostomulida oder Kiefermündchen, die Peter Ax 1956 anhand zweier neuer Arten beschrieb. Ax war einer der bekanntesten Schüler Remanes und hat wichtige Arbeiten zur Entwicklung der Theorie der biologischen Systematik besonders im deutschen Sprachraum geschrieben. Sein Hauptaugenmerk galt der Vielfalt wurmähnlicher Organismen und den Verwandtschaftsbeziehungen der höheren Gruppen innerhalb der Metazoa.

Beobachtet wurden die Gnathostomulida bereits in den 1920er-Jahren von Remane bei seiner systematischen Untersuchung der Sandfauna der Kieler Bucht, ohne dass er sie formal beschrieb. In den 1950er-Jahren begann Ax, sich auf die Spur dieser seltsamen Organismengruppe zu machen. Er konnte aus der Ostsee und dem Nordseestrand von Sylt eine größere Menge an Individuen sammeln, obwohl sich die Gnathostomulida zu Ax' Leidwesen als selten herausstellten und mit ein bis vier Millimetern Länge winzig klein sind.[9] Eine dritte Art fand nur wenige Jahre später auf den Malediven der deutsche Zoologe Sebastian Gerlach während der »Xarifa-Expedition 1957/58« unter der Leitung des bekannten Meeresbiologen und Unterwasserfilmers Hans Hass (1919–2013). Bis heute sind mehr als 90 Arten von Gnathostomulida aus dem Meiobenthos der meisten Meere der Erde beschrieben worden, die sich auf mehrere Familien und zahlreiche Gattungen verteilen.

Dass es sich bei den Kiefermündchen um eine Tiergruppe eines bislang vollkommen unbekannten Organisationstyps handelte, war unbestritten. Ihre stammesgeschichtliche Verwandtschaft innerhalb der Metazoa allerdings war alles andere als sicher. Peter Ax, ihr Entdecker, sah in ihnen eine Teilgruppe der Strudelwürmer (Turbellaria) innerhalb der Plattwürmer (Plathelminthes). 1969 galten sie schließlich als eigenständiger Stamm der Metazoa, und seitdem wechselt die Vorstellung über ihre Verwandtschaftsbeziehungen zwischen verschiedenen Gruppen. Morphologische und molekulare Untersuchungen machen es wahrscheinlich, dass sie mit den Rädertieren (Rotatoria) und den Micrognathozoa, einem anderen von Kristensen entdeckten Tierstamm, eng verwandt sind. Zusammen werden sie als Gnatifera bezeichnet, was »Kieferträger« bedeutet und auf ein charakteristisches und für die Artbestimmung wichtiges Merkmal hindeutet: den Besitz eines komplexen Kieferapparats.

KORSETTTIERCHEN

Kommen wir zu Reinhardt Kristensen zurück. Er begann in den 1970er-Jahren, sich intensiv mit den seltsamen Gnathostomulida zu beschäftigen. Dass sie offenkundig auch in Dänemark beinahe überall in Meeressanden vorkommen, aber erst 1956 entdeckt worden waren, war ungewöhnlich. Hinzu kam, dass sie einen bis dahin unbekannten Organisationstyp vielzelliger Organismen darstellten, dessen stammesgeschichtliche Verwandtschaft innerhalb der Metazoa umstritten war. Als er bei seiner Bearbeitung der Meerestardigraden ständig auf Gnathostomuliden traf, begann Kristensen, bei Helsingør die dänischen Arten intensiver zu erforschen. Eines Tages, wahrscheinlich 1975, so erinnert er sich, entdeckte Kristensen in einer Probe des Sandlückensystems eine mikroskopisch kleine Larve, wie er sie noch nie zuvor gesehen hatte. Kristensen zeigte sie Sebastian Gerlach, dem damaligen Leiter der Station und Professor für Meeresbiologie in Kopenhagen. Auch er war ein Schüler von Remane und arbeitete ebenfalls an Meiobenthos-Organismen.[10] Gerlach war überzeugt, dass es sich um ein profanes Rädertier handelte. Kristensen wies auf den seltsamen Stachelkranz hin, der nicht zu Rotatorien passte, aber als Gerlach die Larve erneut untersuchte, hatte das Tier seinen Kopf und die als Scaliden bezeichneten Stacheln eingezogen. Kristensen ließ nicht

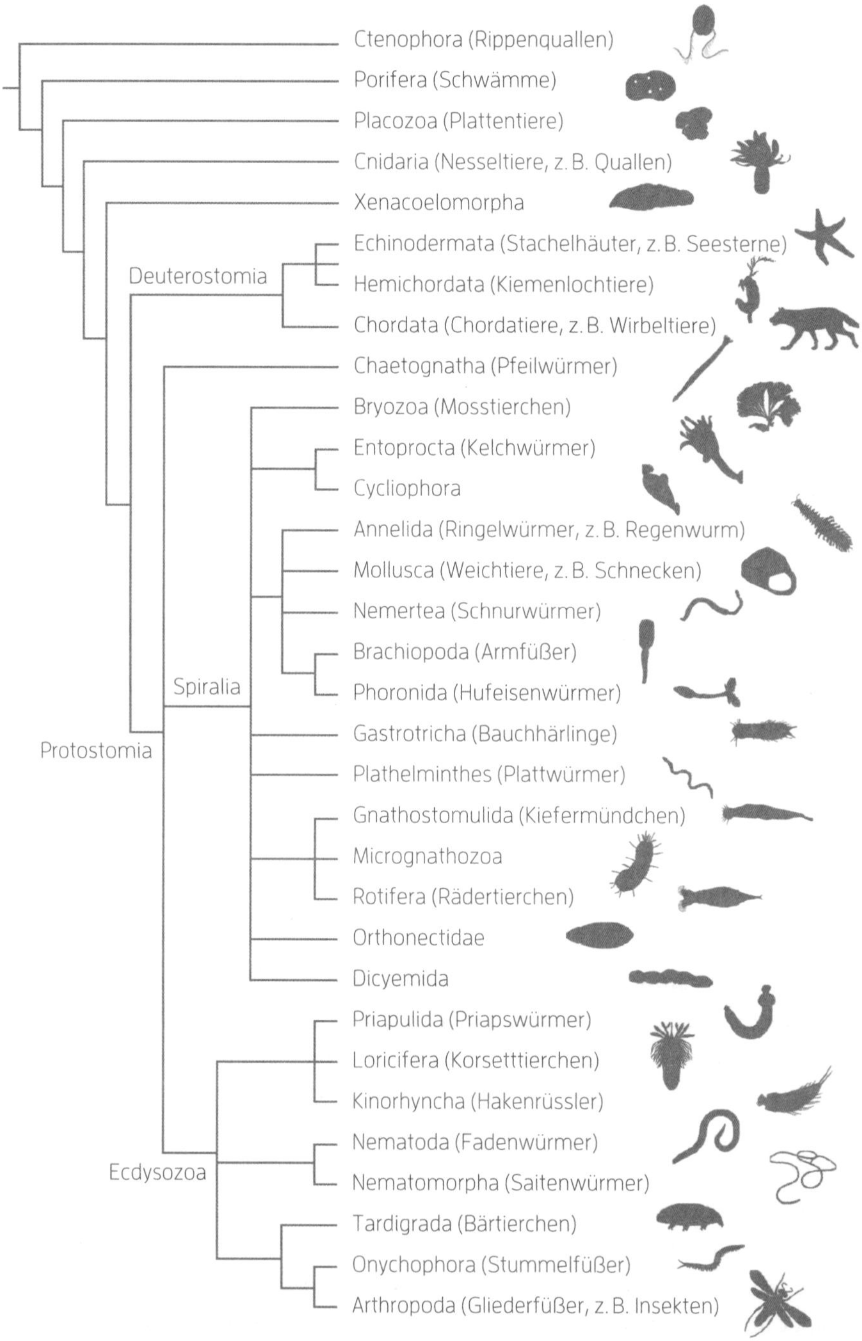

5-6 Ein möglicher Stammbaum der Teilgruppen der Metazoa

locker und zeigte die weiterhin lebende Larve dem Zoologen Karl Georg Wingstrand (1919–1992) vom Institut für Vergleichende Anatomie in Kopenhagen, der Kristensen darin bestärkte, dass es sich wahrscheinlich um etwas vollkommen Neues handelte.

Die übliche Untersuchungsmethode für derart winzige, weichhäutige Organismen ist die Anfertigung von Schnittserien, um den Aufbau des Tieres mit dem Transmissionselektronenmikroskop zu untersuchen. Dafür muss das Tier in einem geeigneten Medium chemisch fixiert und in Kunstharz eingebettet werden. Danach wird der Kunstharzblock mit dem darin befindlichen Untersuchungsobjekt mithilfe eines Ultramikrotoms in extrem dünne Serienschnitte zerteilt. Die Dicke der Schnitte liegt dabei im Bereich von 70 Nanometern, also 70 Millionstel Millimeter. Unglücklicherweise aber stellte Kristensen versehentlich das Ultramikrotom auf eine viel dickere Schnittstärke von beinahe zehn Mikrometern ein, also ein Vielfaches dicker als vorgesehen. Zu seiner Bestürzung wurde dadurch die eingebettete Larve beim Anfertigen der Schnitte vollständig zerstört.

Etwa zur selben Zeit entdeckte Robert P. Higgins, ein US-amerikanischer Meereszoologe, ein einzelnes Männchen eines ihm unbekannten Organismus im groben Meeressand an der Küste North Carolinas. Er hielt das Tier für die Larve eines Priapuliden oder Priapswurms, einer anderen, ungenügend erforschten Gruppe von Meereswürmern, von denen einige ebenfalls im Sandlückensystem vorkommen.[11]

Im Laufe der kommenden Jahre wurden weitere Exemplare dieser Organismengruppe mit dem Scalidenkranz entdeckt, und 1982 gelang es Kristensen, an der französischen Atlantikküste den gesamten Entwicklungsverlauf einer Art zu untersuchen. Vom ersten Tag der Untersuchung in Frankreich an ahnte Kristensen, dass die Tiere nicht zu einer der schon bekannten Gruppen gehörten. Mit der Aufschlüsselung des komplizierten Entwicklungsgangs hatte er genügend Informationen, um 1983 die seltsamen Tiere als neue Art *Nanoloricus mysticus* in dem neuen Tierstamm Loricifera zu beschreiben.[12] Der Name des Stammes leitet sich aus dem Lateinischen ab und besteht aus dem Substantiv *lorica* für Panzer oder Korsett und dem Verb *ferre* für tragen. Im Deutschen wird diese Tiergruppe als Korsetttierchen bezeichnet.

Kristensen erinnert sich genau, wie er in völliger Dunkelheit am Transmissionselektronenmikroskop die Proben untersuchte und immer weitere ungewöhnliche Merkmale entdeckte. Die Entdeckung der Loricifera machte Kris-

5-7 Ein Mikrofoto der zuerst entdeckten Loricifera-Art *Nanoloricus mysticus*

tensen berühmt, weltweit wurde in den Nachrichten über den neuen Tierstamm berichtet. Bis heute sind rund 40 Arten beschrieben worden, und es warten noch weitere darauf, formal benannt zu werden. Die Loricifera sind offenbar auf dem gesamten Globus verbreitet und kommen in Tiefen zwischen 20 und 450 Metern in grobem Sediment vor. Die Art *Pliciloricus hadalis* wurde im westlichen Pazifik in einer Tiefe von 8000 Metern gefunden, und mehrere weitere Arten, von denen die meisten noch unbeschrieben sind, wurden sogar im sauerstofffreien, extrem salzhaltigen Tiefenwasser des Mittelmeeres gefunden, von dem man bisher dachte, dass dort nur Einzeller längerfristig existieren können. Die an die dortigen extremen Bedingungen angepassten Korsetttierchen sind die einzigen Metazoa, die keine Mitochondrien besitzen (die für die Energiegewinnung notwendigen Zellorgane) und die dauerhaft ohne Sauerstoff existieren können. Statt der Mitochondrien besitzen sie endosymbiontische Bakterien. »Sie leben in der ›Hölle auf Erden‹«, so Kristensen, »das ist eine unglaubliche Entdeckung.«

AUF DEN MUNDWERKZEUGEN VON HUMMERN

Die Entdeckung von *Nanoloricus mysticus* als Typusart des neuen Stamms Loricifera war einer der vorläufigen Höhepunkte in Kristensens Zoologenkarriere. Aber es sollte noch besser kommen. Zwei weitere neue Stämme, deren Beschreibung er 1995 und 2000 veröffentlichte, lenkten womöglich noch größere Aufmerksamkeit auf ihn und die noch unentdeckte Vielfalt der Mikrowelt.

Die Cycliophora, die nächste große Entdeckung, sind eine seltsame Gruppe vielzelliger Organismen, die bislang nur auf den Mundwerkzeugen von hummerartigen Krebsen (Nephropsidae) oder auf Ruderfußkrebsen, die auf Nephropsidae leben, gefunden wurden. Bekannt waren sie den Zoologen bereits seit dem Beginn der 1960er-Jahre, aber sie wurden generell für Rädertiere (Rotifera) gehalten. Rädertiere, oder Rädertierchen, wie sie gemeinhin genannt werden, sind eine artenreiche Organismengruppe, die in nahezu allen feuchten Lebensräumen von Süß- und Salzwasser bis zu Moospolstern und im feuchten Boden vorkommen. Rädertiere sind außerordentlich vielgestaltig. Charakteristisch für sie ist das sogenannte Räderorgan, das an der

Mundseite sitzt und aus Wimpernkränzen besteht. Die Wimpern des Räderorgans schlagen in schneller Geschwindigkeit, was den Eindruck eines drehenden Rades macht. Das Räderorgan dient der Fortbewegung und dem Einstrudeln von Nahrungspartikeln. An der dem Mund entgegengesetzten Seite des Tieres befindet sich bei vielen Arten ein Fuß mit Klebdrüsen, mit dessen Hilfe sich die Tiere dauerhaft oder zeitweise am Untergrund festhalten. Tatsächlich sehen die Cycliophora, die eine ähnliche Größe haben und sich ebenfalls am Untergrund festhalten, Rädertierchen auf den ersten Blick sehr ähnlich. Als sich aber Kristensen und sein damaliger Doktorand Peter Funch die Tiere genauer anschauten, die sie auf den Hummermundwerkzeugen in Norddänemark fanden, stellten sie fest, dass die bisherigen Untersuchungen aus Italien und Schweden danebenlagen. Es gab gravierende Unterschiede zu den Rotifera. Einer der wichtigsten ist dabei, dass die Cycliophora eine mehrschichtige Cuticula besitzen, eine Außenschicht, die von darunterliegenden Zellen abgegeben wird. »Rädertierchen haben keine Cuticula«, sagte Kristensen, »und unsere kleinen Biester hatten eine Pro- und eine Epicuticula.« Funch und Kristensen stellten zudem fest, dass die rätselhaften Tiere einen extrem komplexen, vielschrittigen Entwicklungszyklus haben. »Es war, als hätten wir die Büchse der Pandora geöffnet, als wir die Vielzahl von freischwimmenden und festsitzenden Larvenstadien, Fress- und Fortpflanzungsstadien der Weibchen, festsitzende Zwergmännchen und Larven sowie Mini-Fressstadien sogar innerhalb von Weibchen fanden«, so Kristensen. Dies gab auch Anlass zum Namen für diese einzigartige Art: *Symbion pandora*. *Symbion* bezieht sich auf die Lebensweise der Tiere als Symbionten, also eng zusammenlebende Organismen verschiedener Arten, auf den Mundwerkzeugen der Krebse.

Kristensen erinnert sich an den Augenblick, als er und Funch realisierten, etwas vollkommen Neues entdeckt zu haben. »Wir saßen in völliger Dunkelheit im Raum mit dem Elektronenmikroskop, und das erste Bild der äußeren Körperwand von dem, was später *Symbion pandora* heißen würde, entstand auf dem Monitor. Ja, es hat eine komplexe, echte Cuticula, nichts, was von Rädertierchen bekannt war. Wir hatten einen vollkommen neuen Tierstamm entdeckt, der mit den Moostierchen [Bryozoa] und den Kelchwürmern [Kamptozoa] näher verwandt ist als mit den Rotifera.« Kristensen und Funch hatten genügend Daten und waren sich ihrer Sache sicher genug, um an die Öffentlichkeit zu gehen. Sie reichten ein Manuskript von nur wenigen Seiten

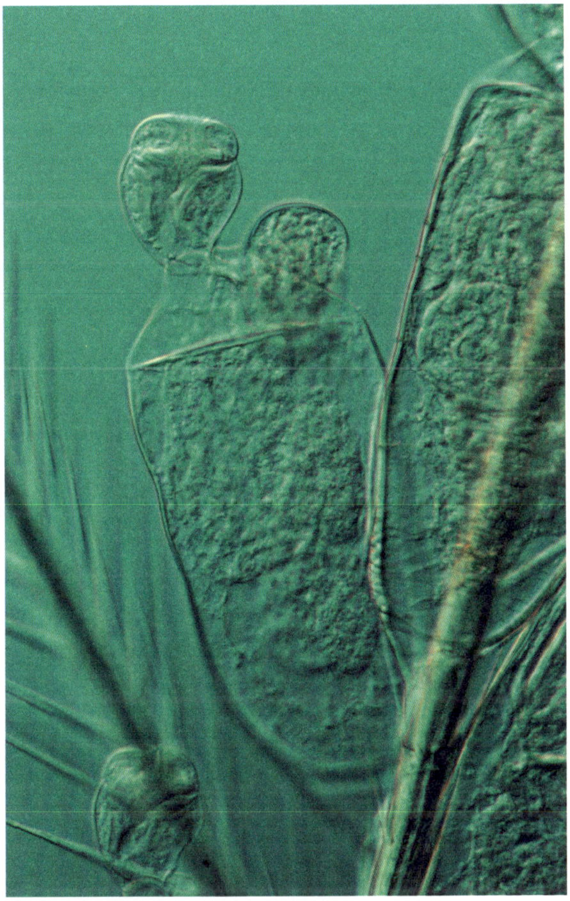

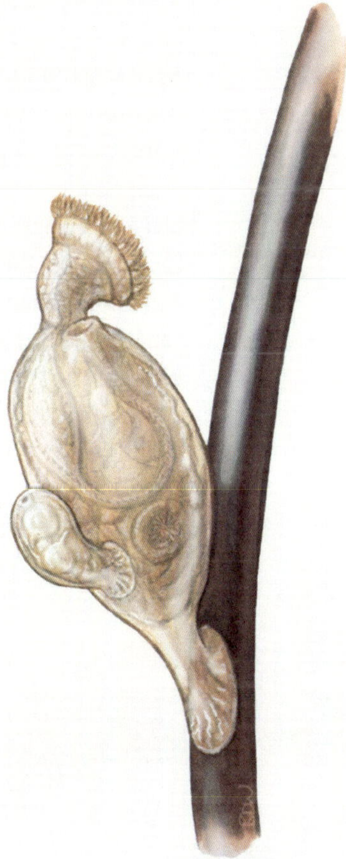

5-8 Mikrofoto von *Symbion pandora*

5-9 Zeichnung von *Symbion pandora*

Text, aber mit instruktiven Abbildungen und insbesondere mit einer Rekonstruktion des komplexen Entwicklungszyklus bei der berühmten Fachzeitschrift *Nature* ein, wo es in Rekordzeit akzeptiert und gedruckt wurde. Ein Mikrofoto von *Symbion pandora* mit der schlichten Überschrift »A new phylum« (ein neuer Stamm) schaffte es sogar auf die Titelseite des *Nature*-Heftes.[13] Den neuen Tierstamm nannten sie Cycliophora. Der Name leitet sich vom griechischen Wort *cyclion* für kleines Rad und *phoros* für tragend ab und bezieht sich auf den besonderen, mit Wimpern besetzten Mundring der Tiere.

TANZ DER MIKROWESEN

Kristensen und sein ehemaliger Doktorand Funch erwiesen sich als gute Kooperationspartner, denn nur wenige Jahre später gelang ihnen eine weitere Entdeckung einer neuen Organisationsform, die Micrognathozoa. Während eines Studentenfeldkurses auf der grönländischen Diskoinsel, auf der Kristensen an Tardigraden gearbeitet und die Loricifera entdeckt hatte, fielen ihnen in sumpfigen Bereichen der nur fünf Grad kalten Isunngua-Quelle, aus der die Kursteilnehmer ihr Trinkwasser gewannen, seltsame Organismen auf. Sie waren winzig, nur 80 bis 152 Mikrometer groß. »Es war fantastisch zu sehen, wie sich die Tiere im Süßwasser zwischen den Moosen und Algen, wo sie leben, auf- und abbewegten. Es war, als ob sie einen spanischen Tanz vollführen«, erinnert sich Kristensen. Funch und er waren sich sicher, erneut etwas Neues

5-10 Das Team von Kristensen an der Isunngua-Quelle beim Sammeln von *Limnognathia maerski* im Juli 2010. Im Vordergrund die dänische Biologin Katrine Worsaae

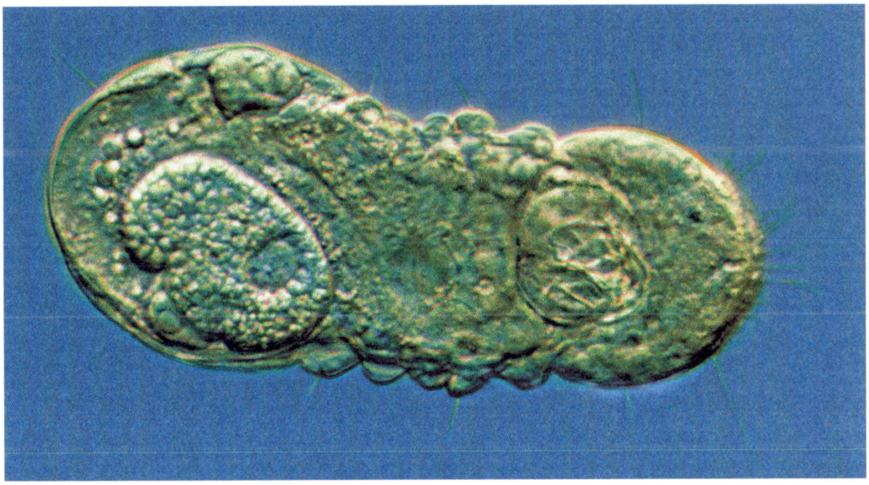

5-II Mikrofoto eines Micrognathozoons

entdeckt zu haben, aber die Mikroskope, die ihnen auf der Diskoinsel zur Verfügung standen, reichten nicht aus, um Details erkennen zu können. Sie sammelten etwa einhundert Tiere, nahmen zusätzlich noch fünf Kilogramm Sumpfpflanzen und Bodenmaterial mit und transportierten alles in einem Kühlschrank bei einer Temperatur von vier Grad nach Kopenhagen. In der Mooskultur pflanzten sich die Tiere fleißig fort, bis zwei Jahre später ein unbekannter Pilz die Kultur überwucherte und die Zucht zusammenbrach. Inzwischen aber hatten Funch und Kristensen einige Exemplare für transmissions- und rasterelektronenmikroskopische Untersuchungen präpariert. Sie interessierten sich vor allem für den komplizierten Kieferapparat der Tiere, der auf den ersten Blick an bestimmte Rädertierchen erinnerte. Es stellte sich heraus, dass die Kiefer zudem große Ähnlichkeiten mit denen der Gnathostomulida hatten. »Wir stellten fest, dass die neue Gruppe die komplizierteste Kieferstruktur unter allen wirbellosen Tieren besitzt«, erinnert sich Kristensen. Die seltsamen Tiere waren eindeutig mit den Rotifera und den Gnathostomulida verwandt, passten aber andererseits in keine der beiden Gruppen. Im Jahr 2000 beschrieben Funch und Kristensen die neue Klasse Micrognathozoa anhand einer einzigen Art, die sie *Limnognathia maerski* nannten.[14] Der Name Micrognathozoa leitet sich von den griechischen Wörtern *micro, gnathos* und *zoa* für klein, Kiefer und Tier ab und verweist auf die komplexen Kiefer dieser kleinen Tiere. *Limnognathia* besteht aus den griechischen Elementen *limnos* für Süßwasser und erneut *gnathos* für Kiefer. In dem

Artnamen ehren sie Maersk McKinney Møller (1913–2012), der das Forschungsschiff »Porsild« sponserte und bei dessen Jungfernfahrt die unbekannte Organisationsform entdeckt wurde.

Anfänglich noch als eigene Klasse innerhalb der sogenannten Gnathifera eingestuft, wurden die Micrognathozoa nach DNA-Untersuchungen als neuer Stamm klassifiziert.[15] *Limnognathia maerski* ist die bis heute einzige beschriebene Art innerhalb der Micrognathozoa, aber es gibt konkrete Hinweise auf noch unbeschriebene Arten.[16]

UNENTDECKTER MIKROKOSMOS

Kristensen hat mit der Entdeckung der Loricifera, Cycliophora und Micrognathozoa den Stammbaum der vielzelligen Tiere und damit die Vorstellungen über die großen Evolutionslinien der Metazoa fundamental verändert. Man kann aber davon ausgehen, dass auch künftig grundlegend neue Organisationsformen entdeckt werden. »Besonders neue Sammelmethoden für die Meiofauna der Tiefsee könnten eine Möglichkeit sein, neue ›Typen‹ von Tieren zu entdecken«, so Kristensen, der an einem aktuellen Tiefseeforschungsprojekt beteiligt ist. Im Rahmen dieses Projekts werden im Pazifischen Ozean Manganknollen untersucht. Schon jetzt haben die Wissenschaftler zahlreiche neue Gattungen von Bärtierchen und Loricifera gefunden, die auf oder in den Manganknollen leben. Besonders die Fauna innerhalb der Knollen ist von großem Interesse, weil es dort an Sauerstoff mangelt und Lebewesen mit einzigartigen Anpassungsstrategien zu erwarten sind. Dieser Lebensraum erinnert stark an die sauerstofffreien tiefen Becken des Mittelmeeres, wo Kristensen mit seinen Mitarbeitern bereits die unbekannten Loricifera-Arten entdeckt hatte, die statt der Mitochondrien endosymbiontische Bakterien für ihren Stoffwechsel besitzen. Bemerkenswerterweise scheint *Spinoloricus cinziae*, die einzige Loricifera-Art, die von dort bislang beschrieben wurde, mit Arten eng verwandt zu sein, die Kristensen von den Hydrothermalquellen aus der Tiefsee des Pazifiks beschrieben hat. Besonders solche extremen Lebensräume mit nach bisherigen Vorstellungen lebensfeindlichen Bedingungen könnten eine noch nicht absehbare Vielzahl von Arten beherbergen, die sich von allem bisher Bekannten dramatisch unterscheiden. »Man schätzt, dass die tatsächliche Artenvielfalt der Makrofauna der Wirbellosen des Meeres zu etwa 20 Prozent erfasst ist«, sagt Kristensen. »Die Meiofauna der Tiefsee aber ist wirklich schlecht untersucht, und ich nehme an, dass weniger als zehn Prozent der dort lebenden Arten bereits entdeckt worden sind.«

AUS DEN TIEFEN DES WELTMEERES

Erst seit Anfang des 19. Jahrhunderts ist bekannt, dass die tiefen Bereiche der Meere überhaupt belebt sind. Mit der Tiefsee-Expedition des britischen Forschungsschiffs »Challenger« 1872 bis 1876 begannen Wissenschaftler, die fast unbekannte Artenvielfalt der Tiefsee systematisch zu erforschen. Aus bis zu 5500 Metern Tiefe förderte die Challenger-Expedition etwa 5000 bisher unbekannte Organismenarten zutage. Bis heute gilt die Tiefsee als einer der am unzureichendsten untersuchten Lebensräume der Erde. Einer der wesentlichen Gründe dafür liegt in den technischen Herausforderungen, überhaupt bis in die tiefen und tiefsten Meeresschichten vorzudringen. Die Lebensbedingungen der Tiefsee sind extrem: Lichtarmut oder sogar vollständige Dunkelheit, eingeschränkte Nahrungsverfügbarkeit, tiefe Temperaturen, extreme Ausdehnung. Tiefseeorganismen haben eine Vielzahl von Strategien der Anpassung an ihre besondere Umwelt entwickelt, und immer wieder werden überraschende Funde gemacht. Das betrifft nicht nur die mikroskopische Welt, die im Fokus von Kristensens Forschung liegt. Auch im makroskopischen Bereich entdecken Forscher immer wieder ungewöhnliche Tiefseearten.

Eine der spektakulärsten Tiefsee-Entdeckungen des 20. Jahrhunderts war der erste rezente, also heute vorkommende, Vertreter der Urmützenschnecken, wissenschaftlich Monoplacophora, die auch als Einschaler oder Napfschaler bezeichnet werden.[17] Gefunden wurden die Exemplare während der dänischen Tiefsee-Expedition des Forschungsschiffs »Galathea«, die 1950 bis 1952 durchgeführt wurde. Am 6. Mai 1952 befand sich die »Galathea« etwa 500 Kilometer westlich von Costa Rica und nahm mithilfe eines Heringsgrundschleppnetzes, eines bestimmten Typs von Fangnetz, Proben vom schlammigen Boden des Pazifiks. Aus einer Tiefe von 3000 Metern förderte das Netz unter anderem eine Reihe merkwürdig geformter mützenartiger Schalen an die Oberfläche. Zehn von ihnen besaßen einen Weichkörper, drei waren leer. Die löffelartig-flachen Schalen, die entfernt an Napfschnecken erinnerten, waren bis zu 37 Millimeter lang und 33 Millimeter breit. Nach vor-

← **5-12** Rückenansicht einer Urmützenschnecke der Gattung *Veleropilina* aus dem Ost-Pazifik etwa 120 Kilometer nördlich der Galapagos-Inseln, mit einer Dredsche aus 2000 Meter Tiefe gefischt

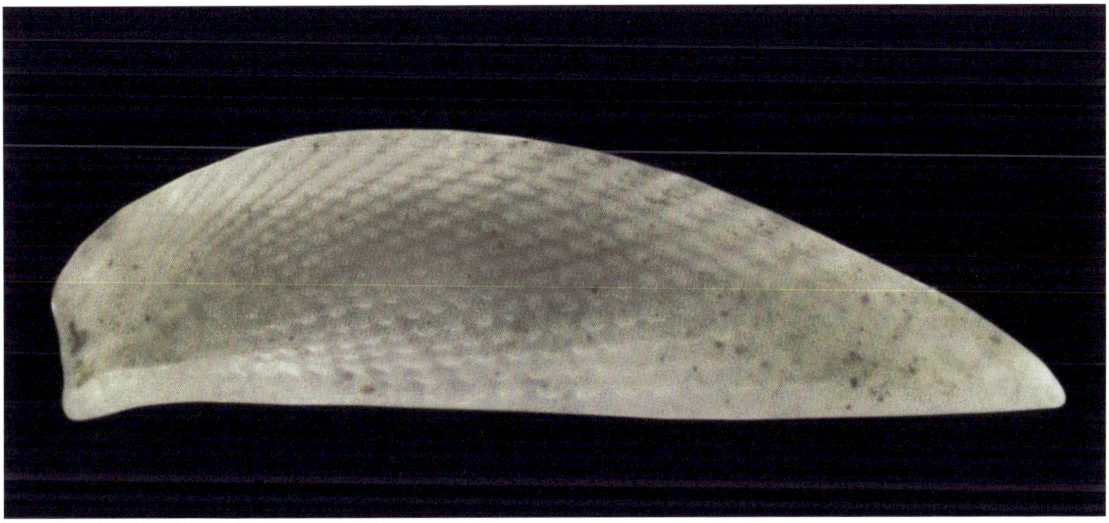

5-13 Seitenansicht von *Veleropilina*

ne liefen sie in eine leicht asymmetrische Spitze aus. So weit nichts Ungewöhnliches, und auf den ersten Blick hätte man sie tatsächlich für eine Napfschnecke halten können.

Der dänische Zoologe Henning Lemche (1904–1977), ein Spezialist für Mollusken, also Weichtiere, zu denen die Schnecken gehören, nahm sich der seltsamen Tiere an. Es waren aber nicht die Schalen, die Aufschluss darüber gaben, dass es sich um etwas Besonderes handelte. Der Weichkörper offenbarte überraschende Details, die man bislang noch von keiner Schnecke kannte. Schon die Lage der Afteröffnung war ungewöhnlich. Der Enddarm mündet am Hinterende des Körpers, während der Anus bei Schnecken durch eine Drehung des Eingeweidesacks rechts vorne neben dem Kopf liegt. Da eine solche Drehung des Darmtrakts vermutlich spät in der Stammesgeschichte entstanden ist, haben Systematiker schon lange angenommen, dass urtümliche Schnecken oder Schneckenverwandte einen noch ungedrehten Darm haben. Besonders ungewöhnlich aber sind die mehrfachen, paarigen Organe. Die Tiere besitzen fünf Paar Kiemen, acht Paar Fußmuskeln und sechs Paar Exkretionsorgane, sogenannte Nephridien.

Aufgrund dieser einzigartigen Merkmale beschrieb Lemche die neue Art *Neopilina galatheae*. Der Artname bezieht sich auf das Forschungsschiff »Galathea«, der Gattungsname dagegen auf die Ähnlichkeit zu fossilen Schalen der Gattung *Pilina*, die serielle Muskelabdrücke in der Schale besitzen. Solche fossilen Vertreter sind unter der Bezeichnung Monoplacophora, was wörtlich »Einschalenträger« bedeutet, bereits lange bekannt. Aufgrund des Fossilbefunds von bis heute immerhin rund einhundert Arten waren Wissenschaftler bislang davon ausgegangen, dass die Monoplacophoren bereits im Devon vor etwa 375 Millionen Jahren ausgestorben sind. Es war daher eine Sensation, als mit dem Fund von *Neopilina galatheae* klar wurde, dass die Monoplacophoren noch heute existieren. In der Presse galten sie als »lebende Fossilien«, und ihre Entdeckung wurde mit der des sagenhaften Quastenflossers verglichen.

Wie gesagt, die regelmäßige Gliederung des Weichkörpers von *Neopilina* war die größte Überraschung. Die Tiere erinnerten damit einerseits an die Käferschnecken oder Polyplacophora, eine andere Weichtiergruppe, die eben-

5-14 Die fossile Urmützenschnecke *Pilina unguis* (Lindström, 1880) aus dem Silur von Gotland

falls einen hinten liegenden Anus und mehrfach-paarige Organe besitzen und äußerlich durch acht hintereinander liegende Kalkplatten gegliedert sind. Auf der anderen Seite verwies die Gliederung von *Neopilina* auf die regelmäßige Segmentierung von Ringelwürmern. Viele Wissenschaftler sahen daher in *Neopilina* einen urtümlichen Vertreter der Weichtiere, der Merkmale von Ringelwurmvorfahren beibehalten hatte.

Bis heute sind 29 Arten von rezenten Monoplacophora in der Tiefsee oder in Meeren mit niedrigen Wassertemperaturen gefunden worden, die weitere anatomische Details zutage gefördert haben.[18] Auch molekulargenetische und entwicklungsbiologische Daten liegen inzwischen vor.[19] Ferngesteuerte Tauchroboter haben vor wenigen Jahren Videoaufnahmen von kriechenden Urmützenschnecken auf dem Boden der Tiefsee gemacht.[20] Trotz dieser Flut an neuen Informationen wird die stammesgeschichtliche Position der Monoplacophora bis heute kontrovers diskutiert.[21]

VON DER »VALDIVIA« ZU »WORMS«

Die Tiefsee ist bis heute zu einem erheblichen Teil unerforscht, und es ist sehr wahrscheinlich, dass die weitere Erforschung der lichtlosen Tiefe Organisationsformen zutage fördert, die ganz neue Perspektiven auf die Artenvielfalt und ihre Evolution eröffnen. Noch vor einhundert Jahren sahen Wissenschaftler das ganz anders. Nach der Expedition der »Valdivia«, der ersten deutschen Unternehmung zur Erforschung der Tiefsee von 1898 bis 1899, schätzte der Zoologe und Expeditionsleiter Carl Chun (1852–1914) die Möglichkeit grundsätzlich neuer Konstruktionsformen nicht allzu optimistisch ein: »Überall Fremdartiges, Erstaunliches, nie Geschautes. Und doch geht dies niemals so weit, dass neue Organisationsverhältnisse, neue Typen, welche kein Analogon an der Oberfläche besitzen, uns entgegenträten. Es handelt sich immer um Anpassungen und Umformungen von Gestalten, die in ihrem Aufbau von denselben Gesetzen beherrscht werden wie die übrige Lebewelt. Man glaubt, eine alte, längst vertraute Melodie zu vernehmen, die stets von neuem packend in unendlichen Variationen wiederkehrt.«[22] Die Entdeckung unbekannter oder bislang unzugänglicher Lebensgemeinschaften in den letzten Jahrzehnten durch neue Fang- und Untersuchungsmethoden hat Chun eines Besseren belehrt.

Seit 2007 gibt es ein Online-Zentralregister aller Arten von Meeresorganismen, das »World Register of Marine Species«, das abgekürzt WoRMS, wie das englische Wort für Würmer, lautet.[23] Hier werden alle historischen und aktuellen Artnamen gesammelt, die jemals veröffentlicht wurden. Heute umfasst die Datenbank mehr als 480 000 Artnamen von Meerestieren, wobei auch Synonyme darunter sind.[24] Gültige Namen von tatsächlich nachgewiesenen Arten sind es rund 203 000. Jedes Jahr kommen 2000 neu entdeckte Arten hinzu, die von etwa 490 taxonomischen und thematischen Experten registriert, überprüft und in die Datenbank eingetragen werden. Die Betreiber von WoRMS sind sich bewusst, dass der Umfang der Aufgabe eines vollständigen und laufend aktualisierten Meeresartenregisters weitaus größer ist als anfänglich angenommen. Unmengen an Arten werden jährlich entdeckt, und nichts deutet darauf hin, dass die Entdeckungsrate abnimmt. Im Gegenteil. Die marinen Lebensräume halten noch viele Überraschungen bereit.

→ **5-15** Ein Grundschleppnetz für die Erforschung des Tiefsee-Meeresbodens an Bord der »Valdivia«

*„Wie ein Blick zurück
zum Anbeginn
der Schöpfung"*

VI

DAS SCHNABELTIER IN AUSTRALIEN

Als Kapitän James Cook (1728–1779) am 28. April 1770 erstmals den Boden Neu-Hollands, des sagenhaften Südkontinents Australien, betrat, sahen er und seine Mannschaft sich mit einer exotischen, vollkommen fremden Tier- und Pflanzenwelt konfrontiert. Beinahe alles Lebendige, was sie dort antrafen, schien den vertrauten Rahmen ihres europäisch geprägten Naturwissens zu sprengen. Den ersten Teil der Mission der »H.M.S Endeavour« mit ihren beinahe 100 Mann Besatzung hatten sie erfolgreich abgeschlossen. Cook sollte Charles Green, den königlich-britischen Astronomen, und seine Beobachtungsinstrumente unversehrt in den Südpazifik bringen, um auf Tahiti ein seltenes Naturschauspiel nicht nur zu beobachten, sondern insbesondere zu vermessen: den Transit des Planeten Venus vor der Sonne. Mithilfe einer genauen Vermessung des Venusdurchgangs erwarteten die Astronomen, die absolute Distanz zwischen den Himmelskörpern unseres Sonnensystems berechnen zu können. Bereits seit Johannes Kepler 1618 kennen die Astronomen die *relative* Distanz der Planeten zueinander. Um aber die *absoluten* Entfernungen bestimmen zu können, bedarf es einer Eichung zumindest einer der Distanzen. Zu diesem Zweck sollte der Venustransit zeitgleich an verschiedenen Orten der Erde vermessen werden. Damit hätten die Astronomen das erforderliche Eichmaß, um auch die übrigen Distanzen im Planetensystem bestimmen zu können. Eine Venuspassage ist eine äußerst seltene Erscheinung, die in 243 Jahren nur viermal auftritt. Acht Jahre zuvor, im Jahr 1761, hatte bereits ein Venusdurchgang stattgefunden, und es wurden etliche, mit Messinstrumenten ausgerüstete Expeditionen an zahlreiche Orte der Erde gesandt. Die Messergebnisse blieben hinter den Erwartungen zurück, und die nur acht Jahre später stattfindende Venuspassage 1769 war für die Astronomen der Zeit die letzte Gelegenheit, noch zu ihren Lebzeiten neue Messdaten zu erhalten: Der nächste Venusdurchgang wurde erst für den 9. Dezember 1874 erwartet.

Am 3. Juni 1769 vermerkte Cook in seinem Logbuch: »Den ganzen Tag zeigte sich keine Wolke, und die Luft war völlig klar, sodass Mister Green und ich jeden erdenklichen Vorteil hatten bei der Beobachtung der ganzen Passage des Planeten Venus über die Scheibe der Sonne.« Greens Messpunkt von Tahiti aus war schließlich eine von 77 Stationen, die brauchbare Messungen lieferten. Auch wenn die Messresultate der verschiedenen Stationen weiterhin voneinander abwichen, fielen die Ergebnisse deutlich besser aus als 1761.[1]

6-1 Vorkommen des Schnabeltiers auf der Grundlage von mehr als 13 000 Beobachtungen, die im »Atlas of Living Australia« dokumentiert sind

Vom Erfolg des ersten Teils ihrer Mission beflügelt, galt Cooks Aufmerksamkeit nun dem zweiten Teil ihrer Reise. Das Ziel war bislang geheim gehalten worden und befand sich wohlbehütet in einem versiegelten Umschlag der englischen Admiralität in Cooks Kajüte. Die »Endeavour« sollte von der Inselwelt Französisch-Polynesiens aus bis auf 40 Grad Süd segeln in der Hoffnung, dort die *terra australis incognita* zu erreichen, den mysteriösen Südkontinent. Cook erwartete, dabei auf die Küste zu stoßen, die holländische Seefahrer im frühen 17. Jahrhundert erstmals gesichtet hatten. Auf seinem Kurs stieß Cook zuerst auf das bis dahin fast unbekannte Neuseeland, das sie zur kartografischen Erfassung umrundeten. Er entschied, von dort nach Westen zu segeln. Am 19. April 1770 erreichten sie als erstes europäisches Schiff die Südostküste Australiens. Aufgrund der starken Brandung konnten sie nicht anlanden und segelten für zehn Tage nordwärts, um schließlich in einer weiten, ruhigen Bucht vor Anker zu gehen. Der erste Eindruck Australiens vom Schiff aus war nicht sehr ermutigend. Das Land wirkte grau und unwirtlich, »wie der Rücken einer gebeugten Kuh«[2], und noch ahnten die Entdecker nicht, welcher Reichtum an unbekannten Tieren und Pflanzen vor ihnen lag. Cook schrieb später in sein Tagebuch: »Die große Menge neuer Pflanzen &c, welche Mr. Banks und Dr. Solander gesammelt haben, hat mich veranlasst, ihr den Namen Botany Bay zu geben.«[3]

6-2 »The Kongouro from New Holland«. Das Gemälde eines Kängurus von George Stubbs, das Joseph Banks nach seiner Beteiligung an Cooks erster Pazifik-Reise 1768–71 in Auftrag gegeben hatte

Sie segelten Richtung Norden, um die Ostküste Australiens kartografisch weiter zu dokumentieren. Bei einer Durchsegelung des Barriere-Riffs liefen sie auf Grund, und Cook konnte die »Endeavour« nur dadurch wieder flottmachen, dass sie die Kanonen und anderen schweren Ballast über Bord warfen. In einer Bucht, die sie Endeavour-Bay nannten, verbrachten Cook und seine Mannschaft mehrere Wochen, um das Schiff zumindest notdürftig zu reparieren. Hier sahen sie zum ersten Mal die seltsam anmutenden Kängurus, die in großen Sprüngen vor ihnen Reißaus nahmen und die von den dortigen Einheimischen des Aborigines-Stamms der Guugu Yimidhirr »gangurru« genannt wurden. Für die um Nahrungsmittel bemühte Besatzung der »Endeavour« waren die Kängurus willkommene Fleischlieferanten, und so schossen und aßen sie die seltsamen Tiere kurzerhand. Als sie 1771 wieder in England ankamen, hatten sie die Schädel und Felle zweier Kängurus mit an Bord. Der Naturforscher Joseph Banks (1743–1820), der auf seine eigenen Kosten und begleitet von einer zehnköpfigen Entourage von Kollegen und Gehilfen Pflanzen sammelte, ließ nach der Rückkehr ein Gemälde des Kängurus anfertigen. Dafür engagierte er George Stubbs (1724–1806), Englands bekanntesten Tiermaler des 18. Jahrhunderts. Anhand der mitgebrachten Felle und Banks persönlicher Notizen entstand so das erste Gemälde dieser seltsamen Tierart, das große Aufmerksamkeit erregte.

Stubbs Gemälde allerdings vermochte nur einen unvollständigen Eindruck eines lebendigen Kängurus mit seiner besonderen Fortbewegungsweise zu vermitteln. Das änderte sich, als im Jahre 1790 das erste lebendige Känguru nach Europa gebracht wurde. »Das wundervolle Känguru aus Botany Bay« war eine Sensation. Jeder in London wollte es sehen. So standen die Menschen trotz des hohen Eintrittspreises von einem Schilling in langen Schlangen an, um das »unvergleichliche Tier von der Südhemisphäre« zu bewundern.[4]

Aber das seltsame Känguru war erst der Anfang. Die Entdeckung noch außergewöhnlicherer Tiere erwartete sie.

EIN TIER MIT DREIFACHER NATUR

Nachdem James Cook 1770 die Ostküste Australiens unter dem Namen New South Wales für die britische Krone in Besitz genommen hatte, wuchs im fernen England zunehmend das Interesse am Südkontinent. Auch wenn im ausklingenden 18. Jahrhundert die Besiedlung Australiens im Zeichen ihrer Funktion als Sträflingskolonie stand, begannen Naturforscher und Siedler zunehmend, die Tier- und Pflanzenarten Australiens zu erkunden. Die fachliche Kompetenz allerdings befand sich weiterhin in England, und so wurden Tiere und Pflanzen in einem stetig anschwellenden Strom von Postsendungen in die alte Heimat auf die Untersuchungstische der britischen Zoologen und Botaniker gespült.

1798 schickte ein Herr namens Dobson aus Hawkesbury im australischen New South Wales den Balg, also ein gestopftes Fellpräparat, eines entfernt an einen Maulwurf erinnernden Tieres an das British Museum of Natural History in London.[5] Dobson berichtete, dass die australischen Siedler das Tier »watermole«, also Wassermaulwurf, nannten. Die britischen Zoologen waren an allerlei Überraschungen aus den tropischen Besitztümern ihres Landes überall auf der Welt gewohnt, aber dieses hier ging ihnen doch zu weit. Das Tier besaß ein dichtes, maulwurfs- oder otterartiges Fell, wie es sich eigentlich nur für Säugetiere geziemt. Das Fell aber stand in einem drastischen Konflikt zu dem breiten, ledrigen Schnabel, der an eine Löffelente gemahnte. Hinzu kamen ein biberartiger, abgeflachter Schwanz und mit Schwimmhäuten bewehrte Vorderfüße. Als wäre diese Merkmalskombination nicht schon seltsam genug, besaß das Tier an seinem Hinterende nur eine Körperöffnung und nicht, wie es bei Säugetieren üblich ist, getrennte Körperaustritte für die Nieren-, Verdauungs- und Geschlechtsorgane. So etwas kannten die Zoologen nur von Reptilien und Vögeln, nicht aber von Säugetieren. Waren sie womöglich dem Scherz eines versierten Präparators aufgesessen, der sie mit diesem unmöglichen Puzzle aus verschiedenen Tieren in die Irre führen wollte?

Naturkundliche Fälschungen waren zu dieser Zeit an der Tagesordnung. Seeleute und berufsmäßige Fälscher brachten Präparate von Drachen und Seejungfrauen auf den Markt, indem sie getrocknete Rochen, Fischteile, Schrumpfpräparate von Affen und andere naturkundliche Objekte miteinander kombinierten.[6] Nicht selten waren die auf den europäischen Seziertischen anlandenden Naturobjekte unvollständig oder schlecht präpariert, sodass sie mit den Tieren in ihrer natürlichen Form äußerlich oft nur noch wenig zu tun hatten. Die neuen und ungewöhnlichen Tiere, die Seefahrer und Handlungsreisende aus den Tropen mitbrachten, sprengten nicht selten die Vorstellungskraft der Europäer, die kaum glauben konnten, was sie vor sich sahen. Wissenschaftliche Untersuchungen ließen jedoch meist schnell erkennen, ob es sich tatsächlich um Vertreter noch unbekannter Tierarten handelte oder um einen von Menschenhand zusammengesetzten Wolpertinger.

Ebenfalls im Jahr 1798 beobachtete John Hunter (1737–1821), Gouverneur der jungen Kolonie New South Wales, einen Aborigine dabei, wie er an einem See in der Nähe von Sydney ein »kleines, amphibisches Tier in der Art eines Maulwurfs« speerte.[7] Das kleine Tier kämpfte verzweifelt um sein Leben und verletzte dabei den Jäger mit seinem Giftsporn. Dennoch war dessen Ende besiegelt. Hunter sandte das Fell des seltsamen Tieres zusammen mit dem Fell eines »Wombachs« in einem Fass mit Spiritus nach England, begleitet von seinen handschriftlichen Notizen zu allem, was er von diesen Tieren beobachten und in Erfahrung bringen konnte. Adressat war die Literary and Philosophical Society in Newcastle-upon-Tyne, die Hunter jüngst zum korrespondierenden Mitglied ernannt hatte.

Thomas Bewick (1753–1828), ein englischer Holzschneider und Autor naturhistorischer Bücher, stammte ebenfalls aus Newcastle-upon-Tyne. Er hatte 1790 ein erfolgreiches Buch über die Naturgeschichte der vierfüßigen Tiere veröffentlicht, das sich an Kinder richtete, aber auch Erwachsene ansprach. Der vierten Auflage seiner »A General History of Quadrupeds« fügte Berwick ein »Addendum« an, das er den zwei bemerkenswerten und »sehr seltenen« Tieren widmete, die ihnen von John Hunter aus New South Wales zugeschickt wurden. Das eine Tier schien zur »Gattung der Opossums« zu gehören. Der überzeugende Beleg für eine nahe Verwandtschaft des Wombats mit dem Opossum war der den Beuteltieren eigene Bauchbeutel, der der Aufnahme der Jungtiere dient. Dass es in Australien viele unbekannte Tierarten mit Beutel gibt, fiel auch Bewick auf: »Es ist ein bemerkenswerter Umstand, dass die wenigen Tiere, die in den neu entdeckten Ländern der Südsee gefunden wurden, alle durch den Beutel oder den falschen Bauch unterschieden werden müssen, auch wenn sie sich in anderer Weise in Form und Verhalten voneinander unterscheiden.«[8]

Das andere Tier mit dem Entenschnabel gab Bewick weit größere Rätsel auf. Es schien ein »animal *sui generis*« zu sein, ein einzigartiges Tier in seiner eigenen Klasse, das allerdings eine dreifache Natur in sich vereinigte, »die eines Fisches, eines Vogels und eines Vierfüßers«. Es schien mit nichts verwandt zu sein, das bislang bekannt war, und Bewick schreckte davor zurück, es in die übliche Klassifikation der Wirbeltiere einzuordnen. Eine Beschreibung sollte für das Erste genügen, so Bewick. Das schnabelbewehrte Tier hatte

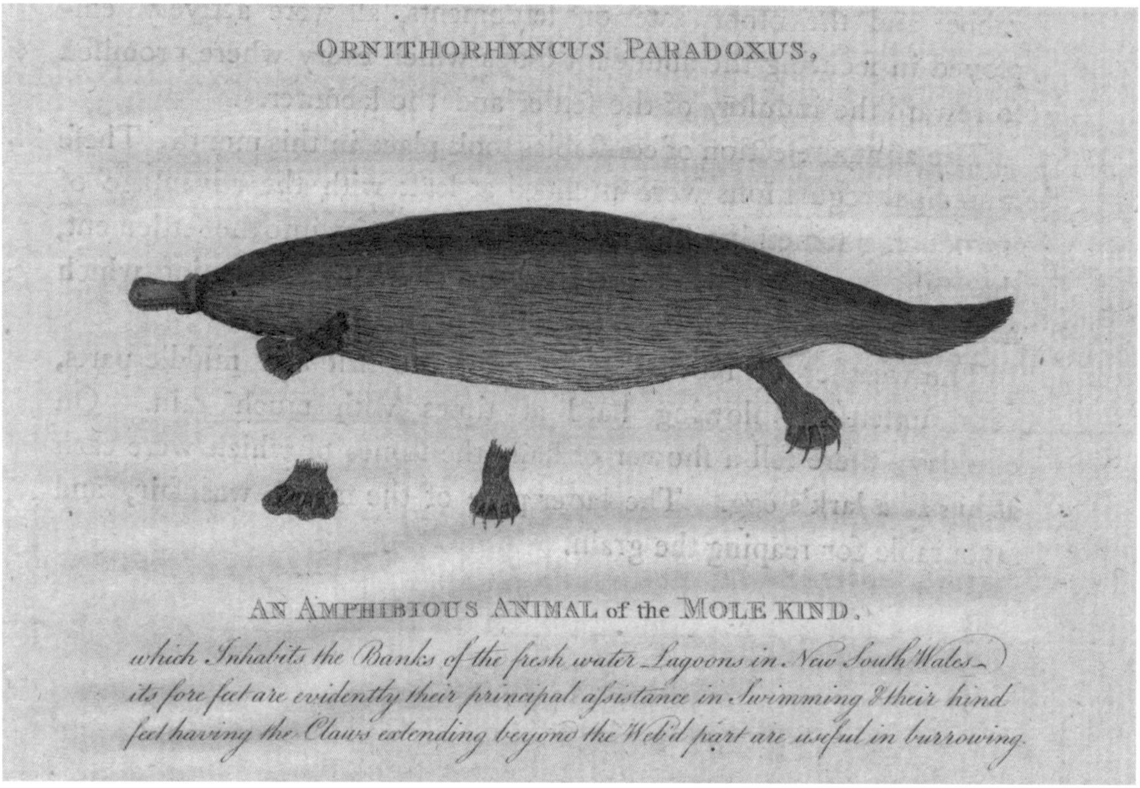

6-3 Ein »amphibisches Tier von der Art eines Maulwurfs«. Zeichnung eines Schnabeltiers von Gouverneur Hunter

die Größe »einer kleinen Katze«, mit einem Schnabel, der dem einer Ente sehr ähnlich ist. An seinen Hinterbeinen besitzt das Tier Schwimmhäute, die über die Krallen hinausragen. »Der Schwanz ist dick, kurz und sehr fett.«[9]

Bereits 1797 hatte David Collins (1754–1810), ein britischer Offizier und erster Vizegouverneur der britischen Kolonie Van-Diemens-Land, dem heutigen Tasmanien, ebenfalls ein Schnabeltier gesehen. In seinem populären Werk »Account of the English Colony in New South Wales« von 1802 schrieb er, dass schon über viele seltsame Tierarten aus Australien wie das Flughörnchen und das Känguru berichtet worden sei, dieses seltsame »amphibische Tier von der Art eines Maulwurfs« sei bislang noch unbekannt. Der »seltsamste Umstand« an diesem Tier aber sei, dass es »statt einen Tiermauls die oberen und unteren Kiefer eines Schnabels« besitze.[10] Collins veröffentlichte dazu einen Stich des Schnabeltiers, den er nach einer Zeichnung von Gouverneur Hunter angefertigt hatte, dem wiederum ein präpariertes Tier als Vorlage diente.[11]

EIN NAME FÜR DAS SCHNABELTIER

In London nahm sich der englische Naturforscher George Shaw (1751–1813) des Rätsels um Dobsons australischen Wassermaulwurf an. Shaw war der erste Forscher, der sich eingehend mit der Tierwelt der jungen Kolonie Australien befasste und die ersten Monografien mit Beschreibungen australischer Tiere veröffentlichte. Da er als Koryphäe seines Gebiets galt, bekam er in London als Erster die Gelegenheit, das wundersame Geschöpf zu untersuchen. Shaw beschrieb das seltsame Tier in großer Ausführlichkeit, wusste aber dennoch nicht recht, was er von ihm halten sollte. Auch er war voller Zweifel: »Unter allen bekannten Säugetieren ist dieses das in seiner Ausgestaltung ungewöhnlichste; es zeigt eine perfekte Ähnlichkeit mit dem Schnabel einer Ente, der auf dem Kopf eines Vierfüßlers aufgepfropft wurde. Die Ähnlichkeit ist derart detailliert, dass sie auf den ersten Blick die Idee einer betrügerischen Präparation auf künstlichem Wege erweckt.«[12] Shaw untersuchte das Exemplar und öffnete schließlich die Epidermis am Ansatz des Schnabels, um zu überprüfen, ob der Schnabel an den Körper angenäht wurde oder ob er dort seinen naturgegebenen Platz hat. Er fand keinen Hinweis auf einen künstlichen Eingriff: »Mit einer genauesten und strengen Untersuchung konnten wir uns selbst davon überzeugen, dass es sich um den wirklichen Schnabel oder die Schnauze eines Vierfüßlers handelt.«

In Band 10 der monatlich erscheinenden Zeitschrift *The Naturalist's Miscellany* von 1799 schließlich veröffentlichte Shaw die erste wissenschaftliche Beschreibung des »Wassermaulwurfs«. Die Beschreibung umfasst drei Druckseiten, eine seitenfüllende Illustration des Tieres, weitere fünf Einzelillustrationen der Vorder- und Hinterfüße sowie verschiedene Ansichten des Schnabels. Die Beschreibung ist überraschend detailliert, bedenkt man, dass Shaw ein einzelnes, schlecht präpariertes Exemplar vor sich hatte. Die Abbildungen fertigte Shaws Kollege Frederik P. Nodder (18. Jh.) an, auf den damit die erste publizierte Abbildung eines Schnabeltiers überhaupt zurückgeht. Während Shaw das Kapitel zum Schnabeltier »The duck-billed Platypus« übertitelt, verweist der Index am Ende des Bandes auf den wissenschaftlichen Namen, den Shaw ihm zugedenkt: *Platypus anatinus*. Der Gattungsname entstammt den griechischen Wortbestandteilen *platos* für breit und *pus* (von *podos*) für Fuß. *Platypus anatinus* leitet sich vom Lateinischen *anas* für Ente ab und bedeutet entenähnlich.

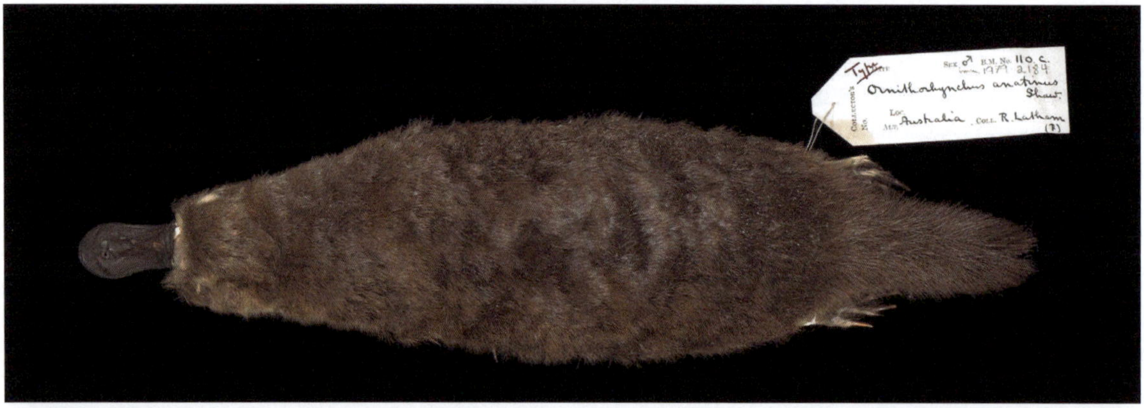

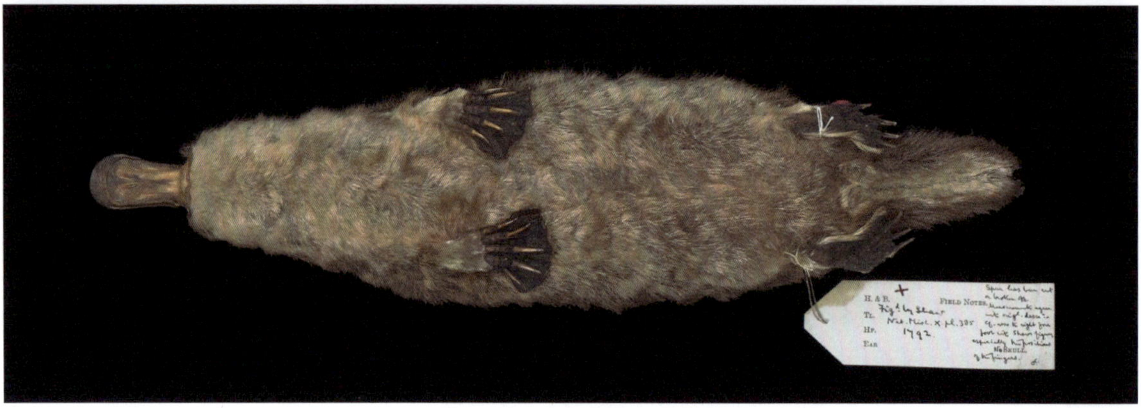

6-4 Shaws Holotypus von *Ornithorhynchus anatinus* im Natural History Museum London

Die formale Beschreibung einer biologischen Art steht nie isoliert da, selbst wenn es sich um ein Tier handelt, das mit nichts Bekanntem verwandt zu sein scheint. Immer ist mit der Beschreibung ein klassifikatorischer Akt verbunden. So ordnete Shaw den irritierenden Organismus in einem ersten Schritt ohne weitere Begründung in den üblichen Bezugsrahmen ein, das System der Natur von Carl von Linné. Das Schnabeltier schien eine »neue und einzigartige Gattung« zu sein, die im Linnéischen System der Quadrupeda, der Vierfüßler, in die Ordnung der Bruta ganz in die Nähe der Myrmecophaga gestellt werden müsse.[13] Die Bruta, zu Deutsch Getiere oder Untiere, sind eine Sammelgruppe seltsamer Tierformen, die nach Linné durch das Fehlen von Vorderzähnen gekennzeichnet sind. Zu ihnen gehören nach Linné die Gattungen *Elephas* (die Elefanten), *Trichechus* (die Seekühe), *Bradypus* (die Faultiere), *Myrmecophaga* (die Ameisenbären) und *Manis* (die Schuppentiere). Mangels einer plausiblen Alternative fand das Schnabeltier in den Bruta seine vorläufige klassifikatorische Heimat.

Shaw allerdings blieb unschlüssig: »Im Großen und Ganzen muss der paradoxe Vierfüßer künftigen Untersuchungen überlassen werden, und wir müssen uns vorerst damit abfinden, dass wir seine wirkliche Natur nicht kennen.«[14]

Im ersten Band seiner »General Zoology« von 1800 griff Shaw das Schnabeltier erneut auf. Joseph Banks hatte zwei weitere, vollständige, in Weingeist konservierte Exemplare von Gouverneur Hunter aus New South Wales erhalten, die Shaw untersuchen konnte. An der Realität von *Platypus anatinus* bestand nun auch für Shaw kein Zweifel mehr. Er wiederholte seine Beschreibung von 1799 und sah das Schnabeltier weiterhin in der Linnéischen Ordnung der Bruta in unmittelbarer Nähe zum Ameisenbären. »In Anbetracht eines so außergewöhnlichen Gegenstands wie dieses ist ein Maß an Skepsis nicht nur entschuldbar, sondern lobenswert«, verteidigte Shaw seine anfängliche Zurückhaltung. Dennoch fühlte er sich veranlasst, die reale Existenz des Schnabeltiers erneut zu begründen: »Ich sollte vielleicht anerkennen, dass ich das Zeugnis meiner eigenen Augen in Bezug auf den Schnabel des Tieres beinahe angezweifelt habe. […] Als ich durch den Test der Mazeration in Wasser alle Teile wieder beweglich gemacht hatte, scheint alles absolut natürlich zu sein; auch die genaueste Untersuchung von fachkundigen Anatomen kann in diesem Punkt keine Täuschung entdecken.«[15] Die Neuentdeckung bestärke dabei einen Satz des berühmten französischen Naturforschers Buffon: »Was die Natur hervorbringen konnte, hat sie auch hervorgebracht«, so Shaw.

6-5 Die wohl ersten wissenschaftlich korrekten Darstellungen des Schnabeltiers durch den österreichischen Naturforscher und Maler Ferdinand Bauer (oben und rechts). Auf Empfehlung von Joseph Banks begleitete Bauer als Zeichner eine Forschungsreise nach Australien unter der Leitung von Matthew Flinders.

Inzwischen hatte Banks als zentrale Persönlichkeit der britischen Naturkunde erneut zwei Schnabeltiere von John Hunter aus Australien erhalten. Eines davon schickte er an Johann Friedrich Blumenbach (1752–1840), einen der bekanntesten Zoologen seiner Zeit. Blumenbach war Mitglied der Royal Society in England und langjähriger Korrespondent von Banks, der ihn kannte und schätzte. Blumenbach hatte von dem seltsamen Geschöpf Wind bekommen und bat Banks um ein Exemplar, um es in seiner weithin bekannten Zeitschrift *Abbildungen naturhistorischer Gegenstände* zu veröffentlichen.

Blumenbach hatte sich als Zoologe und vergleichender Anatom einen weit über Deutschland hinausreichenden Namen gemacht. Er verfasste zahlreiche umfangreiche Werke über vergleichende Anatomie, Naturgeschichte und Physiologie, die in viele Sprachen übersetzt wurden und als Standardliteratur eine weite Verbreitung fanden. Um vergleichende Studien an Tieren und Menschen durchführen zu können, häufte Blumenbach eine enorme Sammlung von Skeletten und anderen Präparaten an. Seine Sammlung menschlicher Schädel war so umfangreich, dass sie in seiner Familie als »Golgatha« bezeichnet wurde.[16] Um seine Materialbasis systematisch zu vergrößern, baute Blumenbach ein internationales Netzwerk von Entdeckungsreisenden und Sammlern auf, die in seinem Auftrag Präparate von Tieren, aber auch mensch-

licher Skelette, nach Göttingen sandten. Seine Verbindung zu Banks und anderen britischen Forschern war dabei von besonderer Wichtigkeit, um Untersuchungsobjekte beispielsweise aus dem südlichen Afrika zu bekommen. Durch Banks' Vermittlung gelang es Blumenbach auch, Schädel von australischen Aborigines für seine Sammlung zu erhalten. Sein breites Interesse für die Fragen der vergleichenden Anatomie lässt es nur verständlich erscheinen, dass er sich bei Banks um ein Präparat des seltsamen Tieres aus Neuholland bemühte.

Im Jahr 1800 also erhielt Blumenbach von Banks endlich ein ausgestopftes Schnabeltier. »Das einzige, das außer England bis jetzt in Europa existirt«, wie er betonte.[17] Bereits am 19. April 1800 erschien in den »Göttinger Anzeigen von gelehrten Sachen« ein Bericht über Blumenbachs Entdeckung des »abenteuerlichen Geschöpfs«, dessen ausführliche Beschreibung demnächst in einem anderen Publikationsorgan zu erwarten sei. Der anonyme Autor aber nannte bereits den wissenschaftlichen Namen, den Blumenbach der neuen Art zugedachte: *Ornithorhynchus paradoxus*.[18] Das griechische *Ornithos* bedeutet Vogel und *Rhynchos* Schnauze oder Schnabel, während die Bedeutung von *paradoxus* auf der Hand liegt und sich auf die widersprüchliche Kombination von Merkmalen bezieht. Der Artname zeugt davon, dass Blumenbach etwas klassifizieren will, das sich einer Klassifikation hartnäckig versperrt. Noch im selben Jahr erschienen zwei Publikationen von Blumenbach, in denen er das Schnabeltier ausführlich beschrieb und illustrierte. Blumenbach holte dafür weit aus: »Selbst schon auf dem kleinen Flecken an der Ostküste, wo sich die englische Kolonie befindet, eine solche Fülle von ganz auffallend seltsam gebildeten Thieren und Gewächsen zeigt, daß sich der Einfall wohl hören läßt, da mit einmal ein scharfsinniger und berühmter Naturforscher im Scherze schrieb, fast sey er geneigt zu vermuthen, dass Neuholland ursprünglich kaum zu unserem Planeten gehöre, sondern etwa weiland ein kleiner Komet gewesen, der mit samt seinen heterogenen Thieren und Pflanzen auf unseren Erdball gestoßen, dort in die Südsee gefallen und so liegen geblieben sey. – Und doch werden alle bisher bekannte noch so seltsame Thiere jenes Welttheils, was paradoxe Bildung betrifft, durch das neuerlich daselbst entdeckte, abentheuerliche Schnabeltier übertroffen.«[19] An Banks schrieb Blumenbach: »ich muss Ihnen kaum erzählen, wie übermäßig erstaunt ich beim Anblick einer derart seltsamen Kreatur wie *Ornithorhynchus paradoxus* war – Da die Notwendigkeit der Benennung bestand, dachte ich, dass es ein passender Name sei, wenn man den Gattungsnamen von dem bemerkenswertesten Merkmal nimmt, dem vogelähnlichen Schnabel, sowie den Artnamen von der paradoxen Form.«[20]

Es ist wahrscheinlich, dass Blumenbach Shaws Beschreibung des Schnabeltiers als *Platypus anatinus* nicht kannte. Da Shaws Beschreibung bereits 1799 veröffentlicht worden war, *Ornithorhynchus paradoxus* aber erst 1800, hätte Shaws Name für das Schnabeltier eigentlich Priorität. Allerdings stellte sich heraus, dass der deutsche Entomologe und Zoologe Johann Friedrich Wilhelm Herbst bereits 1793 eine Käfergattung *Platypus* genannt hatte. Gattungsnamen dürfen im Geltungsbereich der Internationalen Regeln für die zoologische Nomenklatur, also bei Tieren, nur ein einziges Mal verwendet werden, sodass *Platypus* als Name für das Schnabeltier nicht mehr infrage kam. Die Blumenbachsche Gattung *Ornithorhynchus* ist der in der Chronologie nächste verfügbare Name und damit gültig. Der von Shaw ebenfalls 1799 veröffentlichte Artname *anatinus* dagegen ist ohne Weiteres verwendbar, sodass der bis heute gültige Name des Schnabeltiers *Ornithorhynchus anatinus* lauten muss.

Auch wenn *Platypus* als wissenschaftlicher Gattungsname des Schnabeltiers nicht infrage kommt, ist er als umgangssprachlicher Name besonders im anglo-amerikanischen Sprachraum populär. Ob als Name einer australischen Bierbrauerei oder eines Trinkflaschensystems für Wanderer, zahllose Produkte und Firmen mit australischem Bezug tragen heute *Platypus* im Namen.

DIE TRISTE SACHE MIT DEN EIERN

Mit Shaws und Blumenbachs zweifacher Benennung des Schnabeltiers hatte das paradoxe Tier seinen Eingang in den Katalog der Organismen gefunden und wurde zu einem Gegenstand der Wissenschaft. Weder Shaw noch Banks oder Blumenbach allerdings konnten sich dazu entschließen, das Schnabeltier einer der bekannten Großgruppen der Wirbeltiere zuzuordnen. Was also war es? Ein Säugetier? Manches sprach dafür, vieles dagegen. Oder doch ein Verwandter von Vögeln oder Reptilien? Oder schlicht ein vollkommen neuer Quadruped? In der Folge seiner Entdeckung sollte das Schnabeltier zu einem Prüfstein der bisherigen Vorstellungen zur Stammesgeschichte der Säugetiere werden, und mehr noch, zu einer Herausforderung für die Evolutionstheorie.

Das rätselhafte Tier ist dabei einer der Fälle in der Zoologie, bei denen die »Nach-Entdeckung« beinahe spannender ist als die Geschichte ihrer eigentlichen Entdeckung und Benennung.

Es sollte bis 1884 dauern, bis das Rätsel um das Schnabeltier gelöst wurde. Die Lösung wurde der Fachwelt auf eine ungewöhnliche Weise mitgeteilt. Der in Cambridge arbeitende Zoologe William Hay Caldwell (1859–1941) war nach Australien gereist, um das Reproduktionsverhalten zweier für Australien charakteristischer Tiergruppen zu untersuchen, die Monotremata und die Marsupialia. Die Monotremata, zu Deutsch Kloakentiere, umfassen nur fünf Arten, die allesamt in Australien und Neuguinea vorkommen: das Schnabeltier und vier Arten von Ameisenigeln. Sie eint ein gemeinsames Merkmal, nämlich der Besitz eines gemeinsamen Ausführgangs des Enddarms sowie der Harn- und Geschlechtswege, die für Vögel und Reptilien charakteristische Kloake. Die Marsupialia sind die Beuteltiere, bei denen die Jungen in einem embryoähnlichen Zustand geboren werden und geschützt in einer Bauchtasche der Mutter heranwachsen. Weltweit gibt es rund 320 Beuteltierarten, von denen einige wenige in der Neuen Welt vorkommen, der weitaus größte Teil aber in Australasien.

Caldwell gelang es, die Eier sowohl des Ameisenigels als auch des Schnabeltiers nicht nur zu bekommen, er konnte sie auch untersuchen. Das Ergebnis seiner Beobachtungen euphorisierte ihn derart, dass Caldwell nicht darauf warten konnte, sie seinen Fachkollegen in Form einer gedruckten Veröffentlichung mitzuteilen. Stattdessen schickte er ein Telegramm an eine nahe gelegene Telegrafenstation, die regelmäßig von einem Postboten besucht wurde, der die Nachricht dann an Professor Archibald Liversidge (1847–1927) an der Universität Sydney weiterleiten sollte. Liversidge wiederum plante, an der kurz darauf in Montreal stattfindenden Tagung der »British Association for the Advancement of Sciences« teilzunehmen, und Caldwell bat ihn, sein Telegramm dort zu verlesen. Im September 1884 trug Liversidge also Caldwells Telegramm, das den weiten Weg von Australien bis nach Montreal gefunden hatte, den Fachkollegen vor. Der Text bestand aus nur vier Worten und lautete: »Monotremes oviparous, ovum meroblastic«, zu Deutsch »Monotremata eierlegend, Ei meroblastisch«. Nur vier Worte, die man aber in ihrer Bedeutung kaum unterschätzen kann und die das rund 80 Jahre alte Rätsel lösten. Caldwells kurze Nachricht mag dem Nichtfachmann kryptisch erscheinen, die Fachwelt verstand sofort, worum es ging. Ovipar bedeutet eierlegend, im

Gegensatz zu vivipar, was lebendgebärend heißt. Bei ovoviviparer Reproduktion dagegen bildet das schwangere Weibchen Eier, aus denen die Jungen noch im Mutterleib schlüpfen. Unter Ovum, also Ei, verstehen Zoologen die Eizelle, und meroblastisch bezieht sich auf einen bestimmten Furchungstyp. Nach der Befruchtung beginnt sich die Eizelle zu teilen, was als Furchung bezeichnet wird. Eine meroblastische Furchung ist dabei eine unvollständige Furchung, bei der sich nur am sogenannten animalen Pol des Eis die embryonalen Zellen teilen und den Embryo bilden. Am gegenüberliegenden, sogenannten vegetativen Pol dagegen sammelt sich eine große Dottermenge. Ein Lehrbuchbeispiel für einen meroblastischen Furchungstyp ist das Hühnerei. Auf dem riesigen Dotter des Hühnereis bildet sich durch fortwährende Zellteilung erst die sogenannte Keimscheibe, die sich dann zum Hühnerembryo entwickelt. Dotterreiche Eier mit meroblastischer Furchung kommen besonders bei Vögeln und Reptilien vor. Die meisten Säugetiere dagegen zeigen eine vollständige oder holoblastische Furchung der befruchteten Eizelle, die also von vornherein ohne Ausbildung eines separaten Dotterbereichs vollständig geteilt wird. Die Ausbildung umfangreicher Dottermengen bei unvollständiger Furchung ist eine Anpassung des Embryos an eine Entwicklung außerhalb des mütterlichen Körpers. Dazu benötigt der Embryo eine schützende und dennoch atmungsaktive Hülle, die Eischale, sowie einen ausreichenden Nährstoffvorrat, um sich bis zum Schlüpfen entwickeln zu können.

Mit seinem kurzen Telegrammtext stellte Caldwell nicht nur klar, dass die Monotremata Eier legen, er stärkte durch den Hinweis auf den meroblastischen Furchungstyp zusätzlich das Argument dafür, dass sich Schnabeltiere nicht im mütterlichen Körper entwickeln, sondern Eier legen. Nicht zuletzt betonte Caldwell damit die vogel- oder reptilienartigen Eigenschaften des seltsamen Mosaiktieres.

Der britische Arzt, vergleichende Anatom und Zoologe Everard Home (1756–1832) veröffentlichte 1802 die erste ausführliche Beschreibung der äußeren Anatomie eines männlichen und eines weiblichen Schnabeltiers.[21] Er hatte zwei in Weingeist eingelegte Exemplare von Banks erhalten, nachdem diese zuvor von Blumenbach untersucht worden waren.[22] Beide Exemplare waren geschlechtsreif. Das Vorhandensein eines Fells bei einem Vierfüßer war für Home ein klares Indiz dafür, ein Säugetier vor sich zu haben. Nur Säugetiere haben echte Haare als eine ihrer wichtigsten evolutiven Errungenschaften. Dagegen sprach aber, dass das Weibchen keine Spur von Brustdrüsen und

Brustwarzen zeigte, ein eigentlich ebenfalls charakteristisches Merkmal der Säugetiere. Home war verunsichert: »Die Struktur der weiblichen Organe ist anders als irgendetwas, das bis heute bei Quadrupeden gefunden wurde.« Er kam zu dem Schluss, dass das Schnabeltier Eier produziert, die Jungtiere aber bereits im Mutterleib aus den Eiern schlüpfen: »Die internen Organe des Weibchens des ovoviviparen Dornhais besitzen eine sehr ähnliche Struktur. Es gibt also jeden Grund zu glauben, dass dieses Tier in seinem Generationsmodus ebenso ovovivipar ist.«[23]

Sieht man einmal von den anatomischen Besonderheiten ab, gab es also überzeugende Hinweise darauf, dass es sich beim Schnabeltier um ein Säugetier handelt. Das Fell ist dabei eines der offensichtlichsten Kennzeichen. Schnabeltiere aber besitzen einige weitere Merkmale, die für Säugetiere typisch sind. Die wichtigsten sind das sekundäre Kiefergelenk und die Gehörknöchelchen. Bei allen Wirbeltieren außer den Säugetieren ist das Kiefergelenk eine einfache Verbindung zwischen zwei Knochen, dem Quadratum und dem Articulare. Bei Säugetieren dagegen bilden Quadratum und Articulare zwei der drei Gehörknöchelchen, nämlich den Amboss und den Hammer. Das Kiefergelenk der Säugetiere wird stattdessen vom Kopf des Unterkiefers und der Unterkiefergrube des Schläfenbeins gebildet. Dieses Gelenk wird als sekundäres Kiefergelenk bezeichnet und ist neben dem Besitz der Gehörknöchelchen mit Trommelfell eine der wichtigsten evolutiven Neuerungen der Säugetiere.

Das Körperinnere der Schnabeltiere bot weitere Überraschungen. Den weiblichen Genitalien fehlt eine Gebärmutter, und die Eileiter der Eierstöcke, von denen wie bei Vögeln nur der linke funktionstüchtig ist und Eizellen produziert, münden getrennt in die Kloake. So etwas kannte man bislang nur von eierlegenden Reptilien. Diese Befunde waren höchst irritierend. Nicht nur war es vollkommen unklar, wie sich das Schnabeltier fortpflanzt. Es stellte sich auch die allgemeinere Frage, welche Bedeutung dieses einzigartige Tier mit seinem schwer zu deutenden Mosaik aus Merkmalen für die bisherigen Klassifikationsvorstellungen der Säugetiere und der Vierfüßer hatte.

Das Schnabeltier stellte sich damit als eines der größten Rätsel der Zoologie und der Naturkunde dar. Keiner der bedeutenden Zoologen und vergleichenden Anatomen des 19. Jahrhunderts konnte das eigenartige Tier ignorieren, und fast jeder beteiligte sich an der Auseinandersetzung um seine Interpretation.

Nur wenige Jahre nach der Beschreibung von *Ornithorhynchus anatinus* klassifizierten die großen französischen Naturforscher Étienne Geoffroy Saint-Hilaire und Jean-Baptiste de Lamarck (1744–1829) das Schnabeltier, ohne dass weitere Befunde vorlagen. Geoffroy führt den Namen Monotremata für das Schnabeltier und den Ameisenigel ein und betonte damit ihre enge Verwandtschaft aufgrund des gemeinsamen Besitzes einer Kloake. Mit den Säugetieren haben sie seiner Meinung nach wenig zu tun. Auch Lamarck sah im Schnabeltier und Ameisenigel eine eigene Tierklasse und nannte sie Prototheria. Er trennte sie dabei strikt von den Säugetieren ab, da sie keine Brustdrüsen besitzen und er es ebenso wie Geoffroy für wahrscheinlich hielt, dass sie Eier legen.

1834 fügte der deutsche Anatom Johann Friedrich Meckel (1724–1774) dem Schnabeltier-Puzzle ein wichtiges Teil hinzu. Er entdeckte auf der Bauchseite eines weiblichen Tieres »zahlreiche Ampullen mit langen Hälsen«,[24] die als Brustdrüsen infrage kamen. Die Drüsen sind enorm lang und reichen von den Vorderbeinen fast bis zu den Hinterbeinen.[25] Sie münden dabei allerdings nicht in Zitzen, wie man es von einem Säugetier erwarten würde. Geoffroy Saint-Hilaire, der weiterhin nicht daran glaubte, dass das Schnabeltier ein Säugetier ist, bezweifelte, dass es sich bei den Brustdrüsen um Milchdrüsen handelte. Stattdessen nahm er an, dass sie den Duftdrüsen von Spitzmausweibchen entsprechen, die ein Duftsekret produzieren, um Männchen anzulocken. Meckel schließlich gewann aus den Brustdrüsen eines weiblichen Schnabeltiers ein milchiges Sekret. Geoffroy beharrte darauf, dass es sich nicht um Säugetiermilch handelt, sondern um Schleimstränge, die im Wasser verklumpen. Er gestand zu, dass sich Schnabeltierjunge möglicherweise von diesem Sekret ernähren, aber um Säugetiermilch handle es sich dennoch nicht, mithin sei das Schnabeltier kein Säugetier.

An dieser Stelle betrat der britische Anatom und Zoologe Richard Owen die Schnabeltierbühne. Er unterstützte Meckels Hypothese, dass es sich bei dem Sekret tatsächlich um Milch handelt.[26] Er stellte fest, dass die Drüsen kurz nach der Geburt der Jungen am größten sind. Doch Geoffroy wollte auch dieses Argument nicht gelten lassen, da dies auch dann zu erwarten sei, wenn es sich um einen ins Wasser abgegebenen Nahrungsschleim handle. Zudem war bereits bekannt, dass die landlebenden Ameisenigel, die andere Gruppe der Monotremata, ganz ähnliche Drüsen besitzen. Als Owen das Sekret in Wasser und Alkohol suspendierte, bildeten sie Tröpfchen, wie es von Milch zu erwarten ist.

Geoffroy verlor schließlich die »Schlacht der Milchdrüsen«, wie Umberto Eco es ausdrückte, gewann aber die »Schlacht der Eier«.[27] Tatsächlich geben die Weibchen von Ameisenigeln und Schnabeltieren das Sekret ihrer Milchdrüsen über Poren auf die Haut ab, wo es von den Jungen aufgeleckt wird. Zugleich war sich Geoffroy aufgrund der inneren Anatomie der Monotremata sicher, dass der Reproduktionstrakt dafür gebaut war, Eier zu produzieren: »Wie das Organ ist, so muss auch seine Funktion sein; der Sexualapparat eines eierlegenden Tiers kann nichts anderes als Eier produzieren.«[28]

In den folgenden Jahrzehnten mehrten sich die Hinweise darauf, dass Schnabeltier und Ameisenigel tatsächlich Eier legen, auch wenn die Anti-Eier-Partei weiterhin voller Zweifel war. Als im Käfig eines gefangenen Schnabeltiers zwei weiche Eier ohne Kalkschale entdeckt wurden, hielt Richard Owen sie für Vogeleier, die ein Spaßvogel in den Käfig gelegt hatte. Zu seinem Bedauern wurden die mysteriösen Eier weggeworfen. Australien, die Heimat der Monotremata, war weiterhin nur mit großem Aufwand zu erreichen. Beobachtungen an lebenden Schnabeltieren und Ameisenigeln blieben extrem rar, und so sollte es bis 1884 dauern, bis der unumstößliche Beleg gefunden wurde. Erst Caldwells Telegramm, dessen Inhalt im September 1884 auf der Tagung der British Association for the Advancement of Science verlesen wurde, bestätigte Geoffroys Eier-Hypothese endgültig. Monotremata legen Eier.

An der Zugehörigkeit der Monotremata zu den Säugetieren besteht heute kein Zweifel mehr. Ein ganzes Set an Eigenmerkmalen verbindet alle Säugetiere, inklusive Schnabeltier und Ameisenigel. Merkmale, die als evolutive Neuigkeiten erstmals bei den Mammalia auftreten, sind zum Beispiel die drei Gehörknöchelchen und das sekundäre Kiefergelenk, Haare, Milchdrüsen, Zwerchfell, ein vierkammeriges Herz mit nur einer linken Aorta und einige weitere Merkmale.[29] Die Monotremata sind dabei die Schwestergruppe aller übrigen Säugetiere, und erst bei diesen treten Merkmale wie die Brustzitzen und die Trennung von Urogenital- und Analöffnung (statt einer Kloake) auf.

Bis heute gelten die Monotremata und besonders das Schnabeltier als die seltsamsten unter den Säugetieren. Ihre Entdeckung reiht sich ein in die zahlreichen weiteren Besonderheiten der australischen Flora und Fauna. Die erste Begegnung der Naturforscher und Entdeckungsreisenden des 18. Jahrhunderts kam ihnen dabei vor »wie ein Blick zurück zum Anbeginn der Schöpfung«[30]. Tatsächlich kommen in Australien Vertreter urtümlicher Tiergruppen vor, die sich im Laufe der Jahrmillionen, die der australische Kontinent

6-6 John Goulds Zeichnung von etwas dicklichen Schnabeltieren, die er während seiner Reisen 1838-40 in Ostaustralien anfertigte

geografisch weitestgehend isoliert war, kaum verändert zu haben scheinen. In der Vergangenheit haben Wissenschaftler daraus nicht selten geschlussfolgert, dass das Schnabeltier ein »primitiver« Vertreter der Säugetiere sei, das in seinem australischen Refugium die Evolution der »höheren« Säugetiere unberührt vorbeiziehen ließ. Das ist keineswegs der Fall. Das Schnabeltier hat sich zweifellos im Stammbaum der Säugetiere früh abgespalten, was man allerdings nicht mit Primitivität gleichsetzen darf. Schnabeltiere sind hochgradig an ihren Lebensraum und ihre Lebensweise angepasst, und die Liste ihrer Spezialanpassungen ist lang. Mit ihrem stromlinienförmigen Körper, den Schwimmhäuten und dem Schwanz gleiten sie behände durch das Wasser. Die Männchen besitzen einen mit einer Giftdrüse verbundenen Hohlstachel an den Fußgelenken. Und nicht zuletzt der namengebende Schnabel, der mit zahlreichen Sinnesorganen versehen ist und mit dem sich das Schnabeltier bei der Nahrungssuche unter Wasser fast ausschließlich orientiert. Das Schnabeltier ist, wie es der Evolutionsbiologe Stephen J. Gould (1941–2002) markant zusammenfasste, »ein Goldstück an Anpassung«[31].

»Ex africa semper
aliquid novi«

VII

DER KOMOREN-QUASTENFLOSSER

Der Distrikt Garden Route in der Provinz Westkap ist heute eine der beliebtesten Urlaubsregionen Südafrikas. Endlose Sandstrände säumen die Küste des schäumenden Indischen Ozeans, bevor er nur wenig weiter westlich in den Atlantik übergeht. Besonders die Touristen der Nordhemisphäre kommen in Scharen, um ihrem Winter zu entkommen und die konstant warmen Temperaturen dieser Region im Südsommer zu genießen. In der Weihnachtszeit ist die Garden Route nicht nur bei Ausländern beliebt, auch viele Bewohner der großen Städte entfliehen der schwülen Hitze der Straßen und verbringen ihre Ferien an der Küste.

Genauso handhabte es auch der Zoologe James L. B. Smith (1897–1968), der bereits als Junge mit seinen Eltern seine Ferien nahe von Knysna verbrachte, einem bekannten Ferienort an der gleichnamigen Knysna-Lagune. Neben seiner exquisiten Lage an der fischreichen Lagune hatte das Ferienhaus der Smiths den Vorzug, ein Labor für wissenschaftliche Fischuntersuchungen zu beherbergen. Der ideale Ort für J. L. B. Smith, dem akademischen

7-1 Geografische Verbreitung der beiden Quastenflosserarten

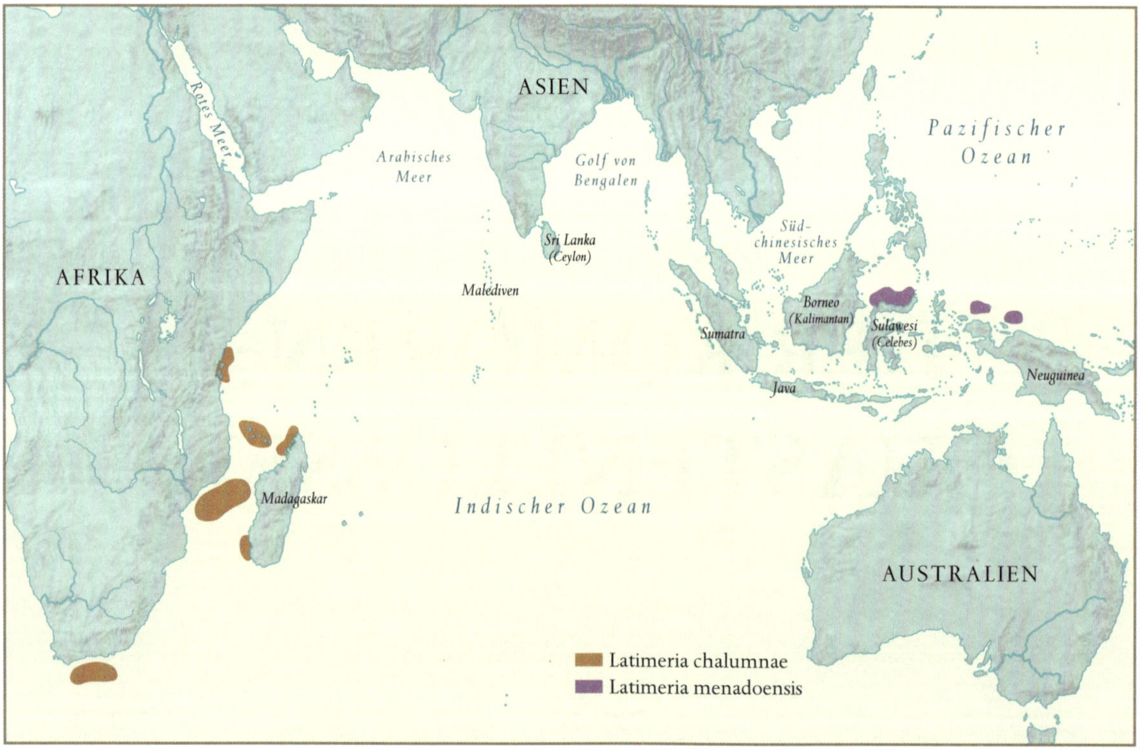

7-2 J. L. B. und Margaret Smith bei der Feldarbeit in Kenia in einem improvisierten Labor

Treiben der Universität von Grahamstown zu entfliehen und sich fernab von allem in Ruhe mit dem zu beschäftigen, was ihn am meisten interessierte: Fische. J. L. B. Smith war zu seiner Zeit der bekannteste Fischexperte Südafrikas. Eine echte Koryphäe seines Gebietes und in seiner Zunft weltweit bekannt. Er war ein schmächtiger, gesundheitlich hinfälliger Mann mit militärischem Bürstenhaarschnitt und kantigen Gesichtszügen. J. L. B. Smith galt als ehrgeizig und sozial schwierig, und die junge, ehrgeizige Studentin Margaret M. MacDonald (1916–1987) brauchte mehrere Semester, um zu erkennen, dass sich hinter Smiths strenger Fassade des ehrgeizigen Hochleistungswissenschaftlers eine interessante und menschliche Persönlichkeit verbarg. Angeblich soll er ihr im zweiten Studienjahr mitgeteilt haben, dass er beabsichtige, sie zu heiraten, was sie rundweg ablehnte. Erst nach ihrem Abschluss willigte sie auf sein Drängen in die Heirat ein. Margaret Smith, die selbst anspruchs-

7-3 Margaret Smith zeichnete auf einem Boot bei den Seychellen die Fische direkt nach dem Fang.

voll und ambitioniert war, entschied sich, ihr Leben dem ihres ehrgeizigen und egoistischen Mannes unterzuordnen. Sie wurde, wie sie selbst einmal sagte, nicht unabhängig, sondern unentbehrlich. Mit ihrer warmherzigen und gefestigten Art ergänzte Margaret Smith ihren Mann in hervorragender Weise. Auch sie entwickelte eine Begeisterung für Fische, die seiner kaum nachstand. Nach dem Tod ihres Mannes 1968 übernahm sie die Leitung des J. L. B. Smith Institute of Ichthyology. Margaret und J. L. B. Smith entdeckten zusammen rund 370 Fischarten, die sie in mehr als 500 Publikationen veröffentlichten. Margaret Smith fertigte insgesamt über 2000 Illustrationen von Fischen für die gemeinsamen Veröffentlichungen an und galt als eine der renommiertesten Fischillustratorinnen weltweit.

Einer der Nachteile des abgeschiedenen Feriendomizils der Smiths in Knysna war der lange Postweg. Am 3. Januar 1939 brachte ein Freund einen Stapel Briefe in ihr Ferienhaus. Nur das Übliche, wie J. L. B. Smith vermerkte, Prüfungsergebnisse und viele Anfragen, die meisten in Bezug auf Fische. Einer der Briefe stammte von Marjorie Courtenay-Latimer (1907–2004), der jungen Kuratorin des East London Museums. Der Brief enthielt die Bitte, ihr bei der Bestimmung eines seltsamen Fisches behilflich zu sein. Keine ungewöhnliche Anfrage, von denen J. L. B. Smith als prominenter Fischexperte ständig welche bekam. Der Brief lautete:[1]

EAST LONDON MUSEUM, 23. Dezember 1938

Lieber Dr. Smith,
gestern erhielt ich Kenntnis von einem äußerst seltsamen Fund. Der Kapitän eines Trawlers erzählte mir von einem Fisch, den er gefangen hatte, und ich machte mich sofort auf den Weg, um ihn mir anzusehen. So schnell wie möglich habe ich ihn zu unserem Präparator gebracht. Ich habe eine sehr grobe Zeichnung von ihm angefertigt und hoffe, dass Sie mir bei der Klassifizierung helfen können.
Er ist vor der Chalumna-Küste in vierzig Faden Tiefe ins Netz gegangen.
Seine Schuppen sind sehr dick, fast wie ein Panzer, die Flossen ähneln Gliedmaßen und sind bis an den Flossensaum geschuppt. Die Rückenflosse hat feine weiße Flossenstrahlen bis in den Saum.
Siehe die roten Markierungen in der Zeichnung.
Ich würde mich sehr freuen, wenn Sie mir mitteilen könnten, was Sie davon halten, auch wenn ich weiß, dass sich anhand einer solchen Beschreibung nur wenig sagen lässt.

Ich wünsche Ihnen schöne Feiertage und grüße Sie,
Ihre
Marjorie Courtenay-Latimer

J. L. B. Smith drehte das Blatt um, um sich die erwähnte Zeichnung anzuschauen. In seinem rund zwanzig Jahre später erschienenen Buch »Vergangenheit steigt aus dem Meer« schildert J. L. B. Smith seine Reaktion:[2]

389
389
771
776a
806
923a
935a

> Ich kannte keinen solchen Fisch, weder in unseren noch in irgendwelchen anderen Meeren, er sah eher wie eine Eidechse aus. Und dann schien in meinem Gehirn eine Bombe zu platzen, und über die Skizze und das Papier des Briefes hinweg erblickte ich, wie auf einer Leinwand aufleuchtend, eine Reihe von Fischgeschöpfen. Fische, die es nicht mehr gab, die in dunklen, längst vergangenen Zeitaltern gelebt hatten und von denen oft nur fragmentarische Reste in Gesteinen bekannt waren. [...] Es war, als ob mein gesunder Menschenverstand mit meiner Wahrnehmung kämpfte, ich starrte weiter auf die Skizze und versuchte vielleicht mehr hineinzulesen, als sie enthielt. In diesem Sturm von Gedanken und Reaktionen hatte alles um mich herum aufgehört zu existieren.

J. L. B. Smith war ein erfahrener Fischpaläontologe und erkannte einen Quastenflosser, wenn er ihn sah. Und er wusste, dass bislang nur fossile Vertreter dieser urtümlichen Fischgruppe bekannt waren. Miss Courtenay-Latimer, die er als rührige Leiterin des East London Museums gut kannte, behauptete durch ihre »irgendwie impressionistische« Zeichnung, wie Smith sie beschrieb, dass sie einen heute noch lebenden Quastenflosser gesehen habe. Das wäre eine unerhörte Entdeckung, deren Tragweite Smith sofort klar war. Er versuchte, die Fassung zu bewahren, indem er sich sagte, dass die Skizze zu ungenau und eben zu impressionistisch sei, um wirklich sicher sein zu können. »Aber dieser Schwanz und die offenbar großen Schuppen und diese gliedartigen Flossen«! J. L. B. Smith war elektrisiert und konnte nicht mehr klar denken. Er musste den Fisch selbst sehen, konnte aber wegen seiner universitären Verpflichtungen nicht ohne Weiteres nach East London reisen. An die Möglichkeit, dass ihm der Fisch zugeschickt werden könnte, dachte er gar nicht. Seine Frau machte ihn darauf aufmerksam, dass das Schreiben bereits am 23. Dezember 1938 abgeschickt wurde und dass der Fisch damit bereits vor elf Tagen gefangen worden sei, was Smith einen gehörigen Schrecken versetzte. Das kleine und schlecht ausgestattete East London Museum hatte trotz der sicherlich großen Bemühungen von Marjorie Courtenay-Latimer kaum die Möglichkeit, in der Hitze des Südsommers einen Fisch von immer-

← **7-4** Eine Farbtafel mit von Margaret gezeichneten Fischen aus J. L. B. Smiths »The Seafishes of Southern Africa«

hin 1,5 Meter Länge ordnungsgemäß zu konservieren. Smiths Gedanken überschlugen sich. Was war mit dem Fisch in den letzten Tagen geschehen? Hatte sich ein Dermoplastiker, der die Bedeutung des Fundes gar nicht einschätzen könnte, an dem Tier zu schaffen gemacht und womöglich die so wichtigen Weichteile weggeworfen? J. L. B. Smith musste handeln.

Er schickte schnellstmöglich ein Telegramm an Courtenay-Latimer im East London Museum, das schnörkellose Anweisungen in Großbuchstaben enthielt[3]:

> AEUSSERST WICHTIG: KONSERVIEREN SIE SKELETT, KIEMEN UND EINGEWEIDE DES BESCHRIEBENEN FISCHS.

Zu spät. Als das Telegramm eintraf, waren dreizehn Tage vergangen, und Courtenay-Latimer glaubte kaum noch, von Smith eine Antwort zu erhalten. Ihr Präparator hatte zwar die Haut und das Skelett erhalten können, die inneren Organe und Teile des Gewebes waren schlicht in den Müll geworfen worden. Genauso, wie Smith es befürchtet hatte. Endlich gelang es ihm bei den unzuverlässigen Telefonverbindungen der damaligen Zeit, Courtenay-Latimer telefonisch zu erreichen. Er schickte sie auf die städtische Müllkippe, um die Eingeweide zu suchen, aber es war zu spät. Damals entsorgte East London den städtischen Müll im Meer.

J. L. B. Smith durchlebte eine schwierige Zeit zwischen dem Studium der Literatur über fossile Fische und fiebrigen Gedanken, was eine solche Entdeckung bedeuten würde. Seine Verpflichtungen hielten ihn immer noch davon ab, persönlich nach East London zu reisen. In einem längeren Brief hatte er Courtenay-Latimer seinen Besuch angekündigt und ihr erste Informationen geschickt, was für einen sensationellen Fund sie gemacht hatte. Er schrieb, er sei sich sicher, dass der Fisch großes Aufsehen in der zoologischen Welt erregen wird. In diesem Schreiben vom 9. Januar 1939 formulierte Smith erstmals den wissenschaftlichen Artnamen, wie er ihn sich provisorisch ausgedacht hatte und unter dem später Courtenay-Latimers Fisch weltweit Furore machen sollte: *Latimeria chalumnae*, zu Ehren von Marjorie Courtenay-Latimer, die in dem Fisch etwas Ungewöhnliches gesehen und ihn gesi-

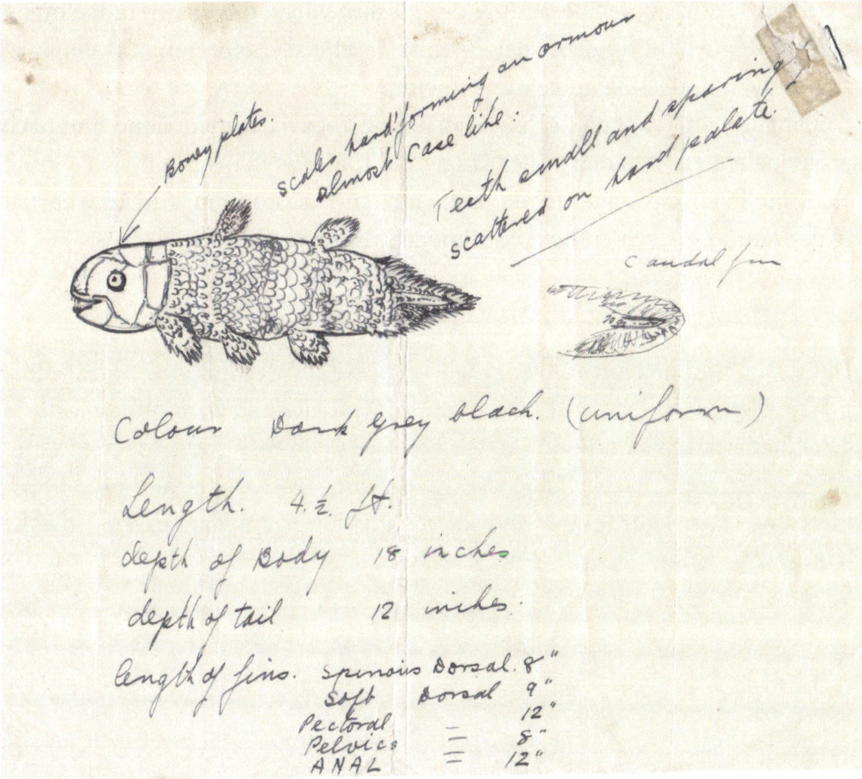

7-5 Ein fossiler Quastenflosser namens *Undina penicillata* aus dem Oberjura des Solnhofener Plattenkalks

7-6 Die Skizze des seltsamen Fisches, die Marjorie Courtenay-Latimer an J. L. B. Smith schickte

chert hatte, sowie in Erinnerung an den Fundort, die Mündung des Chalumna-Flusses.

In der Folgezeit gingen mehrere Briefe zwischen J. L. B. Smith und Marjorie Courtenay-Latimer hin und her, in denen Smith immer wieder die Bedeutung des Fundes betonte, um ein Foto bat und Courtenay-Latimer anwies, gegenüber der Presse nichts durchsickern zu lassen. Diese wiederum schickte Details zum Erhaltungszustand des Fisches und entschuldigte sich für das voreilige Entsorgen der inneren Organe und der Kiemen. Zeitlebens fühlte sie sich schuldig für diesen Verlust. Courtenay-Latimer beauftragte Fotos des Fisches, aber zu ihrer Verzweiflung missriet der Film.

Sie löste einige Schuppen heraus und schickte sie Smith, der befriedigt feststellte, dass damit seine letzten Bedenken ausgeräumt seien. »Die Entdeckung wird eine regelrechte zoologische Sensation werden«, wie er immer wieder betonte. Er wusste auch, wenn dieser Fisch tatsächlich lebend gefangen worden sei, war es möglich, ein weiteres Exemplar zu finden. Smith bat Courtenay-Latimer, der Besatzung des Fischtrawlers, die das erste Exemplar gefangen hatte, 20 Pfund aus der eigenen Tasche als Belohnung für ein »weiteres einwandfreies Exemplar« anzubieten.

Beinahe acht Wochen nach Marjorie Courtenay-Latimers Fund und nach sechs quälenden Wochen voller Ungeduld und Zweifel reisten J. L. B. Smith und seine hochschwangere Frau endlich nach East London. Am 16. Februar lag der ominöse Fisch endlich vor ihnen. Smith war überwältigt:[4]

> … der Coelacanthus, ja, großer Gott. Obwohl ich vorbereitet gekommen war, traf mich dieser erste Anblick wie ein Schlag, ich fühlte mich schwindelig und benommen, es kribbelte mir in allen Gliedern. Ich stand wie versteinert. Ja, es gab nicht den Schatten eines Zweifels, Schuppe für Schuppe, Flosse für Flosse, es war ein echter Coelacanthus. […] Ich vergaß alles andere und starrte nur immer und starrte, und ging dann fast furchtsam nahe heran, berührte und streichelte.

INS MUSEUM GESPÜLT

Wie der erste heute lebende Quastenflosser überhaupt in die Hände von Courtenay-Latimer geriet, ist sicherlich eine der am häufigsten erzählten Entdeckungsgeschichten in der Zoologie. Marjorie Courtenay-Latimer war eine geborene Naturforscherin, der die Freude an den Tieren und Pflanzen durch ihre Eltern in die Wiege gelegt wurde. Ihre Mutter und ihr Vater waren zwar keine professionellen Naturkundler, förderten aber Courtenay-Latimers frühe Begeisterung für die Natur und besonders für Vögel. Entweder wolle sie in einem Museum arbeiten, was ihr großer Traum gewesen sei, oder Krankenschwester werden. Da eine Museumsstelle nicht in Aussicht stand, entschied sie sich, einen Lehrgang als Krankenschwester zu besuchen. Kurz zuvor aber wurde sie von einem befreundeten Naturforscher aufgefordert, sich auf eine Stelle am East London Museum zu bewerben, das sich zu der Zeit noch im Bau befand. Entgegen ihrer eigenen Erwartung überzeugte sie den Museumsvorstand mit ihrem naturkundlichen Wissen und bekam die Stelle. Sie war zu dieser Zeit 24 Jahre alt und fortan allein für das neue Museum und seine Ausstellungen verantwortlich. Ein Traum wurde war. Das war 1931, zwei Jahre bevor sie J. L. B. Smith kennenlernte. Smith erklärte sich bereit, alle Fische zu bestimmen, die Courtenay-Latimer ihm schicken würde und die sie für den Aufbau des Museums benötigte. 1936 lernte sie Kapitän Goosen vom Fischtrawler »Nerine« kennen, der sich bereit erklärte, für Courtenay-Latimer und das East London Museum Fische und andere Seetiere zu sammeln, die ihm in das Netz gehen würden.

Und es war denn auch Hendrik Goosen, der an besagtem 22. Dezember 1938 mit anderthalb Tonnen Haifischen an Bord im Hafen von East London anlegte und sie Marjorie Courtenay-Latimer für das Museum anbot. Sie hatte den Schreibtisch voll mit unerledigten Aufgaben und war daher wenig angetan, sich kurz vor Weihnachten um diese Fische kümmern zu müssen. Courtenay-Latimer entschied sich, dennoch zum Hafen zu fahren, zumindest aus vorweihnachtlicher Höflichkeit. Der große Haufen Fische schien nicht viel Interessantes zu enthalten, als sie einen blauen, recht großen Fisch entdeckte, der ihr ungewöhnlich vorkam. Später beschrieb Marjorie Courtenay-Latimer ihn als den schönsten Fisch, den sie jemals zu Gesicht bekommen hatte. Er war rund anderthalb Meter lang und besaß eine bläuliche Färbung mit weißen Flecken. Die ungewöhnlichen Schuppen und die extremitäten-

7-7 Marjorie Courtenay-Latimer, die junge Leiterin des East London Museum

ähnlichen Flossen fielen ihr gleich ins Auge. Sie entschied sich, den seltsamen, schönen Fisch, den Kapitän Goosen an diesem 22. Dezember 1938 vor der Mündung des Chalumna-Flusses in rund 70 Metern Tiefe gefangen hatte, für das Museum zu retten.

Das erwies sich schwerer als gedacht. Zuerst wollte der Taxifahrer, den sie rufen ließ, den großen Fisch nicht mitnehmen, tat es aber letztlich doch und brachte ihn wohlbehalten zum Museum. Dort verglich Courtenay-Latimer ihn mit den ihr verfügbaren Fischbüchern, konnte aber nichts auch nur Vergleichbares finden. Spätestens jetzt war ihr klar, dass es sich um einen besonderen Fund handelte. Aber wie einen so großen Fisch direkt vor den Weihnachtstagen konservieren? Als Erstes versuchte es Courtenay-Latimer in der gekühlten Leichenhalle des städtischen Krankenhauses, wo sie rigoros abgewiesen wurde. Ähnlich erging es ihr im Kühlhaus von East London, und damit hatten sich die einzigen beiden Kühlräume für einen Fisch dieser Größe erledigt. Glück hatte sie schließlich bei einem älteren Tierpräparator, der ihr half, den seltsamen Fisch in Zeitungspapier zu wickeln, das mit der geringen Menge an Formalin getränkt war, die Courtenay-Latimer in der Lage war zu besorgen. Sie schlugen ihn letztlich mitsamt dem durchtränkten Zeitungspapier in ein Bettlaken ein, das Courtenay-Latimer zu diesem Zweck von ihrer Mutter bekam. Mehr konnte sie nicht tun, um den Fisch vor dem allzu schnellen Verderben zu schützen.

Wichtig war nun, J. L. B. Smith zu kontaktieren, die bedeutendste Fischkoryphäe in Südafrika und ihr wichtigster Ansprechpartner bei Fischen. Marjorie Courtenay-Latimer versuchte, ihn telefonisch an seinem Arbeitsplatz der Universität zu erreichen, aber vergeblich. Nachdem sie zwei Tage nichts von ihm gehört hatte, schrieb sie ihm einen Brief. Den Brief vom 23. Dezember 1938, den Smith erst 11 Tage später in Knysna öffnen würde und der Courtenay-Latimers Skizze enthielt, die Smith in so große Aufregung versetzte.

Marjorie Courtenay-Latimer konnte nicht ahnen, dass die Smiths 500 Kilometer entfernt in Knysna ihre Weihnachtsferien verbachten und dass die Post so unerwartet lange unterwegs sein würde. Die Tage vergingen, ohne dass Smith antwortete, und schließlich begann Öl aus dem Fisch zu treten, was ihr große Sorgen bereitete. Der Tierpräparator überzeugte sie schließlich, den Fisch zu häuten und die Eingeweide und die Kiemen wegzuwerfen. Eine folgenschwere Entscheidung, die ihr später noch viel Kritik einbringen würde. Aber Courtenay-Latimer war verzweifelt und wusste sich nicht anders zu helfen.

Es sollte noch Tage dauern, bis Marjorie Courtenay-Latimer das erste Telegramm des aufgeregten J. L. B. Smith erhielt, und weitere Wochen, bis die Smiths am 15. Februar 1939 schließlich den Fisch selbst zu Gesicht bekamen.

EIN NAME FÜR DEN SCHÖNEN FISCH

Nun war es endlich so weit. Sieben Wochen voller Ungeduld und Verzweiflung waren vergangen, in denen J. L. B. Smith diesen Augenblick herbeigesehnt hatte. Der magische Fisch existierte tatsächlich, und Smiths Träume waren der Realität gewichen. Aus den Tiefen des Meeres und längst vergangener geologischer Zeiten unerwartet in unsere Zeit emporgestiegen lag er vor ihm, ein heute noch lebender Quastenflosser. Mit J. L. B. Smiths Erscheinen und seiner fachlichen Bestätigung war der Weg geebnet, die wahrscheinlich wichtigste zoologische Entdeckung des 20. Jahrhunderts wissenschaftlich auszuwerten und in die Welt zu schicken. Zuallererst musste sich Smith aber das Recht an der Entdeckung und besonders das Recht auf den wissenschaftlichen Namen sichern, was nur mithilfe einer geeigneten Veröffentlichung möglich war. Schon zu Smiths Zeiten war die Zeitschrift *Nature* das führende wissenschaftliche Publikationsorgan. *Nature* versprach alles, was Smith nun unbedingt benötigte: ein schnelles Erscheinen und weltweite Aufmerksamkeit.

Bereits am 20. Februar wurde der Quastenflosser im East London Museum ausgestellt, und am selben Tag erschien im *East London Daily Dispatch*, einer regionalen Tageszeitung, das erste Foto des Fisches. Das Interesse der Bevölkerung war enorm, und es bildeten sich lange Besucherschlangen vor dem kleinen Museum. Zwei Tage später wurde der Quastenflosser, begleitet von einer Polizeieskorte, mit der Bahn nach Grahamstown geschickt, wo er in einem extra vorbereiteten Raum in Smiths Haus untersucht werden sollte. Schon jetzt bemerkte Smith den intensiven Geruch, der, wie er später schrieb, »in den kommenden Wochen unser Leben im Wachen und Schlafen durchdringen sollte«. Wie im Fieber arbeiteten die Smiths in den nächsten Wochen an dem Quastenflosser. Nach einer ersten Untersuchung schicke J. L. B. Smith ein kurzes Manuskript mit einem Foto des vollständigen Fisches an *Nature*. Die Veröffentlichung erschien am 18. März 1939 unter dem Titel »A Living Fish of Mesozoic Type«.[5] Der Artikel beginnt mit dem berühmten Zitat des römischen Gelehrten Gaius Plinius Secundus des Älteren: »*Ex Africa semper aliquid novi*« – Aus Afrika gibt es immer Neues zu berichten.

In seinem *Nature*-Artikel taufte Smith den Fisch nun auch offiziell *Latimeria chalumnae*. Damit sollte diese spektakuläre Entdeckung auf immer den Namen der zierlichen Frau aus dem East London Museum tragen. Courtenay-Latimer meinte dazu zwar, dass es eigentlich Kapitän Goosen verdient hätte, den Fisch nach ihm zu benennen, denn er habe ihn schließlich gefangen. J. L. B. Smith aber war anderer Ansicht und sagte, es sei schließlich Marjorie Courtenay-Latimer gewesen, dank der der Fisch nun der Wissenschaft zur Verfügung stünde.

Der Verlust der inneren Organe des Fisches war von vornherein ein Problem für die weitere wissenschaftliche Bearbeitung, und bereits in seinem Artikel bezeichnete Smith dies als »zoologische Tragödie«. In einem Brief an *Nature* wurde Smith sogar vorgehalten, den Quastenflosser nach Marjorie

Courtenay-Latimer benannt zu haben, dank der die wichtigen Weichteile verloren waren. Smith dagegen wurde nicht müde zu betonen, dass es ihrer Einsatzbereitschaft zu verdanken sei, dass der Fisch überhaupt für die Wissenschaft gerettet worden war. »Der Name *Latimeria* gilt als mein Tribut.«[6]

J. L. B. Smith arbeitete in den folgenden Wochen ohne Unterlass an seinem Fisch. Ihm war klar, dass er sich zwar das Namensrecht an dem Fisch und das Recht an der Entdeckung gesichert hatte. Seine kaum mehr als 90-zeilige *Nature*-Publikation war allerdings kaum geeignet, die wissenschaftliche Neugierde seiner Kollegen auf die Details der Entdeckung zu befriedigen. Neben seinen universitären Verpflichtungen verbrachte Smith jede freie Minute mit dem Fisch. Er untersuchte und sezierte ihn frühmorgens von drei bis sechs Uhr, um danach einen mehrere Kilometer langen Spaziergang zu machen. Dann schrieb er seine Beobachtungen auf, frühstückte und fuhr um acht Uhr dreißig an seinen Arbeitsplatz in der Universität Grahamstown. Während des Vormittags schrieb seine Frau Margaret seine Notizen mit der Schreibmaschine ins Reine, und er korrigierte den Text in der Mittagspause. Am Nachmittag arbeitete sie seine Korrekturen ein und fertigte einen zweiten Entwurf an. Smith arbeitete nach seiner Rückkehr aus der Universität von fünf bis zehn Uhr weiter an dem Fisch. Auch Bob, sein Sohn aus erster Ehe, blieb nicht verschont und fertigte Reinzeichnungen verschiedener anatomischer Details anhand von Smiths groben Skizzen an. »Wir hatten Tag und Nacht kein anderes Gesprächsthema, keine Gedanken, weder Augen noch Ohren für etwas anderes als den Quastenflosser. Wir konnten ihn nie vergessen, schon gar nicht mit diesem Geruch.«[7]

Ziel dieser Bemühungen war die möglichst schnelle Veröffentlichung einer monografischen Bearbeitung der inneren wie äußeren Anatomie von *Latimeria*. Bereits im Mai 1939 reichte Smith ein Manuskript bei einem der wichtigsten südafrikanischen Wissenschaftsorgane ein, den *Transactions of the Royal Society of South Africa*. Die Veröffentlichung erschien bereits im darauffolgenden Jahr mit mehr als 100 Seiten Text, 44 Fototafeln und 20 Zeichnungen.[8]

EIN ZWEITER FISCH

James Leonard Brierly Smith gab sich nicht mit halben Sachen zufrieden. Das unwahrscheinlichste Ereignis, das sich ein Ichthyologe, ein Fischforscher, auch nur denken kann, die Entdeckung eines modernen Vertreters einer für ausgestorben gehaltenen Fischgruppe, war eingetreten, und sein Name war für immer mit dieser Entdeckung verbunden. Dennoch blieben viele wichtige Fragen unbeantwortet. Und Smith war klar, dass wo einer lebte, es noch weitere geben musste. Das vielleicht drängendste Problem war daher der natürliche Lebensraum der Quastenflosser. Es musste ein weiteres Exemplar gefunden werden. Erst dann ließen sich weitere anatomische Untersuchungen anstellen, die an dem ersten Exemplar nicht möglich gewesen waren. Im Grunde stand für die Zoologen der Welt eine Frage im Mittelpunkt ihrer Überlegungen. Bis 1938 hatte niemand einen lebendigen Quastenflosser zu Gesicht bekommen. Wie konnte es sein, dass ein derartig großer und auffälliger Fisch der Aufmerksamkeit der Menschheit bislang entgangen war? Schnell gerieten die ersten Ideen in Umlauf, und auf besonders viel positive Resonanz stieß die Vermutung, dass die Quastenflosser-Population »die unerreichbaren Tiefen des Meers«[9] bewohnte. Smith war es ein Rätsel, wieso sich diese Idee so großer Popularität erfreute. Ihm war klar, dass die dicken Schuppen, die einen regelrechten Panzer bildeten, der knochige Kopf und die kräftige Stachelflosse unzweifelhaft darauf hinwiesen, dass *Latimeria* kein Bewohner des tief gelegenen Weichbodens sein konnte. Smith kannte die Fischfauna der Tiefsee gut. Tiefseefische waren schwarz oder transparent, der Körper weich, die Knochen dünn. Zudem zeugen stark zurückgebildete oder ungewöhnlich große Augen bei der Mehrzahl von Tiefseefischen vom Leben in völliger Dunkelheit. Nichts von alledem trifft auf den Quastenflosser zu. Smith war sich sicher, dass der Lebensraum des Fisches die Riffe in einer nicht allzu bedeutenden Tiefe waren.

Zudem stellte sich die Frage, ob *Latimeria* geografisch wirklich dort vorkommt, wo das bislang einzige Exemplar gefangen wurde, also vor der Mündung des Chalumna-Flusses vor Südafrika. Starke Meeresströmungen vor der gesamten südafrikanischen Küste und die intensive Befischung südafrikanischer Gewässer, ohne dass bislang mehr als der eine Quastenflosser aufgetaucht waren, ließen es unwahrscheinlich erscheinen, dass das Verbreitungsgebiet tatsächlich vor Südafrika lag. Womöglich musste man entgegen dem in südlichen und westlichen Richtungen fließenden Mozambique-Strom suchen.

Der Gedanke an einen zweiten Quastenflosser ließ J. L. B. und Margaret Smith keine Ruhe. Die enorme Popularität des einzigen Exemplars ließ hoffen, dass ein weiteres zufällig gefundenes Exemplar auffallen und ihnen mitgeteilt werden würde. Zusätzlich hatte Smith das Bild des Fisches und das Angebot einer Belohnung für jedes weitere Exemplar an alle Fischer und Fischerboote verteilen lassen. Vergeblich warteten sie auf Nachrichten und neue Spuren des Coelacanth. Aber Smith war sich sicher, dass es nur eine Frage der Zeit war, bis ein weiterer Quastenflosser gefunden werden würde.

J. L. B. Smith hatte inzwischen seine Position an der Universität gekündigt und erfolgreich eine Stelle als Ichthyologe beim Council for Scientific and Industrial Research (CSIR) eingeworben. Dies erlaubte ihm, sich von nun an ganztägig mit seiner eigentlichen Leidenschaft zu beschäftigen, der Fischforschung. Dank der Unterstützung durch die CSIR und der Rhodes University konnte er eine Belohnung von 100 englischen Pfund für die Entdeckung weiterer Quastenflosser aussetzen. Smith entwarf dafür ein Flugblatt, auf dem ein Foto von *Latimeria* zu sehen war und in Englisch, Französisch und Portugiesisch beschrieben wurde, wofür der Finderlohn gedacht war.[10]

> **100 Pfund BELOHNUNG**
> Sehen Sie sich diesen Fisch gut an. Er könnte Ihnen Glück bringen. Beachten Sie den eigenartigen doppelten Schwanz und die Flossen. Der Einzige, der jemals für die Wissenschaft erhalten werden konnte, war 160 cm groß. Andere Exemplare wurden gesehen. Wenn Sie das Glück haben, einen solchen Fisch zu fangen oder zu finden, schneiden Sie ihn auf keinen Fall auf, und säubern Sie ihn nicht, sondern bringen Sie ihn, so wie er ist, sofort in einen Kühlraum oder zu einer verantwortlichen Person, die sich darum kümmern kann, und bitten Sie sie, sofort telegrafisch Professor J. L. B. Smith von der Rhodes University in Grahamstown, Südafrika, zu benachrichtigen. Für die ersten beiden Exemplare haben die Rhodes University und das South African Council for Scientific and Industrial Research jeweils 100 Pfund (10 000 Esc.) Belohnung ausgesetzt. Wenn Sie mehr als zwei finden, heben Sie alle auf, da jeder für die Wissenschaft von Wert ist und man Sie gut dafür entlohnen wird.

7-8 Smiths dreisprachiges Flugblatt, das 100 englische Pfund als Belohnung für einen Quastenflosser versprach

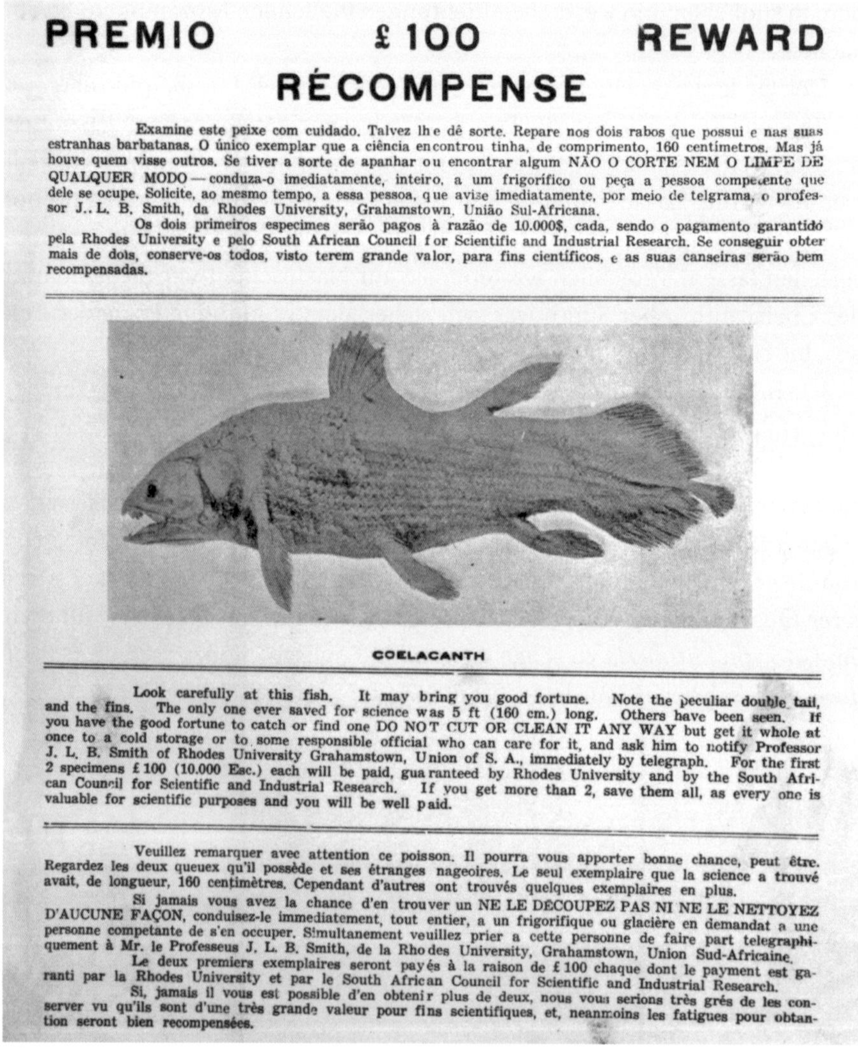

PREMIO £ 100 REWARD

RÉCOMPENSE

Examine este peixe com cuidado. Talvez lhe dê sorte. Repare nos dois rabos que possui e nas suas estranhas barbatanas. O único exemplar que a ciência encontrou tinha, de comprimento, 160 centímetros. Mas já houve quem visse outros. Se tiver a sorte de apanhar ou encontrar algum NÃO O CORTE NEM O LIMPE DE QUALQUER MODO — conduza-o imediatamente, inteiro, a um frigorífico ou peça a pessoa competente que dele se ocupe. Solicite, ao mesmo tempo, a essa pessoa, que avise imediatamente, por meio de telgrama, o professor J.. L. B. Smith, da Rhodes University, Grahamstown, União Sul-Africana.

Os dois primeiros especimes serão pagos à razão de 10.000$, cada, sendo o pagamento garantido pela Rhodes University e pelo South African Council for Scientific and Industrial Research. Se conseguir obter mais de dois, conserve-os todos, visto terem grande valor, para fins científicos, e as suas canseiras serão bem recompensadas.

COELACANTH

Look carefully at this fish. It may bring you good fortune. Note the peculiar double tail, and the fins. The only one ever saved for science was 5 ft (160 cm.) long. Others have been seen. If you have the good fortune to catch or find one DO NOT CUT OR CLEAN IT ANY WAY but get it whole at once to a cold storage or to some responsible official who can care for it, and ask him to notify Professor J. L. B. Smith of Rhodes University Grahamstown, Union of S. A., immediately by telegraph. For the first 2 specimens £ 100 (10.000 Esc.) each will be paid, guaranteed by Rhodes University and by the South African Council for Scientific and Industrial Research. If you get more than 2, save them all, as every one is valuable for scientific purposes and you will be well paid.

Veuillez remarquer avec attention ce poisson. Il pourra vous apporter bonne chance, peut être. Regardez les deux queuex qu'il possède et ses étranges nageoires. Le seul exemplaire que la science a trouvé avait, de longueur, 160 centimètres. Cependant d'autres ont trouvés quelques exemplaires en plus.

Si jamais vous avez la chance d'en trouver un NE LE DECOUPEZ PAS NI NE LE NETTOYEZ D'AUCUNE FAÇON, conduisez-le immediatement, tout entier, a un frigorifique ou glacière en demandat a une personne competante de s'en occuper. Simultanement veuillez prier a cette personne de faire part telegraphiquement à Mr. le Professeus J. L. B. Smith, de la Rhodes University, Grahamstown, Union Sud-Africaine.

Le deux premiers exemplaires seront payés à la raison de £ 100 chaque dont le payment est garanti par la Rhodes University et par le South African Council for Scientific and Industrial Research.

Si, jamais il vous est possible d'en obtenir plus de deux, nous vous serions très grés de les conserver vu qu'ils sont d'une très grande valeur pour fins scientifiques, et, neanmoins les fatigues pour obtantion seront bien recompensées.

Derweil dehnten J. L. B. und Margaret Smith ihr ichthyologisches Forschungsgebiet nach Ostafrika aus, da Smith annahm, dass aufgrund der Strömungsverhältnisse eine bessere Kenntnis der ostafrikanischen Fischfauna helfen würde, die Fische Südafrikas besser zu verstehen. Auf ihren Reisen insbesondere an die Küste zwischen Mosambik und Kenia verteilten sie unzählige der Flugblätter und erkundigten sich in den Dörfern nach dem Quastenflosser. Vergeblich.

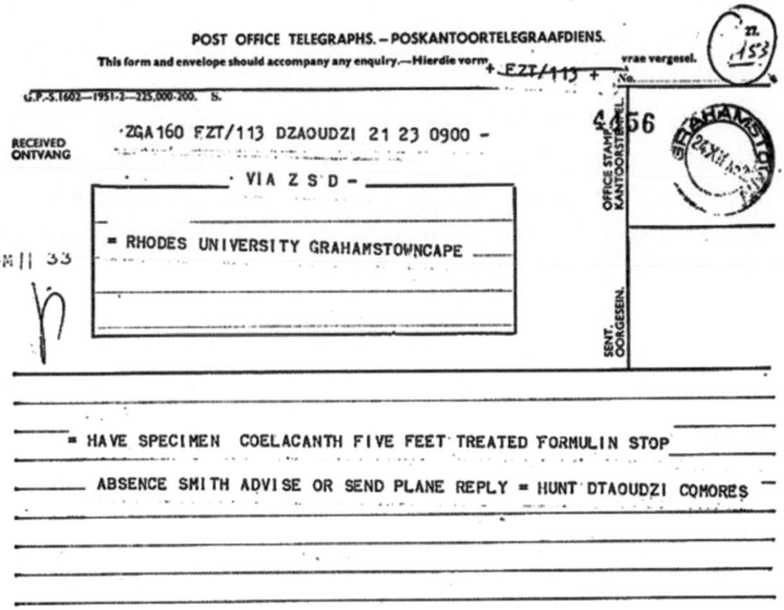

POST OFFICE TELEGRAPHS. – POSKANTOORTELEGRAAFDIENS.

This form and envelope should accompany any enquiry.—Hierdie vorm ... vraa vergesel.

ZGA160 FZT/113 DZAOUDZI 21 23 0900 –

VIA Z S D –

= RHODES UNIVERSITY GRAHAMSTOWNCAPE

= HAVE SPECIMEN COELACANTH FIVE FEET TREATED FORMULIN STOP
ABSENCE SMITH ADVISE OR SEND PLANE REPLY = HUNT DTAOUDZI COMORES

7-9 Eric Hunts Telegramm an J. L. B. Smith aus »Dtaoudzi« von den Komoren

Im Jahr 1952 lernten die Smiths Eric Hunt kennen, einen Amateur-Ichthyologen und Kapitän eines Handelsschiffs. Er war Feuer und Flamme von der Idee, dass *Latimeria* bei den Komoren vorkommen könnte, einem Inselstaat am nördlichen Ende der Straße von Mosambik zwischen Mosambik und Madagaskar. Da er regelmäßig die Komoren ansteuerte, nahm er Flugblätter mit, um sie dem Gouverneur der Komoren zu zeigen und sie auf den Inseln des Komorenarchipels zu verteilen. Am 24. Dezember 1952 erhielt J. L. B. Smith ein Telegramm, in dem Hunt ihm zu seiner Überraschung mitteilte, er habe tatsächlich einen Quastenflosser sichergestellt. Wieder war es Weihnachten, und wieder sah sich Smith mit enormen logistischen Problemen konfrontiert, zu dem noch frischen Tier zu gelangen. Er musste ihn unbedingt selbst zu Gesicht bekommen und ihn für die eigene Forschung in Südafrika sichern. Smith war sich bewusst, dass er sich in einem »besessenen Geisteszustand« befand.[11] Er sah keine andere Möglichkeit, als zu versuchen, ein Flugzeug zu chartern, da die Fahrt mit einem Schiff viel zu lange dauern würde und es keine regulären Flüge auf die Komoren gab. In den darauffolgenden Tagen führte Smith unzählige Gespräche mit verschiedenen Vertretern des südafrikanischen Militärs und der Regierung, bis er schließlich Erfolg hatte. Der Premierminister von Südafrika, Daniel Malan, veranlasste, dass Smith ein Militärflugzeug nebst Besatzung zur Verfügung gestellt wurde, um ihn nach Mayotte zu fliegen, einer der Inseln des Komorenarchipels. Ihr vorgelagert lag eine kleine Insel mit dem Handelsort Dzaudzi,[12] wo Hunt den Quastenflosser in die Hände bekommen hatte. Zusammen mit Pierre Coudert, dem Gouverneur der Komoren, konnte Smith nach Tagen des Wartens und des Zagens endlich den Fisch sehen. Seine Gefühle übermannten ihn.[13]

> Großer Gott, ja! Ein Coelacanthus! Ich sah zuerst die unverkennbaren Höcker auf den großen Schuppen, dann die Knochen des Kopfes, die charakteristischen Flossen. Es war wirklich wahr! Malan würde sein Handeln nicht zu bereuen haben, dem Himmel Dank dafür. Es war ein Coelacanthus! Ich kniete auf dem Deck nieder, um ihn näher zu betrachten, und als ich den Fisch streichelte, fielen mir die Tränen auf die Hände, und ich wurde gewahr, dass ich weinte, und schämte mich gar nicht. Vierzehn der besten Jahre meines Lebens waren mit der Suche dahingegangen, und nun war es Wirklichkeit geworden, wahrhaftige Wirklichkeit. Das Ziel war erreicht.

Wie Hunt zu dem Quastenflosser gekommen war, berichtete Smith in seinem Buch »Vergangenheit steigt aus dem Meer«. Hunt hatte, wie versprochen, Smiths Flugblätter überall auf den Komoren verteilt, die auf reges Interesse bei der Bevölkerung stießen. Ein halbes Vermögen für einen seltsamen Fisch schien eine attraktive Aussicht zu sein. Am 20. Dezember 1952 hatte ein Fischer Namens Ahamadi Abdallah vor der südöstlichen Küste der komorischen Insel Anjouan seine Handleine ausgeworfen und aus einer Tiefe von etwa 160 Metern einen großen Fisch heraufgezogen. Er tötete ihn mit einem Schlag auf den Kopf und brachte ihn zu seiner Hütte im Dorf Domoni, wo er bis zum nächsten Tag liegen blieb. Einem Lehrer namens Affane Mohamed fiel der Fisch wegen seiner Ähnlichkeit zu dem Foto auf dem Flugblatt auf, und er überredete Abdallah, den kostbaren Fisch nach Mutsamudu am anderen Ende von Anjouan zu bringen, wo Hunts Schoner ankerte. Hunt erkannte sofort, dass es sich tatsächlich um den gesuchten Fisch handelte. Er brachte ihn nach Dzaudzi, dem Gouverneurssitz, wo man über die entsprechende

7-10 J. L. B. Smith am Ziel seiner Suche: der zweite Quastenflosser, den Hunt auf den Komoren sicherte. Vorne links Eric Hunt, rechts daneben J. L. B. Smith, rechts in weißer Uniform Pierre Coudert, Gouverneur der Komoren, in zweiter Reihe in Uniform ein Teil der Crew des Militärflugzeugs, die den Quastenflosser nach Südafrika brachte

Infrastruktur verfügte, den Fisch zu sichern und Smith zu telegrafieren. Der Quastenflosser war bereits in einen Zustand der beginnenden Verwesung übergegangen, aber dank der Unterstützung durch den Gouverneur gelang es, einen französischen Arzt zu finden, der eine gewisse Menge Formalin zur Verfügung stellte.

Noch an Bord von Hunts Schoner stellte J. L. B. Smith Überlegungen an, dem neuen Fund schnellstmöglich einen wissenschaftlichen Namen zu geben. Das neue Exemplar von den Komoren unterschied sich in einigen Punkten von dem einzigen bekannten Exemplar von *Latimeria chalumnae*, so fehlte ihm die erste Rücken- und die zusätzliche kleinen Schwanzflosse. Keinen Zweifel hatte Smith daran, dass es sich um einen waschechten Quastenflosser handelte, aber wohl um einen Vertreter einer anderen Gattung und Art als der East-Londoner Fisch. Ein geeigneter Name musste gefunden und schnellstmöglich publiziert werden, »kein riskantes Zögern wie das letzte Mal«.[14] Bereits am 17. Januar 1953 erschien – erneut in *Nature* – der Bericht über »The second Coelacanth«, den zweiten Quastenflosser. Er beschrieb ihn als neue Gattung und Art mit dem Namen *Malania anjouanae*, zu Ehren des südafrikanischen Premierministers Daniel Malan, der den Flug zur Sicherung des wertvollen Fisches ermöglicht hatte, und nach der Insel Anjouan, vor deren Küste der Fisch gefangen worden war. Ursprünglich hatte Smith vorgehabt, die neue Art nach Hunt zu benennen, dessen Engagement es überhaupt zu verdanken war, dass das Tier zur Verfügung stand. Hunt aber lehnte dankend ab und schlug vor, lieber einen Namen zu wählen, der die Rolle der französischen Kolonialherren betonte, da seine Geschäfte von ihrem Wohlwollen abhingen. Smith schlug als Alternative für das von ihm bevorzugte *hunti* die Namen *comorae* oder *anjouanae* vor, und sie einigten sich auf *anjouanae*.

Die Entdeckung des zweiten Quastenflossers vierzehn Jahre nach *Latimeria* war eine Sensation, und der »fliegende Fisch«, wie ihn die *Pretoria News* getauft hatte, erschien auf den Titelseiten vieler Zeitschriften. Smith und *Malania anjouanae* standen erneut im Rampenlicht der internationalen Aufmerksamkeit.

HOHEITSGEWÄSSER

Sehr zum Unmut der französischen Regierung war der zweite Quastenflosser von den Komoren nach Südafrika gebracht worden. Sein Fund war ein starkes Indiz, dass Smith mit seiner Vermutung, dass die Quastenflosser bei den Komoren und damit in französischen Hoheitsgewässern vorkamen, recht hatte. Daraufhin legte die französische Regierung schon im November 1953 durch einen Erlass fest, dass nicht-französischen Wissenschaftlern die Suche nach weiteren Quastenflossern untersagt wird. Nur noch Franzosen sollten sich um die weitere Quastenflosserforschung verdient machen können. Der Erlass erging nur kurze Zeit, nachdem auf Anjouan ein weiterer, etwas kleinerer Quastenflosser gefunden wurde. Damit hielten die Franzosen endlich einen eigenen, französischen Fisch in ihren Händen. Und J. L. B. Smith sah in dem Fund die endgültige Bestätigung, dass Quastenflosser tatsächlich in den Gewässern rund um das vulkanische Archipel unter französischer Flagge vorkamen.

Inzwischen hatten die Quastenflosser eine enorme Popularität erreicht, und jeder Neufund wurde akribisch dokumentiert. Bereits 1954 wurden sechs weitere Tiere gefangen, 1955 drei, 1956 zwei, 1957 nur einer, 1960 wiederum sechs. Seitdem ist beinahe kein Jahr vergangen, in dem nicht mindestens ein Quastenflosser gefangen werden konnte. Bis 2011 waren es 299 dokumentierte Tiere, derer man habhaft werden konnte, bis Mai 2020 erhöhte sich die Zahl auf 334 Exemplare.[15] Gefangen wurden sie in sieben verschiedenen Ländern, bei denen die Komoren mit 215 Exemplaren weit an der Spitze stehen, während sich die meisten anderen auf verschiedene Länder in Ost- und Südafrika verteilen. Der East-London-Quastenflosser bleibt bis heute das einzige Exemplar von *Latimeria chalumnae* aus südafrikanischen Gewässern.

Sieben dokumentierte Quastenflosser stammen allerdings aus einer vollkommen anderen Region der Erde, rund 10 000 Kilometer vom Komorenarchipel entfernt: aus Indonesien.

»RAJAH LAUT«, DER HERR DES MEERES

Die Fachwelt war sich bis dahin sicher, dass das Verbreitungsgebiet der heute noch lebenden Quastenflosser auf den westlichen Indischen Ozean beschränkt ist. Das sollte sich 1998 mit einem Paukenschlag ändern. 1997 heirateten der Kanadier Mark Erdmann und Arnaz Mehta auf der indonesischen Insel Bali, und das junge Ehepaar verbrachte einen Teil seiner anschließenden Hochzeitsreise auf der Insel Sulawesi, die ebenfalls zu Indonesien gehört. Am Ende ihrer Reise besuchten sie noch mit Freunden einen Fischmarkt in Manado an der Südspitze der Insel. Dort entdeckte Arnaz Mehta auf einem Karren, der von einem alten Mann geschoben wurde, einen seltsamen Fisch. Mark Erdmann, ihr Ehemann und seines Zeichens Meeresbiologe, erkannte sofort, worum es sich handelte. Er hatte als 12-Jähriger, wie so viele spätere

7-11 Ein mittelgroßes, vermutlich männliches Exemplar des Quastenflossers *Latimeria chalumnae* vor der Komoren-Insel Grande Comore bei der nächtlichen Suche nach Beute entlang der steilen Vulkanhänge

Biologen, Smiths Buch »Vergangenheit steigt aus dem Meer« gelesen. Seit der Entdeckung von *Latimeria chalumnae* hatten sich die Quastenflosser zu einer Ikone der Zoologie entwickelt, und die Quastenflosserforschung förderte immer neue Daten und Informationen zutage. Besonders spektakuläre Fortschritte in der Erforschung der Quastenflosser gelangen durch den Einsatz des bemannten Tauchbootes JAGO ab Ende der 1980er-Jahre. Auf Betreiben des deutschen Biologen und Tierfilmers Hans Fricke war das Tauchboot 1989 am Max-Planck-Institut für Verhaltensphysiologie in Bayern gebaut und vor den Komoren zur Suche nach den Quastenflossern eingesetzt worden. Während der Tauchfahrten von JAGO entstanden spektakuläre Videos und Fotografien lebender Quastenflosser in ihrem natürlichen Lebensraum. Dank dieser Unterwasserbilder weiß heute jeder Biologe, besonders wenn er sich auf Meeresbiologie fokussiert, wie ein Quastenflosser aussieht.

Erdmann wusste nicht, was er tun sollte. Behalten und konservieren konnten sie ihn nicht ohne Weiteres. Nachdem sie einige Fotos gemacht und mit dem Fischer, der den Karren zog, gesprochen hatten, ließen sie den alten Mann ziehen. Ein schwerer Fehler, wie Erdmann schon kurze Zeit später ahnte. Er und seine Frau würden allerdings die nächsten zwei Jahre auf Sulawesi verbringen. Sicherlich würden sie einen weiteren Quastenflosser finden.

Wenige Tage später besuchte Erdmann Kollegen an der University of Berkeley in Kalifornien, wo er mit Roy L. Caldwell vom Institute of Integrative Biology über seinen ominösen Fund sprach. Caldwell bestätigte Erdmann, dass dies ein sensationeller Fund war. Er kontaktierte noch eine Reihe weiterer Kollegen, von denen einige gratulierten, während andere Zweifel hatten, ob es sich nicht doch um einen schlechten Scherz oder um ein von japanischen Fischern bei den Komoren gefangenes und vielleicht wegen drohender Zollkontrollen vor Indonesien freigelassenes Exemplar handeln könnte. Es war klar, dass ein weiteres Exemplar unbedingt benötigt wurde, um die Existenz einer indonesischen Quastenflosser-Population bestätigen zu können. Erdmann wollte mit der offiziellen Ankündigung der Entdeckung eines indonesischen Quastenflossers bis zu dieser Bestätigung warten. Er befürchtete, dass den Fischern riesige Summen geboten werden würden, noch weitere Quastenflosser zu beschaffen, bevor die indonesische Regierung sinnvolle Schutzmaßnahmen etablieren konnte. Mark und Arnaz Erdmann kehrten nach Manado zurück und fingen an, dort systematisch nach dem Quastenflosser zu suchen. Sie sprachen mit Fischern auf verschiedenen Inseln und verteilten Flugblätter mit einem Foto des Fisches und einer Belohnung, »200 000 Rupien – pro Schwanz«.[16]

Ihre Suche führte Erdmann und seine Frau auch auf die Vulkaninsel Manado Tua, wo ihnen der Fischer Om Lameh Sonathon vorgestellt wurde. Er behauptete, hin und wieder einen solchen Fisch zu fangen, den sie vor Ort »Rajah Laut«, König des Meeres, nannten. Om Lameh schlug vor, mit einem weiteren Fischer namens Maxon Haniko zu sprechen, der ebenfalls behauptete, schon Quastenflosser gefangen zu haben. Zufällig trafen sie dabei Maxons Vater, der sich als der alte Fischer herausstellte, der im Jahr zuvor auf dem Fischmarkt in Manado den Karren bei Erdmanns erstem Zusammentreffen mit einem indonesischen Quastenflosser geschoben hatte. Erdmann wusste nun, dass er endlich einen Einheimischen gefunden hatte, der bestätigen konnte, dass es wirklich Quastenflosser in der Region gab. Erdmann erhöhte die Belohnung auf 600 000 Rupien, später auf 1 Million Rupien, was er für angemessen hielt, um sich der Bereitschaft der Fischer sicher sein zu können, auf einen solchen Zufallsfund zu achten, ohne aber einen unkontrollierbaren Quastenflosserhype unter den Fischern auszulösen. Nichts geschah.

Bis Om Lameh am 30. Juli 1998 endlich Erfolg hatte. Ein Quastenflosser war ihm vor der Südostküste von Manado Tua in sein Stellnetz gegangen, und er hatte den schweren Fisch in lebendigem Zustand bis an die Anlegestelle seines Bootes schleppen können. Dort, in dem nur dreißig Zentimeter tiefen Wasser, sahen Mark und Arnaz Erdmann den goldgefleckten Fisch das erste Mal. Er kämpfte sichtlich mit dem Tod. Sie machten zahlreiche Fotos des Fisches im flachen Wasser. Sie brachten ihn zudem zu einer tieferen Stelle am Riff, um dort Unterwasserfotos des noch lebenden Tieres machen zu können. Erdmann und seine Frau waren fasziniert von dem schönen Fisch mit den großen Augen, die bei einem bestimmten Lichteinfall grün leuchteten.[17] Sie brachten ihn mit einem Boot nach Manado. Auf der Fahrt starb er schließlich. Erdmann nahm unmittelbar danach diverse Gewebeproben, die er in flüssigem Stickstoff konservierte. Seinen endgültigen Aufenthaltsort fand der erste, in indonesischen Gewässern sichergestellte Quastenflosser im Zoologischen Museum in Bogor in der Nähe der indonesischen Hauptstadt Jakarta.

WIE VIELE QUASTENFLOSSERARTEN GIBT ES?

Erdmann hatte bei seiner Begegnung mit dem lebenden indonesischen Quastenflosser beobachtet, dass er der komorischen Art *Latimeria chalumnae* enorm ähnlich war, sich aber in der Farbe deutlich unterschied. Während *Latimeria* stahlblau mit weißen Punkten war, hatte »Rajah Laut« eine braune Grundfärbung, wenn auch beide dieselben weißen Punkte besitzen. In der Folgezeit setzte sich Erdmann sowohl für die weitere Erforschung des indonesischen Fisches als auch für konkrete Schutzmaßnahmen ein. Insbesondere wurde bei einem Treffen mit Wissenschaftlern und Politikern vereinbart, den Quastenflosser zum nationalen Erbe des Landes zu erklären, um ihn für zukünftige Generationen zu schützen.[18]

Offen blieb bei all dem, ob es sich bei den Quastenflossern aus Indonesien und den Komoren um dieselbe oder zwei verschiedene Arten handelt. Äußerlich waren beide außerordentlich ähnlich, und so sollten genetische Untersuchungen das Rätsel klären. Bereits Anfang 1999 lagen die ersten DNA-Daten des indonesischen Quastenflossers vor. Untersucht hatte man mitochondriale DNA, deren Sequenz auch von der komorischen Art bekannt war. Der Vergleich der 3221 Basenpaare zeigte einen Unterschied von 3,4 Prozent zwischen den Sequenzen. Das war noch kein ausreichender Beleg dafür, dass es sich um zwei Arten handelte, aber es sollte ganz anders kommen.

Im April 1999 veröffentlichte der französische Ichthyologe Laurent Pouyaud zusammen mit einigen indonesischen Kooperationspartnern die Ergebnisse eigener genetischer und anatomischer Untersuchungen des einzigen zur Verfügung stehenden indonesischen Quastenflossers. Sie verglichen die Sequenzen zweier verschiedener Gene (das Cytochrom-b- und das 12S-rDNA-Gen). Die genetische Divergenz betrug dabei 4,8 Prozent (Cytochrom-b) und 2,85 Prozent (12S-rDNA). Zusätzlich vermaßen sie den indonesischen Fisch und verglichen seine Körperproportionen mit denen des afrikanischen Quastenflossers. Die sowohl genetisch als auch anatomisch nur geringen Unterschiede hielt Pouyaud für ausreichend, den indonesischen Quastenflosser als neue Art in derselben Gattung zu benennen: *Latimeria menadoensis.*

Dies taten sie allerdings ohne Beteiligung des Mannes, der die Existenz des indonesischen Quastenflossers nicht nur nachgewiesen und ein Exemplar sichergestellt hatte, sondern der zudem die Untersuchung von »Rajah Laut« maßgeblich vorangetrieben hatte: Mark Erdmann. Zuerst hatte Pouyaud versucht, zusammen mit dem französischen Unternehmensberater Georges Serre und dem Ichthyologen des Pariser Naturkundemuseums, Bernard Séret, einen Artikel in *Nature* zu platzieren, in dem die Autoren unter anderem behaupteten, dass Séret bereits 1995, also wenige Jahre vor Erdmanns Entdeckung, einen konservierten, zehn Kilogramm schweren Quastenflosser besaß, den er südlich von Java gefangen haben wollte. Diese Entdeckung hätte weitreichende Implikationen, da sie das Verbreitungsgebiet des indonesischen Quastenflossers um weitere 2000 Kilometer erweitern würde. Zudem wäre Mark Erdmann das Recht an der Erstentdeckung streitig gemacht worden.

Angeblich hatte Serre das gesalzene und getrocknete Exemplar an das ozeanografische Institut in Jakarta schicken lassen, wo es aber nicht nachweisbar war, möglicherweise sei es gestohlen worden. Serre behauptete, das Exemplar bei einem Privatsammler wiedergefunden zu haben, der aber die Untersuchung des Fisches verweigere. Das einzige Foto, das Serre gemacht haben will, sei ebenfalls verschwunden und erst im Jahr 2000 wiederaufgetaucht. *Nature* ließ das Manuskript wie üblich begutachten, und es stellte sich heraus, dass das angeblich bereits 1995 von Serre gefangene Quastenflosserexemplar, das neben anderen Fischen auf dem vorgelegten Foto abgebildet war, mit an Sicherheit grenzender Wahrscheinlichkeit nicht nur identisch mit Erdmanns Exemplar ist, sondern dass wohl sogar dasselbe Foto verwendet wurde. Offensichtlich ein betrügerischer Versuch des französischen Teams, die Entdeckung dieses Sensationsfundes für sich zu reklamieren. *Nature* lehnte das eingereichte Manuskript ab und veröffentlichte selbst zwei kurze Beiträge über diese »verworrene Geschichte von einem verloren gegangen, gestohlenen und strittigen Coelacanth«.[19] Auf Nachfrage beteuerten zwei der Franzosen ihre Unschuld und verwiesen auf Georges Serre als mutmaßlichen Motor des Quastenflosserbetrugs.

Pouyaud aber hatte durch die Veröffentlichung seiner Untersuchungsdaten und des neuen Namens, *Latimeria menadoensis*, in *Comptes Rendus de l'Académie des Sciences*, einer französischen Wissenschaftszeitschrift, Nägel mit Köpfen gemacht und Erdmann um die verdienten Lorbeeren der Veröffentlichung der ersten Daten zum indonesischen Quastenflosser gebracht. Dieser »Akt wissenschaftlicher Piraterie«[20] entsetzte die Fachwelt, aber der neue Name war nach den Regeln der Taxonomie veröffentlicht worden und damit gültig. Der indonesische Quastenflosser gilt bis heute als eigenständige Art unter dem ihm in der französischen Publikation zugedachten Namen, *Latimeria menadoensis*.

Malania anjouanae, J. L. B. Smiths zweite Quastenflosserart, nahm ein anderes Schicksal. Schon ein Jahr nach der Veröffentlichung des neuen Namens war von Smiths neuer Gattung *Malania* keine Rede mehr, und der Komoren-Quastenflosser tauchte ab 1954 in einschlägigen Publikationen als *Latimeria anjouanae* auf.[21] 1986 schließlich wurde in einem Buch mit dem Titel »Smith's Sea Fishes«, in dem alle rund 2200 Fischarten aus südafrikanischen Meeresgewässern behandelt wurden, offiziell festgestellt, dass die Quastenflosser vor der afrikanischen Küste und ihre komorischen Verwandten zur selben Art gehören.[22] Bemerkenswerterweise war die Autorin des Quastenflosserkapitels und zugleich Herausgeberin des Buches, an dem die wichtigsten Fischexperten der Welt beteiligt waren, Margaret Smith, die mit diesem nach ihrem Mann benannten Buch ihr Lebenswerk krönte.

Damit scheint es nach heutiger Datenlage zwei Quastenflosserarten zu geben, *Latimeria chalumnae* in den Gewässern des westlichen Indischen Ozeans und *Latimeria menadoensis* aus Indonesien.

NOCH MEHR QUASTENFLOSSER

Die heute lebenden Quastenflosser gelten als eines der populärsten Beispiele für »lebende Fossilien«, also für eine Organismengruppe, die weitestgehend unverändert geologisch lange Zeiträume der Erdgeschichte überdauert hat. Tatsächlich besitzen beide *Latimeria*-Arten einige Merkmale, die sie mit den fossilen Quastenflossern teilen und die J. L. B. Smith an Marjorie Courtenay-Latimers Fisch sofort erkannt hatte. Dazu gehören die typische zusätzliche kleine Flosse in der Mitte der großen, zweigeteilten Schwanzflosse und die zwei Rückenflossen, von denen die hintere ebenso wie die Bauch- und Afterflossen auffällig fleischig ist. Es sind besonders diese fleischigen Flossen, die die Quastenflosser extremitätenartig bewegen und die dazu verführen, in *Latimeria* einen nahen Verwandten derjenigen Fische zu sehen, die zuerst an Land krabbelten.[23] In wissenschaftlicher Terminologie sind die Quastenflosser möglicherweise die nächsten Verwandten – die Schwestergruppe – der Landwirbeltiere (Tetrapoda). Dies würde dem Quastenflosser eine zentrale Position für das Verständnis des Übergangs von den im Wasser lebenden Fischen zu den an Land lebenden Tetrapoda verleihen. Ein anderer Kandidat für diese evolutive Schlüsselposition sind allerdings die Lungenfische, eine nur aus sechs Arten bestehende Fischgruppe, die in Afrika, Australien und Südamerika verbreitet ist. Für beide Hypothesen gibt es nachvollziehbare Argumente. Nach einer 2013 veröffentlichten Analyse von 251 Genen von 22 Wirbeltierarten, unter anderem von *Latimeria chalumnae* und einem Lungenfisch, scheint aber vieles dafür zu sprechen, dass wohl die Lungenfische die Schwestergruppe der Tetrapoden sind. *Latimeria* dagegen ist erst die Schwestergruppe von Lungenfischen und Tetrapoda zusammen. Interessanterweise ist das Genom, also die Gesamtheit der materiellen Träger der Gene, der Lungenfische das größte bisher bekannte Genom, was die Untersuchung der genetischen Grundlage des Wasser-Land-Wechsels in der evolutiven Frühgeschichte der Wirbeltiere erschwert. Die Quastenflosser, deren Genom eine im Verhältnis zu den anderen Tetrapoden ähnliche Genomgröße besitzt, nehmen daher voraussichtlich eine zentrale Rolle bei künftigen genetischen Untersuchungen zur frühen Evolution der Tetrapoda und ihrer Vorfahren ein.

In der Veröffentlichung von 2013 ging es auch um die Frage, ob es Indizien dafür gibt, dass die Quastenflosser eine im Vergleich zu anderen Wirbeltieren auffällig langsame Evolutionsgeschwindigkeit besitzen, was üblicherweise als

Eigenschaft von »lebenden Fossilien« gesehen wird. Die Wissenschaftler fanden heraus, dass diejenigen Gene, die für die Bildung von Proteinen aus Aminosäuren zuständig sind, also sogenannte proteincodierende Gene, tatsächlich signifikant langsamer als bei anderen Wirbeltieren evolvieren. Das Genom als Ganzes aber zeigt diesen Effekt nicht.[24] Tatsächlich könnte ein statischer Lebensraum ohne schnelle und häufige Änderungen der Lebensbedingungen sowie das Fehlen von Fressfeinden die Ausbildung langsamer genetischer Anpassungsprozesse begünstigen.

Fossile Quastenflosser kennt man bereits seit dem Mitteldevon vor etwa 380 Millionen Jahren. Besonders artenreich waren sie in der Unteren Trias vor 245 Millionen Jahren und im Oberen Jura vor 140 Millionen Jahren. Seit der Oberen Kreide (vor 70 Millionen Jahren) findet man keine fossilen Vertreter der Quastenflosser mehr, und die Wissenschaftler nahmen bis zur Entdeckung von *Latimeria chalumnae* an, dass die Quastenflosser vor dieser Zeit ausgestorben sind.[25] Der Begriff des »lebenden Fossils« impliziert dabei die Vorstellung, dass die heutigen Quastenflosser nahezu unveränderte Überlebende der vor 70 Millionen Jahre so gut wie ausgestorbenen Artgenossen sind. Das ist keineswegs so. Auch die Quastenflosser, die im Indischen Ozean und vor Indonesien vorkommen, haben über die geologischen Zeiträume hinweg eine eigene Evolution durchlaufen, die zu den beiden heute noch existierenden Arten geführt hat. Wir wissen bis auf die äußere und teilweise innere Anatomie der fossilen Quastenflosser sehr wenig. In jedem Fall aber weniger, als wir über *Latimeria chalumnae* und *Latimeria menadoensis* wissen. Die beiden Arten sind lebende Vertreter einer seit Millionen von Jahren existierenden Fischgruppe mit spezifischen und einzigartigen Eigenschaften in ihrer Gestalt und ihrem Verhalten.

Die genetische Untersuchung eines Quastenflossers, der erst jüngst vor Papua und damit rund 750 Kilometer östlich von Sulawesi, der Fundregion der bisherigen Exemplare von *Latimeria menadoensis*, gefangen wurde, hat ein überraschendes Ergebnis gebracht.[26] Die molekularen Daten der beiden weit voneinander entfernt liegenden indonesischen Quastenflosserpopulationen unterscheiden sich signifikant voneinander, und die beiden Linien haben sich wahrscheinlich bereits vor 13 Millionen Jahren voneinander getrennt. Die Wissenschaftler halten es für denkbar, dass noch weiter östlich dieses neuen Fundpunktes in geeigneten Lebensräumen weitere Populationen entdeckt werden. Aufgrund der frühen Trennung der beiden bislang zu *Latime-*

ria menadoensis gehörenden Populationen bei Sulawesi und bei Papua halten sie es ebenfalls für möglich, dass sich andere Populationen noch früher voneinander getrennt haben. Diese könnten über solche geologisch langen Zeiträume eine genetische Eigenentwicklung durchlaufen haben, die zur Bildung weiterer, noch unentdeckter Quastenflosserarten geführt haben könnte.

QUASTENFLOSSER IM HAIFANGNETZ

Die überwiegende Zahl der bisher gefundenen Quastenflosser wurden von lokalen Fischern als Einzeltiere mithilfe von Handleinen gefangen. Da die Populationsdichten mit großer Wahrscheinlichkeit gering sind, bleiben Fänge von Quastenflossern durch Handleinenfischerei seltene Zufallsereignisse, aus denen sich unter anderem die in den Museen der Welt vorhandenen Exemplare speisen. Seit der Mitte der 1980er-Jahre hat allerdings im Vorkommen des Komoren-Quastenflossers vor der Südwestküste Madagaskars die Tiefsee-Stellnetzfischerei nach Haien stark zugenommen. Handelsinteressen nach Haiflossen und Haiöl bestehen besonders in China. Die in Madagaskar eingesetzten sogenannten Jarifa-Stellnetze haben eine große Maschenweite von 24 Zentimetern und werden häufig mit kleinen Köderfischen bestückt. Sie werden üblicherweise in einer Tiefe von 100 bis 300 Metern gestellt, was dem bevorzugten Lebensraum von Quastenflossern entspricht. Im Gegensatz zu mobilen Schleppnetzen können Jarifa-Stellnetze auch in felsigen Regionen eingesetzt werden, in denen die Quastenflosser bevorzugt leben. Zufallsfunde von Quastenflossern sind auch für die Haifischerei von großem wirtschaftlichem Interesse. Auch wenn es keinen offiziellen Markt für den Handel mit Quastenflossern gibt, können die lokalen Fischer die seltenen Fische offenbar außer Landes schmuggeln und lukrativ verkaufen. Beunruhigenderweise ist der Anteil trächtiger Weibchen unter den gefangenen Quastenflossern sehr hoch. Nach einer aktuellen Studie über den Fang von Quastenflossern vor Madagaskar stellt die Haifischerei mit Jarifa-Stellnetzen die wahrscheinlich größte Bedrohung der Bestände dar.[27] Es besteht dringender Handlungsbedarf, striktere Schutzmaßnahmen für die Quastenflosserbestände und ihre Lebensräume in ihrem gesamten Verbreitungsgebiet zu etablieren.

»Ich weinte buchstäblich
in meine Maske«

VIII

DIE GROTTENKREBSE DER BLUE HOLES

Am 4. Februar 1979 tauchte Jill Yager ein in die dunklen Tiefen der Lucayan Caverns auf der Karibik-Insel Grand Bahama, wie sie es schon so oft gemacht hatte. Dieser eine Tauchgang aber sollte ihr Leben auf den Kopf stellen. Yager war eine erfahrene Taucherin, die im Jahr zuvor offiziell als Höhlentaucherin zertifiziert worden war. Eine solche Zertifizierung war erforderlich, um in den sich weit in den Kalksteingrund erstreckenden Höhlensystemen der Bahamas tauchen zu dürfen. Zu gefährlich ist das Tauchen ohne Erfahrung und spezialisiertes Training in den lichtlosen, vollständig überfluteten Höhlen. Aber auch mit Erfahrung bleibt Höhlentauchen ein riskantes Unternehmen, und selbst die geübtesten Taucher gehen mit jedem Tauchgang ein hohes Risiko ein. Yager kann sich an ihren ersten Tauchgang in eine der Höhlen auf Grand Bahama genau erinnern:

> Ein Tauchkurs für Fortgeschrittene brachte mich in meine erste Unterwasserhöhle. Meine Tauchgruppe entschied, dass unser erster Fortgeschrittenen-Tauchgang in ein »Blue Hole« führen sollte, einer Unterwasserhöhle mit einem unterseeischen Eingang. Ich erinnere mich, wie ich in das dunkle Loch absank und wie mir der Atem stockte, weil am Grund eine riesige, furchteinflößende, grüne Muräne auftauchte. Der Höhleneingang aber führte zu einem Durchgang mit großen Hummern und bunten Schwämmen. Dieser eine Tauchgang hatte gereicht, unsere Neugierde zu wecken und einige von uns dazu zu motivieren, die zahlreichen Höhlen von Grand Bahama zu erforschen.

Yagers Begeisterung für Höhlen reicht weit zurück in ihre Kindheit, als ihr Großvater sie in eine touristisch zugängliche Höhle in ihrer Heimat in Indiana in den USA mitnahm. Hier sah sie das erste Mal die Zauberwelt der Stalaktiten und Stalagmiten und die in der Dunkelheit herumschwirrenden kleinen Fledermäuse. Sie wurde Biologin und begann, nach ihrem Bachelor-Abschluss, in Freeport, der Hauptstadt von Grand Bahama, als Lehrerin für Naturwissenschaften zu arbeiten.

Die Inseln der Bahamas bestehen aus Kalkstein, der vor mindestens 145 Millionen Jahren durch Kalkablagerung von Korallen und Ausfällung von Kalk aus dem Meerwasser durch bakteriellen Stoffwechsel gebildet wurde. Die Mächtigkeit des Kalksockels der sogenannten Bahama Banks, einer Gruppe von Karbonatplattformen, auf denen die Bahamas ruhen, beträgt 4500 Meter. Weil die Bildung des Kalks durch Organismen geschieht, die nur im flachen Wasser tropischer Meere leben und stoffwechseln können, kann die gewaltige Stärke der Bahamas Banks nur durch stetes Absinken des immer weiterwachsenden Karbonatsockels erklärt werden. Durch Absinken des Meeresspiegels um bis zu 130 Meter während der Eiszeit wurde der Kalkstein der Atmosphäre ausgesetzt und erodierte durch chemische Verwitterung zu den für Karbonatgestein typischen, weitverzweigten Karsthöhlen. Vor etwa 11 700 Jahren, zum Ende der letzten Kaltzeit, überflutete der ansteigende Meeresspiegel die Höhlen. Höhlensysteme, die einen Zugang vom Landesinneren haben, haben zudem einen steten Zufluss von Süßwasser. Durch die Unterschiede im Salzgehalt bildet sich eine Wasserschichtung, bei der das leichtere Süßwasser auf dem schwereren Salzwasser liegt. Dadurch entstehen zwei vollkommen unterschiedliche Lebensräume mit spezifischen Bedingungen, die jeweils effektive Barrieren für Organismen darstellen. Bestimmte Höhlenarten leben in der Süßwasserschicht, andere im Salzwasser. Ein einzigartiger Lebensraum in vollkommener Dunkelheit.

Ein Lebensraum allerdings, der typischerweise eine nur geringe Artenvielfalt aufweist. Der Eintrag an organischem Material in Unterwasserhöhlen ist in der Regel zu gering, um als Nahrungsgrundlage für artenreiche Lebensgemeinschaften zu dienen. Als Taucher sieht man hier und da kleine Krebse im glasklaren Wasser der Höhle, manchmal einen der farblosen Höhlenfische. Auf ihren Tauchgängen nahm Yager daher Probengefäße mit, um die kleinen Höhlenkrebse zu sammeln und an Krebsspezialisten zu schicken. Beinahe jeder Krebs erwies sich als neue Art, und Yagers Interesse an den Höhlenarten wuchs mit jedem Tauchgang.

An jenem 4. Februar 1979 sah Yager einen großen, weißen, offensichtlich an das Höhlenleben angepassten Organismus, der sich wurmartig in der klaren Wassersäule der Lucayan-Höhle entlangschlängelte. »Groß« bedeutet in diesem Fall rund zwei Zentimeter Körperlänge, was für die ansonsten in Höhlen lebenden Krebse recht ansehnlich ist. Yager hielt das Tier für einen Polychaeten, einen jener segmentierten Borstenwürmer, die in den Lebensräumen des Meeres häufig sind und in vielen Arten vorkommen. Unglücklicherweise aber hatte Yager bei diesem Tauchgang kein Fanggefäß bei sich, doch das seltsame Tier, auf das sie sich keinen Reim machen konnte, blieb ihr im Gedächtnis. Es sollte acht Monate und zahlreiche weitere Tauchgänge in dieselbe

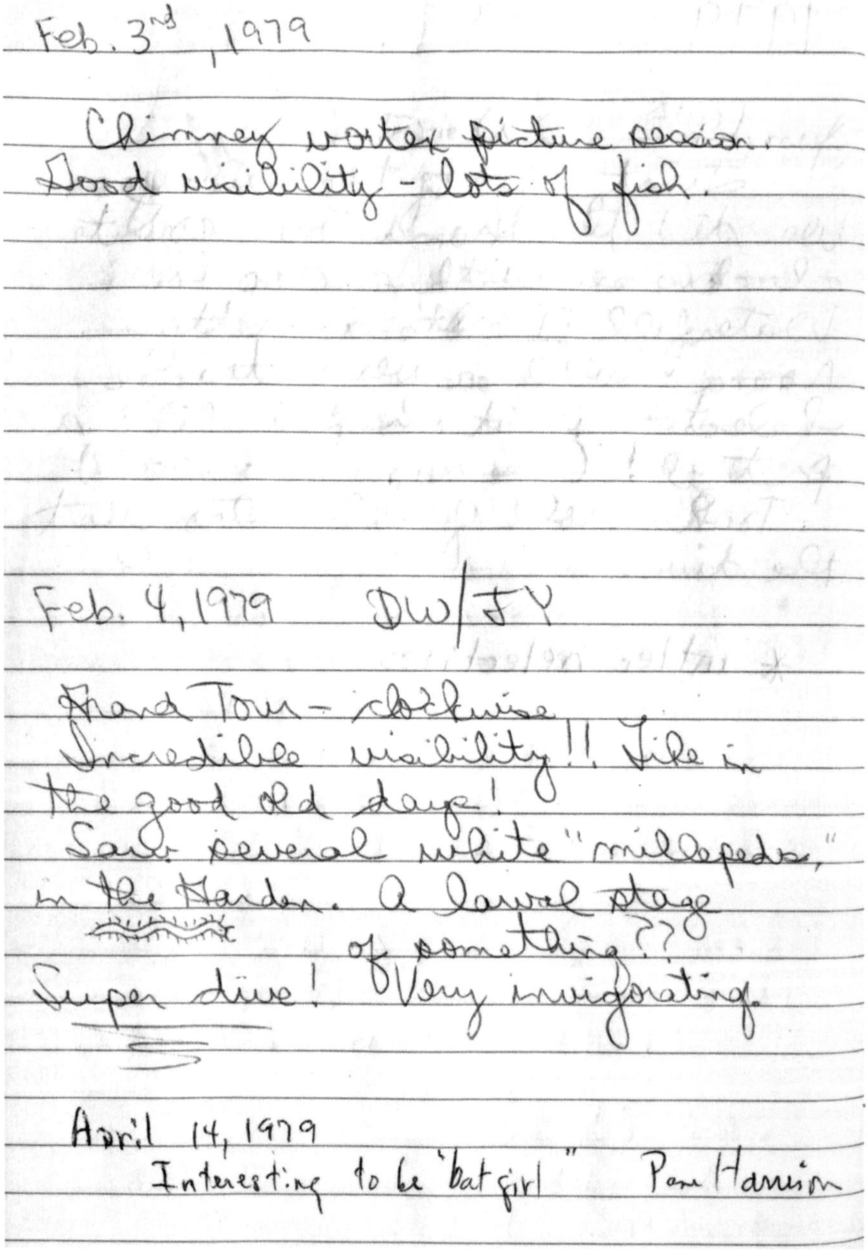

Feb. 3rd, 1979

Chimney vortex picture session.
Good visibility - lots of fish.

Feb. 4, 1979 DW/JY

Grand Tour - clockwise
Incredible visibility!! Like in
the good old days!
Saw several white "millepeds,"
in the Garden. A larval stage
of something??
Super dive! Very invigorating.

April 14, 1979
Interesting to be "bat girl" Pam Harrison

8-1 Die Seite aus Jill Yagers Tauchlogbuch vom 4. Februar 1979 mit der ersten Skizze des weißen Borstenwurms

Höhle dauern, bis sie das Rätseltier erneut erblickte. Und dieses Mal war Yager vorbereitet, und es gelang ihr, das Exemplar in ein Sammelgefäß zu bugsieren.

Zurück an Land, untersuchte sie das Tier unter einem Mikroskop, und zu ihrer großen Überraschung war es kein Borstenwurm, sondern entpuppte sich als Mitglied der Crustacea, also der Krebstiere. Den Unterschied sah sie sofort: Krebse besitzen zwei Paar Antennen, Borstenwürmer keine. Aus Yagers Sicht zweifellos ein Krebs, wenn auch mit einer ungewöhnlichen Körpergestalt. Das Tier hatte, anders als die Krebse, die Yager kannte, einen kleinen Kopf mit einem Kopfschild und einem Rumpf, der aus zahlreichen gleichförmigen Segmenten bestand. Dass das Tier pigmentlos war und keine Augen besaß, überraschte Yager nicht. Das kannte sie von vielen Bewohnern lichtloser Höhlen.

Mit der Feststellung, dass es sich bei dem Tier um einen Krebs handelte, war Yager freilich auch schon mit ihrem Latein am Ende. Ihr Höhlenkrebs passte in keine der bekannten Krebsgruppen, weder in eine der Familien und Ordnungen noch in eine der Klassen. Da alles, was sie vorher an Krebsen in den Höhlen der Bahamas gefangen hatte, neu für die Wissenschaft war, wuchs ihre Neugierde. Sie sandte Briefe und Skizzen an mehrere Krebsforscher in aller Welt. Unter ihnen war Frederick Schram vom San Diego Natural History Museum, einer der prominentesten Crustaceologen weltweit. Die wenigen Informationen, die er erhalten hatte, ließen ihn hellhörig werden. Es war offensichtlich, dass Yager etwas Besonderes entdeckt hatte. Schram und sein Kollege Robert Hessler vom Scripps Institute of Oceanography in San Diego beschlossen, Yager nach San Diego einzuladen, um mit ihr an dem neu entdeckten Tier zu arbeiten. Yager hatte keinerlei Erfahrung in der Krebssystematik und dem Verfassen von Manuskripten zu diesem Thema. Sie verbrachte eine Woche in San Diego, in der Schram und Hessler ihr halfen, eine professionelle Publikation aufzusetzen. Gemeinsam gingen sie die wichtigsten Veröffentlichungen zum evolutiven Ursprung der Krebse durch und verglichen die neue Art mit verschiedenen Fossilien aus der Frühgeschichte der Krebse.

Mit der wissenschaftlichen Rückendeckung der Krebsautoritäten war sich Yager inzwischen sicher, dass ihr Höhlenkrebs nicht nur eine noch unbekannte Art war, sondern zweifellos nicht einmal in eine der sieben damals bekannten Klassen der Krebse passte, die höchste Kategorie innerhalb der Krebsklassifikation.

8-2 Jill Yager mit einer Flasche mit Remipedia, die sie auf ihrem ersten Tauchgang auf der mexikanischen Yucatán-Halbinsel gefangen hatte

1981 erschien schließlich Yagers Publikation mit ihr als alleiniger Autorin, in der sie die neue Art *Speleonectes lucayensis* nannte.[1] In ihrer Danksagung würdigte sie Schram und Hessler, ohne deren Hilfe Yager eine solche Publikation nicht hätte schreiben können. Die Beschreibung basierte auf nur vier Exemplaren. Auf ihren zahlreichen Tauchgängen in das Lucayan-Unterwasserhöhlensystem in den letzten drei Jahren hatte sie den Krebs weniger als zwölfmal beobachten können. Yager war begeistert: »Es ist eine solche Seltenheit, eine neue Klasse irgendeiner Tiergruppe zu finden, ich war außer mir vor Freude. Wenn ich jetzt zurückschaue, ich war nur eine einfache Highschool-Lehrerin mit der erstaunlichsten neuen Klasse von Krebsen!«

⟶ **8-3** Ein Exemplar der Grottenkrebsart *Lasionectes entrichoma* Yager und Schram, 1986 von den Turks- und Caicosinseln, Nordcaicos

Yager realisierte, dass sie als eine der ganz wenigen Biologinnen auf der Erde dabei war, einen vollkommen unbekannten Lebensraum zu erkunden, der ein Rätsel nach dem anderen für sie bereithielt. »Ein unglaubliches Entdeckergefühl!«, sagt Yager

Eine neue Tierklasse wird nur selten beschrieben, und die besonderen Umstände der Entdeckung der Remipedia in den dunklen Tiefen der Unterwasserhöhlen der Bahamas machten diesen Fund zu einer Sensation. Jill Yagers Entdeckung ging durch die Presse, und es folgten zahlreiche Fernsehauftritte, die die Remipedia und Jill Yager weltweit bekannt machten. Eine für eine Wissenschaftlerin ungewohnte Medienaufmerksamkeit. Einige Jahre später bekamen die Remipedia in einer deutschsprachigen Veröffentlichung die populäre Bezeichnung Grottenkrebse.[2]

Die Höhlentaucherei aber ließ Yager nicht mehr los. Sie begann, weitere Höhlen auf den Bahamas zu suchen und zu erforschen. Neue Höhlen waren nicht leicht zu finden, satellitenbasierte Erderkundung steckte noch in den Kinderschuhen. Als Yager feststellte, dass sich unbekannte Höhlen leichter finden lassen, wenn man sie aus der Luft sucht, lernte sie kurzerhand fliegen und erwarb eine Pilotenlizenz, um von nun an mit einem kleinen Flugzeug in geringer Höhe über die Inselwelt der Bahamas zu fliegen. Manchmal machten sich Yager und ihre Tauchkollegen aber auch einfach zu Fuß auf den Weg und wanderten schwer beladen mit Tauchausrüstung über die Inseln, um nach Höhleneingängen Ausschau zu halten. Im Laufe der Zeit entdeckten und dokumentierten sie zahlreiche neue Höhlensysteme. Andere Taucher wurden durch die Medien auf die faszinierenden Karsthöhlen auf den Bahamas und die Entdeckung der neuen Tierklasse aufmerksam, und langsam nahm die Zahl der Höhlentaucher zu. Heute ist auf den Bahamas das Tauchen nur an bestimmten, ausgewiesenen Stellen erlaubt, und für jeden Tauchgang braucht man eine offizielle Genehmigung der örtlichen Underwater Explorers Society, die schon 1965 auf den Bahamas gegründet wurde.

Die Faszination der Grottenkrebse und der Höhlen führten Yager auch in Höhlen auf Kuba und die mexikanische Yucatán-Halbinsel. Sie entdeckte dabei weitere Remipedia-Arten. Manche Höhlen besaßen nur eine Art, andere Höhlen dagegen waren gleich von mehreren Arten bevölkert. Besonders in Erinnerung geblieben ist Yager ihr erster Tauchgang auf der Yucatán-Halbinsel: »Ich weinte buchstäblich in meine Maske, als ich die enormen Mengen an Remipedia erblickte. Es waren Tausende von ihnen! In der Lucayan-Höhle

8-4 Der Remipedia-Forscher und Höhlenfotograf Thomas Iliffe in einer Höhle auf der Kanaren-Insel Lanzarote auf Grottenkrebsfang

hatte ich während meiner Tauchgänge im Laufe von zehn Jahren vielleicht fünfzehn einzelne Individuen gesehen. An einem Ort zu tauchen, an dem es von Remipedia nur so wimmelte, war ein unerwartetes und überwältigendes Erlebnis für eine Biologin.«

Die Entdeckung immer weiterer Remipedia-Arten und die fortschreitende Erforschung der Lebensweise dieser vollkommen unbekannten Tiere führten schließlich dazu, dass Yager 1989 mit einer umfangreichen Dissertation über Remipedia promoviert wurde. Nach Yagers eigener Kenntnis war dies die erste Doktorarbeit überhaupt, die Höhlentaucherei methodisch einsetzte.

Bis heute haben für Jill Yager Höhlen und Remipedia nichts von ihrer Faszination eingebüßt. »Unterwasserhöhlen sind wunderschöne, beinahe magische Orte. Viele sind mit zarten Stalaktiten und Stalagmiten geschmückt, und durch sie hindurchzuschwimmen ist spektakulär. Typischerweise ist das Wasser kristallklar, und man sieht selbst die kleinsten Tiere«, beschreibt sie die Faszination des Höhlentauchens. Inzwischen im Ruhestand, forscht sie als

8-5 Jill Yager schaut mit Delphina, der Landbesitzerin, in einen Brunnen in Mexiko. Solche Brunnen können ein Zugang zur unterirdischen Welt der wassergefüllten Höhlensysteme sein.

freiwillige wissenschaftliche Mitarbeiterin in der Abteilung für Invertebratenzoologie des Smithsonian Institution in Washington, D. C. weiter an ihren Krebsen. »Wir lernen immer mehr über die Rolle der Remipedia im Ökosystem der Unterwasserhöhlen«, sagt Yager, »und inzwischen sind neue Arten überall in der Karibik und selbst in Australien entdeckt worden.«

EIN NEUER AST IM STAMMBAUM DER KREBSE

Als Yager 1981 die Entdeckung der Remipedia in Form einer wissenschaftlichen Veröffentlichung bekannt gab, führte sie nicht nur den seitdem weithin bekannten Namen Remipedia für die neue Klasse der Krebse in die Fachwelt ein. Sie veröffentlichte eine Reihe weiterer taxonomischer Namen, die das ganze Spektrum der Krebsklassifikation von der Art bis zur Klasse abbilden.

Genau genommen hatte Yager dabei erst einmal eine neue Art entdeckt, nämlich *Speleonectes lucayensis*. Der Gattungsname *Speleonectes* leitet sich von zwei griechischen Wörtern ab: Von *spelaion* für Höhle und von *nectes* für Schwimmer. Er bedeutet also der »Höhlenschwimmer«. Das Art-Epitheton *lucayensis* bezieht sich – wie man leicht erkennen kann – auf den Herkunftsort der neuen Art, die Lucayan-Höhlen. Da diese neue Art aber keiner der schon bekannten höheren Gruppen der Krebse zugeordnet werden kann, entschied sich Yager, sie als ganz neuen Ast im Stammbaum der Krebse zu formalisieren. Sie nannte diesen neuen Ast Remipedia. Die Silbe *rem* stammt vom lateinischen *remus* und bedeutet Ruder, *pedia* stammt vom lateinischen *pes* ab und heißt Fuß, dazwischen noch der Bindevokal -i-. Die Remipedia sind also, wörtlich übersetzt, die »Ruderfüßer«. Da in der üblichen Klassifikation der Tiere zwischen der Ebene der Art und der Ebene der Klasse eine gewaltige Lücke klafft, schlug Yager auch gleich noch eine neue Familie vor, die sie Speleonectidae nannte. Dieser Name leitet sich vom Gattungsnamen ab, mit der in der zoologischen Nomenklatur charakteristischen Endung -idae für den Familienrang.

Mit Yagers Beschreibung der Remipedia 1981 betraten die Grottenkrebse die Bühne der internationalen Forschung. Genauso wie Yager ließen auch Schram und Hessler die neu entdeckten Krebse nicht mehr los. Die stammesgeschichtliche Position der Remipedia war weiterhin unklar, und auf Anraten Schrams und Hesslers hatte Yager in ihrer Originalbeschreibung auf Spekulationen zu dieser wichtigen Frage verzichtet. Stattdessen empfahlen sie ihr zu versuchen, weitere Exemplare und womöglich Arten zu sammeln, um daraus ein vollständigeres Bild der Krebse entwickeln zu können. In den Folgejahren gelang es Schram und Hessler, umfangreiche Fördermittel zu erhalten, um die Erforschung der Remipedia fortzuführen. Dies erlaubte ihnen, auch Yager in der Fortführung ihrer Forschungsarbeit an den Grottenkrebsen zu unterstützen.

Seit Yagers erster Publikation sind bis heute 29 Arten der Grottenkrebse entdeckt worden.[3] Neben Yagers Familie Speleonectidae gibt es inzwischen zwei weitere Familien, die Godzillidae und die Micropacteridae, und in den drei Familien verteilen sich die 28 Arten auf insgesamt acht Gattungen. Wie man vermuten kann, bezieht sich der Familienname Godzillidae tatsächlich auf das riesige Monster Godzilla aus den japanischen Filmen. Yager hatte 1986 zusammen mit zwei wissenschaftlichen Kollegen eine neue Remipedia-

Art auf den karibischen Turks- und Caicos-Inseln entdeckt, die sie aufgrund ihrer »monströsen« Größe von etwa 43 Millimeter Körperlänge *Godzillius robustus* nannten.[4] Neben der schieren Körpergröße unterschied sich die neue Art in vielen Details von allen anderen bisher bekannten Remipedia-Arten, sodass sie sie in einer neuen Gattung und einer neuen Familie einordneten. Yagers Entdeckung der Remipedia wurde 2007 dadurch geehrt, dass eine weitere neue Art nach ihr benannt wurde, *Micropacter yagerae*, die der deutsche Wissenschaftler Stefan Könemann und seine Co-Autoren ebenfalls auf den Turks- und Caicos-Inseln entdeckt hatten. Auch für diese Art beschrieben sie eine eigene neue Gattung und eine neue Familie, die Micropteridae.

Bereits im Jahr der Originalbeschreibung der Grottenkrebse begann Yager, sich für den Schutz der Lucayan-Höhlen einzusetzen. Sie befürchtete, dass mit ihrer Entdeckung die Höhlensysteme von Sporttauchern überflutet werden würden. Schram und andere Kollegen schickten Unterstützungsschreiben an die zuständigen Behörden auf den Bahamas, und wenige Jahre später wurden die Höhlen unter Schutz gestellt.

IST DER GROTTENKREBS KEIN KREBS?

Das Besondere an den Remipedia, das sie derart in das Rampenlicht nicht nur der Krebsforscher, sondern auch der Öffentlichkeit rücken ließ, war aber nicht nur, dass sie sich innerhalb der bekannten Formen der artenreichen Gruppe der Krebse einer Einordnung widersetzten. Sie besitzen eine ganze Reihe von Merkmalen, die in dieser Weise bei keiner anderen Krebsgruppe zu finden sind, und seit ihrer Entdeckung wird gelegentlich angezweifelt, dass es sich überhaupt um Krebse handelt. Remipedia sehen, oberflächlich betrachtet, wie Hundertfüßer aus, nur dass Hundertfüßer reine Landbewohner sind. Der Körper der Grottenkrebse ist unterteilt in einen kleinen Kopf und einen lang gestreckten Rumpf, der aus zahlreichen gleichförmigen Segmenten besteht. Sie sind Zwitter, und sie besitzen in ihrem Kopf eine ungewöhnliche große Drüse, deren Funktion lange unbekannt war. Dazu gleich mehr. In jedem Fall aber besitzen die Remipedia zahlreiche Merkmale, die die Fachleute vor ihrer Entdeckung bei keinem Krebstier oder einem anderen Gliedertier erwartet hätten.

8-6 Formenvielfalt der Remipedia

Begonnen hatten die Grottenkrebse ihre stammesgeschichtliche Karriere als einwandfreie Krebse. Jill Yager hatte sie als weitere Klasse der Crustacea beschrieben, und trotz mancher widersprüchlichen Merkmale schien eine Stellung innerhalb der Krebse die plausibelste Hypothese zu sein. Genauere Analysen legten nahe, dass es sich bei ihnen sogar um die Schwestergruppe aller übrigen Krebse handeln könnte.[5] Häufig werden Tiergruppen, die Schwestergruppe einer größeren, artenreichen Gruppe sind, als »basale« Gruppen bezeichnet, weil sie im Stammbaum an einer der Basis des Baumes nahe stehenden Stelle entspringen. Da jede Spaltung eines Astes in einem Stammbaum in zwei Seitenäste aber symmetrisch ist, ist der eine abgehende Ast nicht »basaler« als sein Schwesterast. Dennoch impliziert das »Basale« an einer Gruppe wie der Remipedia, die den anderen, mit mehr als 67 000 Arten enorm vielfältigen Krebsen gegenübersteht, dass sie eine besonders hohe Zahl an urtümlichen Merkmalen besitzen, die bereits bei der gemeinsamen Stammart aller Crustacea vorhanden gewesen sein dürften.

Eines dieser Sondermerkmale ist die schon erwähnte auffallend große Drüse im vorderen Körper der Remipedia. Sie mündet in der ersten Maxille, einem bei vielen Arthropoden auftretenden Paar von Kopfextremitäten. Es war bereits aufgefallen, dass die erste Maxille der Grottenkrebse besonders kräftig und spitz ist. Die Forscher nahmen an, dass die Krebse ihre Nahrung mit den Maxillen und den benachbarten Extremitäten ergreifen. Von anderen Arthropoden ist bekannt, dass sie durch Giftklauen Verdauungsenzyme in ihre Beute injizieren, um die dann verflüssigten Eingeweide der Beute aufsaugen zu können. Dies schien auch für die Remipedia eine plausible Hypothese zu sein. Erst 2013 aber gelang einer Gruppe von Wissenschaftlern um Björn M. von Reumont und Stefan Könemann der Nachweis, dass es sich bei der großen Drüse um eine Giftdrüse handelt und welches die chemische Zusammensetzung des Giftsekrets ist.[6] Sie analysierten die Morphologie des Vorderkörpers der Krebse, indem sie ein hochauflösendes, bildgebendes Verfahren anwendeten, das erst seit einigen Jahren zur Verfügung steht. Im DESY, dem Deutschen Elektronen-Synchroton, einem riesigen Teilchenbeschleuniger der Helmholtz-Gesellschaft, finden normalerweise Experimente zur Teilchenphysik statt. Es ist dort aber auch möglich, hochauflösende Mikro-Computertomografie-Untersuchungen an kleinen Objekten durchzuführen. Zum Beispiel an Köpfen von Grottenkrebsen. Die Mikro-CT-Einheit des DESY produziert dann eine Unmenge an hochauflösenden Dünnschichtaufnahmen, die mittels eines komplexen Computerprogramms zu einem hochauflösenden, virtuellen 3D-Modell des gescannten Körperabschnitts verrechnet werden. Die verschiedenen Muskeln, Nerven und Skelettelemente lassen sich am Computer unterschiedlich einfärben und für die Analyse bei freier Rotierbarkeit im Raum an- und ausschalten. Mithilfe einer solchen dreidimensionalen Rekonstruktion der großen Drüse und der Maxille konnten von Reumont und seine Kollegen zeigen, dass die Gesamtstruktur so gebaut ist, dass mit ihrer Hilfe das Drüsensekret kontrolliert in ein Beutetier gepumpt werden kann. Dass es sich dabei tatsächlich um ein Gift und nicht um ein Verdauungssekret handelt, zeigten von Reumont und Kollegen, indem sie das Transkriptom der Giftdrüse untersuchten. Beim Transkriptom handelt es sich um diejenigen Gene, die zu einem bestimmten Zeitpunkt aktiv und an der Übersetzung des codierten genetischen Inhalts in die Herstellung bestimmter Substanzen beteiligt sind. Die Wissenschaftler konnten zeigen, dass die Drüsengene tatsächlich eine Reihe von Enzymen und ein Neurotoxin herstellen, das in ähnlicher Weise schon in Spinnengift gefunden wurde.

Der Nachweis eines Giftes in einem Krebs war eine weitere Sensation im Zusammenhang mit den Remipedia. Lange Zeit hatten sich Wissenschaftler gewundert, dass unter den beinahe 70 000 Krebsarten nicht eine bekannt war, die ein Gift produzierte, während in nahezu allen anderen Gliederfüßergruppen Giftigkeit an der Tagesordnung ist: Hundertfüßer, Spinnen, Insekten, zahlreiche Arten aus diesen Gruppen haben vielfach unabhängig voneinander Gift zum Beuteerwerb und zur Verteidigung evolviert. Mittendrin die Krebse, mutmaßlich völlig giftfrei. Das änderte sich nun mit den Remipedia. Ob dieses Gift auch für den Menschen toxisch wirkt, ist noch unbekannt. Manche Taucher berichten, dass sie beim Hautkontakt mit Grottenkrebsen hin und wieder ein stechendes Zwicken spüren.[7]

In neueren wissenschaftlichen Arbeiten mehren sich Zweifel an der Sicht, dass es sich bei den Remipedia wirklich um Krebse handelt. Viele verschiedene Alternativhypothesen sind bereits publiziert worden, und die stammesgeschichtliche Position der Remipedia kann nur im Zusammenhang mit der Stammesgeschichte der Großgruppen innerhalb der Arthropoda verstanden werden. Eine der zentralen Fragen betrifft dabei die Beziehungen der Myriapoda (Hundertfüßer und Verwandtschaft), der Hexapoda (Insekten), der Crustacea (Krebse) und der Chelicerata (Spinnentiere). Schon seit einiger Zeit hat sich in der Wissenschaft die Vorstellung durchgesetzt, dass die Krebse und Insekten unmittelbar miteinander verwandt sind. Diese gemeinsame Gruppe wird üblicherweise Pancrustacea genannt. Die Insekten sind dabei eine sogenannte monophyletische Gruppe, was bedeutet, dass alle Insekten auf *eine*, nur ihr eigene Stammart zurückgeführt werden können. Stammesgeschichtsforscher sprechen in einem solchen Fall auch davon, dass die Insekten eine evolutive Einheit bilden und daher eine »natürliche« Gruppe darstel-

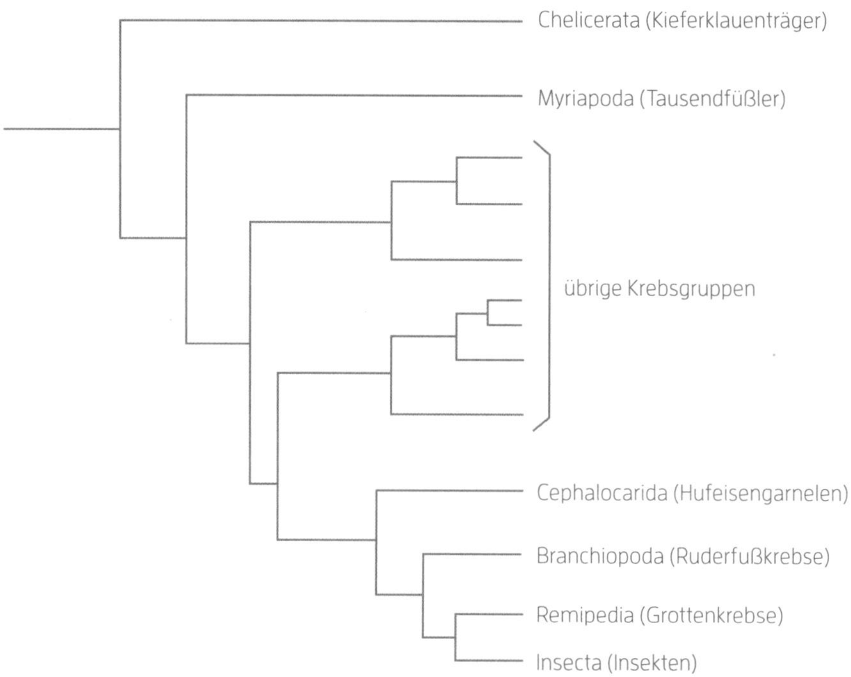

8-7 Stammbaum der Krebse (Crustacea) mit den Remipedia als Schwestergruppe der Insekten

len. Ob dies auch auf die Krebse zutrifft, ist allerdings unklar. Es spricht vieles dafür, dass Teilgruppen der Krebse mit den Insekten näher verwandt sind als mit den übrigen Krebsen. Da in einem solchen Fall die Gesamtheit der Crustacea nicht auf eine nur ihr eigene Stammart zurückgeht (weil sich die Insekten dann ja von derselben Stammart wie alle Krebse ableiten), bezeichnen Wissenschaftler die Krebse als eine »künstliche« oder paraphyletische Gruppierung. Und hier kommen die Remipedia ins Spiel. Verschiedene Untersuchungen haben gezeigt, dass sie eine ganze Reihe von Merkmalen mit den Insekten teilen.[8] Eine aktuelle, sehr umfangreiche Analyse des Genoms von Arthropoden, also der Gesamtheit der Gene als materielle Träger der Erbinformation, unterstützt ebenfalls die Annahme, dass die Remipedia die Schwestergruppe der Insekten sind.[9]

Damit allerdings sind die Probleme um die Verwandtschaftsbeziehungen innerhalb der Arthropoda nicht gelöst. Es gibt neben den Remipedia noch eine weitere, seltsame Krebsgruppe, die besonders in molekularen Analysen immer wieder als die Nächstverwandte der Remipedia auftaucht, die Cephalocarida, die auch als Hufeisengarnelen bezeichnet werden. Auch die Cephalocariden wurden erst in den 1950er-Jahren entdeckt, auch sie sind augenlos, auch von ihnen kennt man nur wenige Arten. Im Gegensatz zu den recht großen Grottengarnelen sind die Hufeisengarnelen stark verzwergt. Ihre maximale Körpergröße beträgt nur vier Millimeter, was als Anpassung an ihren besonderen Lebensraum interpretiert wird. Sie bewohnen bis in eine Wassertiefe von 1500 Metern den Übergangsbereich zwischen dem freien Meereswasser und dem Sediment des Meeresbodens. Im Gegensatz zu den räuberischen Remipedia ernähren sich die Hufeisenkrebse von Detritus, also zerfallender organischer Substanz. Trotz zahlreicher Unterschiede zwischen den beiden Gruppen legen mehrere molekulare Analysen nahe, dass die Remipedia und die Cephalocarida Schwestergruppen sind und beide zusammen wiederum die Schwestergruppe der Insekten.[10]

Ein schlichter Satz mit weitreichender Aussagekraft: Die Insekten stehen also stammesgeschichtlich mitten in den Krebsen. Überhaupt ist die Suche nach der Schwestergruppe der Insekten, der artenreichsten und ökologisch wichtigsten Tiergruppe, eine der großen und spannenden Fragen in der Biologie. Wissenschaftler gehen davon aus, dass die Insekten primär landlebend sind und nur manche von ihnen sekundär ins Süßwasser eingewandert sind. Tatsächlich im Meerwasser lebende Insekten gibt es nicht. Unstrittig aber ist, dass die Insekten sich ursprünglich aus wasserlebenden Vorfahren entwickelt haben. Wer diese Vorfahren sein könnten, ist unter Wissenschaftlern stark umstritten. Mit den Remipedia ist nun eine Arthropodengruppe ans Licht der Öffentlichkeit getreten, die dieser lang gesuchte nächste Verwandte der Insekten sein könnte. Oder zumindest ein naher Verwandter des nächsten Verwandten der Insekten. So nehmen die Grottenkrebse, die Jill Yager in den 1970er-Jahren in den Unterwasserhöhlen der Bahamas entdeckte, eine Schlüsselposition für das Verständnis der Entstehung der Insekten ein, einem der wichtigsten Ereignisse in der Geschichte der globalen Artenvielfalt.

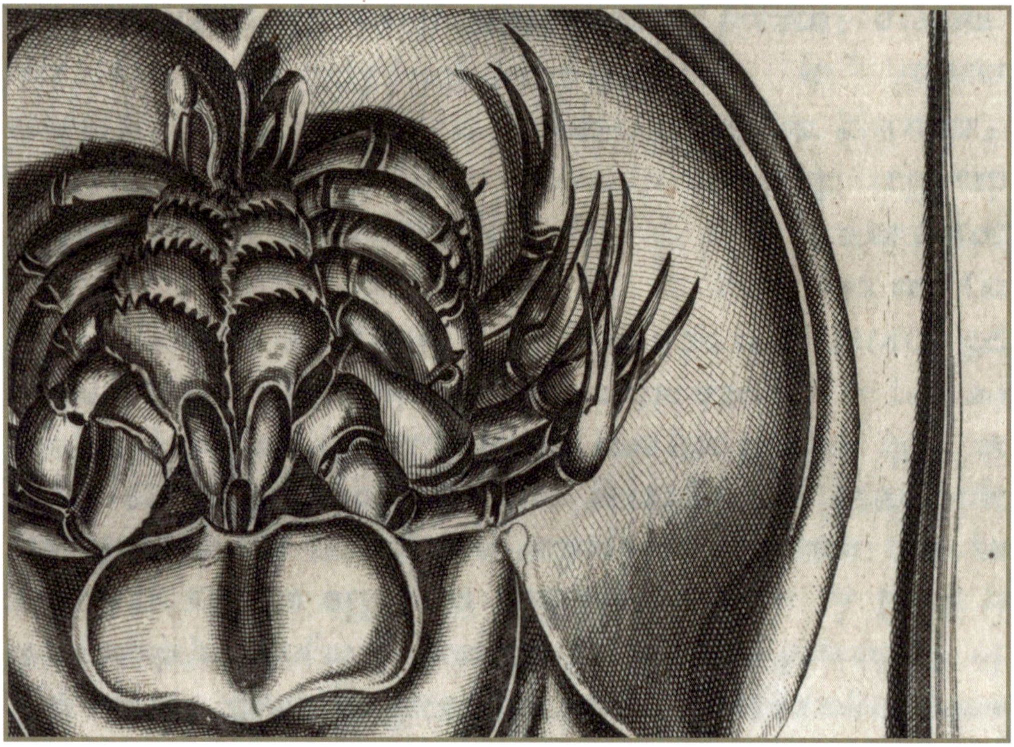

»Eine Art von hartschaligem Krebstier, das gutes Fleisch ist«

IX

DIE VIER ARTEN DES PFEILSCHWANZ-KREBSES

Im Jahre 1607 wurde die Stadt Jamestown als erste erfolgreiche britische Ansiedlung in Nordamerika auf einer Insel im James River im heutigen Virginia gegründet.[1] Die Besiedlung der Neuen Welt wurde durch die Aussicht auf sagenhafte Schätze und großen Reichtum angetrieben, aber auch durch die Erkundung eines schnellen Seewegs nach Asien und den Wunsch nach einer Bekehrung der nordamerikanischen Ureinwohner zum Christentum. Die Siedler in Jamestown erreichten keines ihrer ursprünglichen Ziele, und der Ansiedlung drohte durch Nahrungsmittelknappheit, Krankheiten und kriegerische Konflikte mit den lokalen Ethnien das Aus. Die Anpflanzung von Tabak, der nach England exportiert wurde, sicherte ab 1612 Jamestowns Zukunft. Bis 1699 blieb Jamestown das Verwaltungszentrum der britischen Kronkolonie Virginia und wurde erst aufgegeben, als der Regierungssitz in das nah gelegene Williamsburg verlegt wurde.

Noch bevor Jamestown 1607 gegründet wurde, gab es frühere britische Besiedlungsversuche, die allesamt scheiterten. Das Interesse an der Besiedlung der Neuen Welt aber war groß. Eine der prominentesten Persönlichkeiten Englands, die sich vehement für die Gründung von englischen Überseekolonien einsetzte, war der Seefahrer und Entdecker Sir Walter Raleigh (1552 oder

9-1 Geografische Verbreitung der Pfeilschwanzkrebse

1554–1618). Mithilfe wohlhabender Investoren konnte Raleigh mehrere Reisen nach Virginia ausrüsten, durfte aber aufgrund einer Anordnung der englischen Königin Elizabeth I. nicht selbst an den Reisen teilnehmen. Im Juni 1585 segelte eine von Raleigh finanzierte Flotte von sieben Schiffen in die Neue Welt, mit an Bord 108 abenteuerlustige Siedler. Sie gründeten auf der Insel Roanoke vor der Ostküste des heutigen Bundesstaats North Carolina eine Kolonie, die als erste englische Kolonie in Nordamerika überhaupt gilt. Sie bestand allerdings nur kurz und wurde ein Jahr später aufgegeben. Auch der zweite Versuch einer Ansiedlung auf Roanoke scheiterte. Raleigh hatte erneut eine größere Flotte ausgerüstet, die Roanoke am 20. Juli 1587 mit 118 Siedlern erreichte. Erst 1590 wurde festgestellt, dass die 118 Siedler der zweiten Besiedlungswelle spurlos verschwunden waren, was bis heute Anlass zu Spekulationen gibt.[2]

Die Siedler, die 1585 die erste englische Ansiedlung auf Roanoke gründeten, wurden von einer englischen Flotte unter Admiral Richard Grenville (1542–1591) an die Ostküste Nordamerikas gebracht. Mit an Bord befand sich Thomas Hariot (1560–1621), ein Mathematiker, Naturphilosoph und Astronom, der seit 1583 im Dienst von Walter Raleigh stand. Hariot verbrachte ab Juni 1585 ein Jahr auf der Insel Roanoke, bis die Siedler im Juni 1586 auf den Schiffen von Francis Drake (um 1540–1596), dem ersten englischen Weltumsegler, nach England zurückkehrten.

Hariot hatte sich gut auf die Reise in die Neue Welt vorbereitet. Im Auftrag von Raleigh unterrichtete Hariot Mathematik und Navigation. Er beteiligte sich an Plänen zum Bau von Raleighs Schiffen und schrieb eine Abhandlung über Schiffsnavigation. Insbesondere aber kommunizierte er intensiv mit Manteo und Wanchese, zwei Indigenen aus North Carolina, die bei einer früheren Expedition nach England gebracht worden waren. Von ihnen lernte er die Grundzüge der Algonkin-Sprache und entwickelte ein phonetisches Alphabet, um das Algonkin zu transkribieren.

So vorbereitet diente Hariot als Übersetzer und Kontaktmann zwischen den Siedlern und den Bewohnern von Roanoke. Im Laufe des Jahres, das er dort in engem Kontakt mit den Algonkin verbrachte, sammelte Hariot zahlreiche Informationen über ihre Lebensgewohnheiten, landwirtschaftlichen Methoden, Nahrungsmittel, politischen Systeme und Religion. Nach seiner Rückkehr nach England veröffentlichte Hariot mit Raleighs Unterstützung seine Beobachtungen in einem kurzen Büchlein mit dem Titel »A Brief and True Report of the New Found Land of Virginia«, das 1588 erschien.[3] Ziel des

Buches war es, die Investition in den Besiedlungsversuch zu erklären und zu rechtfertigen, indem er ausführlich über mögliche Handelsgüter und wirtschaftliche Optionen berichtete. Da Hariot als Naturwissenschaftler und Sprachkundiger integraler Bestandteil des ersten englischen Versuchs einer Besiedlung Nordamerikas war, gilt der »Brief and True Report« als der bei Weitem wichtigste, frühe englische Bericht von der Situation in Nordamerika vor der umfassenden Besiedlung.[4]

Im zweiten Kapitel seines Reports berichtet dabei Hariot ausführlich über verschiedene Tierarten, die von den lokalen Bewohnern gejagt werden und »good meat« seien. Für viele Tiere nennt er zudem die Algonkin-Bezeichnung, aber es wird nicht immer klar, welche Tierart gemeint ist. Unter der Überschrift »of Fishe« führte Hariot zahlreiche Wasserorganismen auf, von Süß- und Salzwasserfischen über Austern und andere Muscheln bis zu Schildkröten. Eines der Tiere nennt er auf Algonkin *Seékanauk*, das er wie folgt beschreibt: »Eine Art von hartschaligem Krebstier, das gutes Fleisch ist, ungefähr ein Fuß in der Breite, mit einem hartschaligen Schwanz, vielen Beinen wie eine Krabbe und seinen Augen auf dem Rücken. Sie werden in flachem Salzwasser gefunden, und manchmal auch am Strand.«[5]

Bei diesem seltsamen Tier handelt es sich nach heutiger Terminologie um einen Pfeilschwanzkrebs, der im Widerspruch zu seinem umgangssprachlichen Namen mit den Krebsen nur insofern etwas zu tun hat, als beide Gliederfüßer, also Arthropoden sind. Pfeilschwanzkrebse sind also im zoologischen Sinne keine Krebse, sondern gehören in die Verwandtschaft der Spinnentiere.

Doch zurück zum *Seékanauk*. Pfeilschwanzkrebse gehörten auf Roanoke offenbar zu den von den Algonkin regelmäßig gejagten und den europäischen Siedlern auffallenden Meerestieren, denn nicht nur Hariot berichtete von ihnen. Mit an Bord beider Siedlerflotten, die 1585 und 1587 Roanoke erreichten, war John White (ca. 1540–1593), der bei der zweiten Besiedlung der Insel als ihr Gouverneur fungierte. In seiner Zeit auf Roanoke fertigte White eine ganze Reihe von Zeichnungen an, die insbesondere die indigene Bevölkerung und ihre Lebensweise darstellten. Viele Zeichnungen Whites waren die Grundlage für die gestochenen Abbildungen in einem der berühmtesten Frühwerke über die Völker des frisch aus Europa besiedelten Nordamerika, nämlich de Brys »America«. Der erste Band erschien 1590 und behandelte Virginia.[6] Tafel 13 des Werks zeigt, wie die Bewohner Virginias Fischfang betreiben (»Incolarum

9-2 »Wie in Virginia gefischt wird«. Im Uferbereich rechts befinden sich zwei Pfeilschwanzkrebse.

Virginiae piscandiratio«). Das Wasser ist bevölkert von zahlreichen Fischen, Schildkröten und anderen Meereslebewesen. Während im Hintergrund mehrere Indigene nach Fischen speeren und Fischreusen leeren, befinden sich im Vordergrund vier Personen, die von einem langen Kanu aus mit Speeren und

Netzen Meerestiere fangen. Vor ihnen in unmittelbarer Nähe des Strandes befinden sich im flachen Wasser drei krebsartige Tiere, von denen eines einer Krabbe ähnelt, während die zwei anderen unzweideutig Pfeilschwanzkrebse sind und damit Hariots *Seékanauk* entsprechen. Der die Tafel begleitende Text erklärt dazu: »Da sie kein Eisen kennen, stecken sie an das Ende eines langen Stocks den hohlen Schwanz eines Meerkrebses und fangen damit bei Tag und Nacht Fische und ziehen sie in ihre Boote.«[7] Unter den auf dieser Tafel abgebildeten »Meerkrebsen« hat nur der *Seékanauk* einen langen »Schwanz«, der als Spitze eines Speeres geeignet sein könnte.

Das seltsame Tier mit »seinen Augen auf dem Rücken« muss den zeitgenössischen Lesern von Hariots Bericht und besonders der detailreichen Tafel aus de Brys »America« seltsam, wenn nicht fantastisch vorgekommen sein. Soweit bekannt, brachte zu der Zeit keiner der Besiedler Roanokes eines dieser Tiere mit nach England. Da auch andere von Hariot erwähnte Tiere rätselhaft waren und ihre Identität von England aus nicht ohne Weiteres geklärt werden konnte, verschwand der *Seékanauk* oder *sekonk*, wie er in mehreren indigenen Sprachen entlang der Atlantikküste der heutigen USA genannt wird,[8] nach seinem kurzen Auftritt in Hariots Bericht und auf de Brys Tafel wieder von der Bühne der Entdeckungen.

EIN RICHTUNGSWECHSEL BEIM PFEILSCHWANZKREBS

Die Zoologen wurden erst wieder auf den seltsamen »Meerkrebs« aufmerksam, als ein anderer Naturforscher über ein ganz ähnliches Tier von einem vollkommen anderen Ort der Erde berichtete. Charles de l'Ecluse, in der Geschichte der Biologie besser unter seinem latinisierten Namen Carolus Clusius (1526–1609) bekannt, war einer der bedeutendsten naturkundlichen Enzyklopädisten des 16. Jahrhunderts. Clusius beschäftigte sich als einer der wenigen Naturkundler seiner Zeit intensiv mit exotischen Arten, die durch den fortschreitenden weltweiten Handel nach Europa kamen. Sein Schwerpunkt war dabei die Botanik. Besonders seine Zusammenstellung der Pflanzen und Pilze Österreichs und Ungarns galt für lange Zeit als Meilenstein der Pflanzenkunde. Clusius galt als »ein Mann von bedeutendem Talent, außerordentlichem Gedächtnis und umfassender allgemeiner Bildung«.[9] Über berufliche Stationen in Wien und Frankfurt am Main wurde er schließlich auf eine Professur an die Universität Leiden berufen. Dort hatte er direkten Zugang zu den tierischen und pflanzlichen Naturobjekten, die holländische Seefahrer aus aller Welt mitbrachten. Als beinahe Achtzigjähriger fasste er schließlich seine Beobachtungen an solchen exotischen Organismen in einem illustrierten Werk zusammen, das 1605 unter dem Titel »Exoticorum libri decem« erschien. Dort bildete er neben vielen anderen Tierarten in einem detailreichen Holzstich einen krebsähnlichen Organismus ab, der zweifellos ein Pfeilschwanzkrebs ist. Clusius nannte ihn *Cancer molluccanus*, Molukkenkrebs. Auf beinahe zwei eng bedruckten Seiten beschrieb Clusius den Molukkenkrebs in aller Ausführlichkeit, wobei ihm allerdings ein gravierender Fehler unterlief. Er sah in dem prominenten Schwanzstachel, der den indigenen Bewohnern Virginias als Speerspitze diente, nicht das Hinterende des Pfeilschwanzkrebses, sondern sein Vorderende. Entsprechend gestaltete Clusius seinen Holzstich mit einem nach oben weisenden Stachel.

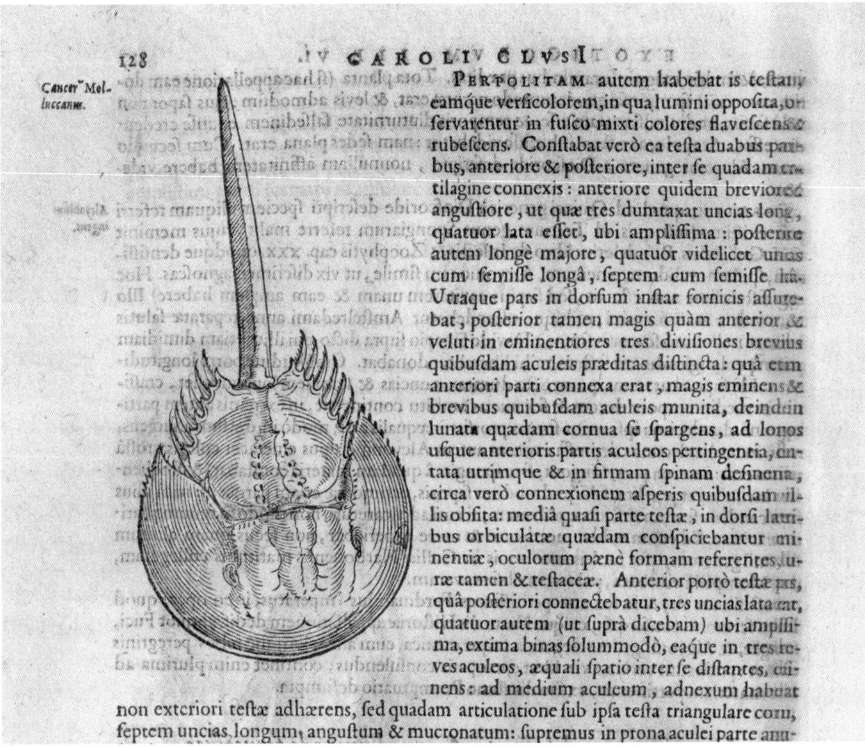

128 CAROLI CLUSI

Cancer Moluccanus.

PERPOLITAM autem habebat is teſtam, eamque verſicolorem, in qua lumini oppoſita, obſervarentur in fuſco mixti colores flaveſcens & rubeſcens. Conſtabat verò ea teſta duabus partibus, anteriore & poſteriore, inter ſe quadam cartilagine connexis: anteriore quidem breviore & anguſtiore, ut quæ tres dumtaxat uncias longa, quatuor lata eſſet, ubi ampliſſima: poſteriore autem longè majore, quatuor videlicet uncias cum ſemiſſe longâ, ſeptem cum ſemiſſe lata. Utraque pars in dorſum inſtar fornicis aſſurgebat, poſterior tamen magis quàm anterior & veluti in eminentiores tres diviſiones brevius quibuſdam aculeis præditas diſtincta: quâ etiam anteriori parti connexa erat, magis eminens & brevibus quibuſdam aculeis munita, deinde in lunata quædam cornua ſe ſpargens, ad longos uſque anterioris partis aculeos pertingentia, crenata utrimque & in firmam ſpinam deſinentia, circa verò connexionem aſperis quibuſdam illis obſita: mediâ quaſi parte teſtæ, in dorſi lateribus orbiculatæ quædam conſpiciebantur eminentiæ, oculorum pænè formam referentes, duræ tamen & teſtaceæ. Anterior porrò teſtæ pars, quâ poſteriori connectebatur, tres uncias lata erat, quatuor autem (ut ſuprà dicebam) ubi ampliſſima, extima binas ſolummodò, eaque in tres teretes aculeos, æquali ſpatio inter ſe diſtantes, deſinens: ad medium aculeum, adnexum habebat non exteriori teſtæ adhærens, ſed quadam articulatione ſub ipſa teſta triangulare cornu, ſeptem uncias longum, anguſtum & mucronatum: ſupremus in prona aculei parte ...

9-3 Die Seite mit dem Molukkenkrebs aus Clusius' Kompendium exotischer Tiere und Pflanzen von 1605 (Ausschnitt)

Es brauchte weitere einhundert Jahre, bis das Rätsel um die korrekte Körperausrichtung und -gliederung des Molukkenkrebses gelöst wurde. Georg Eberhard Rumpf (1627–1702), der sich später zu Rumphius latinisierte, gilt als Begründer der Naturgeschichte Südostasiens. Er wurde 1681 von der kaiserlichen Academia Naturae Curiosorum in Schweinfurt, der heutigen Deutschen Akademie der Naturforscher Leopoldina in Halle, als »Plinius Indicus«, also als indischer Plinius, bezeichnet.

Nach Jahren eines abenteuerlichen und wechselhaften Lebens war Rumphius 1652 in den Dienst der Niederländischen Ostindien Kompanie eingetreten. Dies verband er mit der Erwartung, im fernen Osten »die Tiere und Pflanzen nach wissenschaftlichen Grundsätzen«[10] erforschen zu können. Ab 1656 war Rumphius als Soldat auf der indonesischen Insel Ambon tätig, schied aber ein Jahr später aus dem Militärdienst aus. Anschließend fungierte er auf Ambon als zweiter Kaufmann und zuletzt als holländischer Unterstatthalter. Seine Funktionen in der Kolonialadministration erlaubten ihm, sich intensiv der Erforschung der tropischen Tier- und Pflanzenwelt zu widmen. Rumpf verbrachte neben seinen Bürotätigkeiten viel Zeit damit, die Küste Ambons zu bereisen und Meeresorganismen zu sammeln und zu zeichnen. Er sammelte dabei nicht nur Objekte, sondern dokumentierte zudem Berichte und Beobachtungen der lokalen Bevölkerung, sowie von Arbeitern und Kriegsgefangenen. Dafür baute er ein Netz aus Kommunikationspartnern auf, die ihn stetig mit Informationen versorgten.[11]

1669/1670 erblindete Rumpf im Alter von 43 Jahren am Grauen Star, setzte aber seine enzyklopädische Arbeit fort. Er hatte sich bis zu diesem Zeitpunkt umfangreiches Wissen über die Meerestiere, aber auch die Pflanzen Ambons und ihr geografisches Vorkommen angeeignet. Sein umfassendes und detailreiches Wissen versetzte ihn in die Lage, viele Arten nur anhand ihrer Form, der Textur, des Geschmacks, des Geruchs und anderer Qualitäten zu erkennen. Die Vereinigte Ostindische Kompagnie stellte ihm zudem mehrere Schreiber und einen Zeichner zur Verfügung, um sein naturkundliches Werk fortsetzen zu können. Ebenfalls unterstützt wurde er von seinem Sohn Paulus Augustus. Rumpf blieb trotz seiner Erblindung naturkundlich aktiv und wird später als »Der blinde Seher von Ambon« geehrt. Auf dem Porträt von Rumphius aus seinem zoologischen Hauptwerk, »D'Amboinsche Rariteitkamer«, das von seinem Sohn gezeichnet wurde, wird seine ungewöhnliche Erkenntniskraft als Blinder herausgehoben: »Obwohl er blind ist, sind

9-4 Porträt von Georg Eberhard Rumpf an seinem Arbeitstisch im Alter von 68

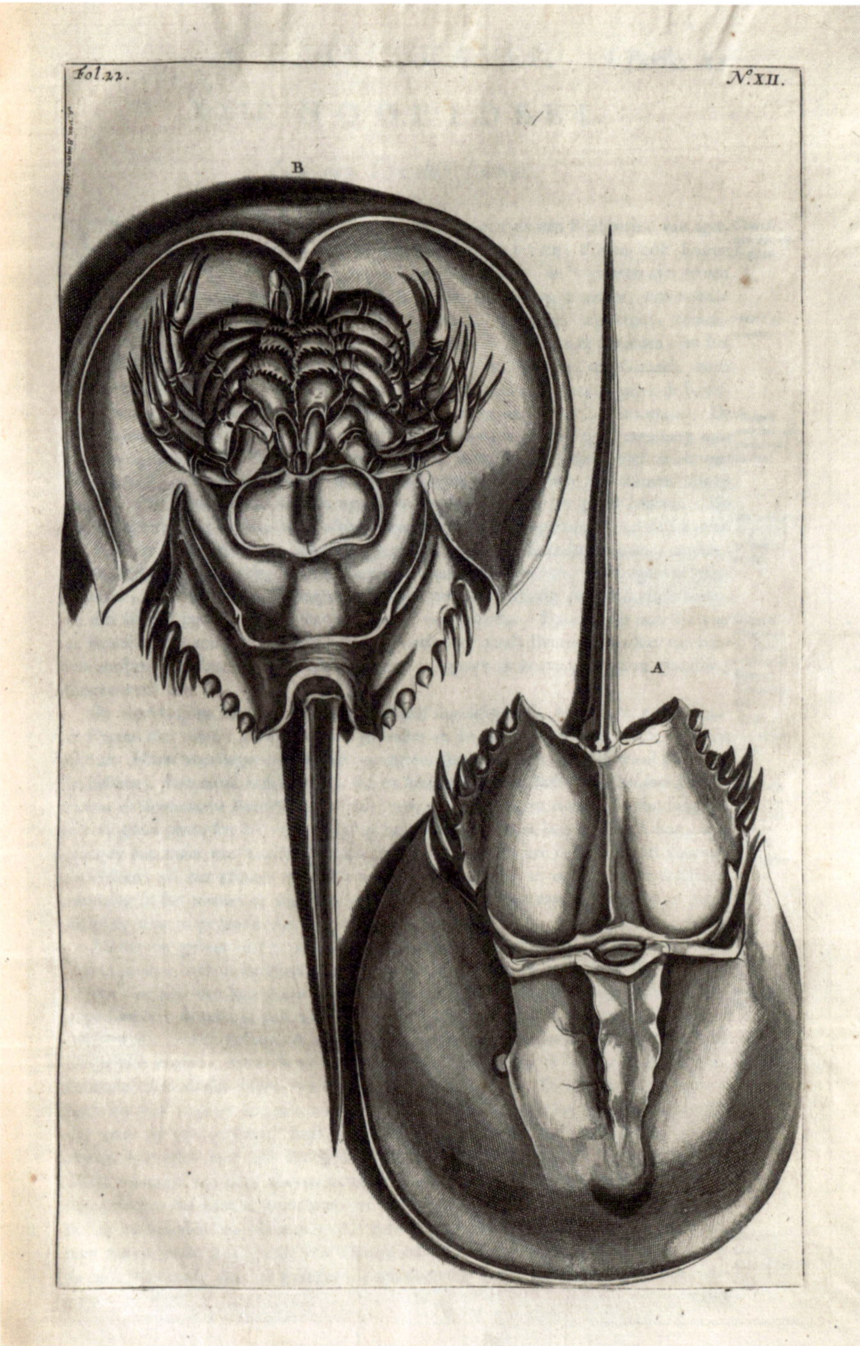

9-5 Rumpfs Abbildung des Pfeilschwanzkrebses

die Augen seines Verstandes so scharf, dass niemand besser als er entdeckt und sieht.«[12]

Zu Rumpfs Lebzeiten erschien keine seiner groß angelegten Monografien. Sein »Amboinsch Kruid-boek«, eine vollständige Beschreibung der Flora von Ambon in sechs Bänden, das als sein wichtigstes Werk gelten kann, sollte erst vierzig Jahre nach seinem Tod erscheinen. Die Ergebnisse seiner Erforschung der Meerestiere Ambons erschien 1705 als »D'Amboinsche Rariteitkamer«.

Auf Tafel 12 des Foliobandes findet sich dort in Dorsal- und Ventralansicht ungefähr in Lebensgröße ein Pfeilschwanzkrebs. In dem zugehörigen Text zitiert Rumpf Clusius' *Cancer molluccanus*, führt aber selbst einen neuen Namen ein, *Cancer perversus*, »Verkeerde Krabbe«, also der »verkehrte Krebs«. Rumpf stellte zu Clusius' »Exoticorum libri decem« fest, dass sich der Autor in der Ausrichtung des Tieres geirrt hatte. Rumpf beschreibt in der »D'Amboinsche Rariteitkamer« die äußere Gestalt des Molukkenkrebses sehr ausführlich. Bekannt sei ihm diese Art von den Molukken, aber jemand habe ihm zusätzlich ein Exemplar von der indonesischen Insel Sulawesi mitgebracht.

Clusius' und Rumpfs Abbildungen sind sicherlich die bekanntesten frühen Darstellungen des Molukkenkrebses. In verschiedenen naturgeschichtlichen Monografien, Naturalienkabinetten und Museumssammlungen tauchten Pfeilschwanzkrebse darüber hinaus auf. Eine detaillierte Darstellung findet sich beispielsweise in John Jonstons berühmtem Werk »Historiae Naturalis de exanguibus aquaticis libri IV« von 1665, einer Zusammenstellung der ihm bekannten »blutleeren Wassertiere«. Jonstons Darstellung der Unterseite von *Cancer molluccensis*, wie er ihn nennt, ist ausgesprochen detailreich.

IM WIRRWARR DER NAMEN

Bis Mitte des 18. Jahrhunderts war der Pfeilschwanzkrebs fester Bestandteil der naturkundlichen Literatur, teilweise mit sehr genauen Darstellungen des komplexen Körperbaus. Es sollte aber bis 1758 dauern, bis er von Carl von Linné seinen wissenschaftlichen Namen erhielt. Die Benennung der Pfeilschwanzkrebse, von denen es mehrere Arten gibt, wie heute bekannt ist, ist ein Paradebeispiel verworrener Nomenklatur, wie sie in der Zoologie bei früh entdeckten Arten nicht selten vorkommt. Der britische Zoologe Reginald Innes Pocock (1863–1947), der ab 1885 beinahe zwei Jahrzehnte am Natural

History Museum in London arbeitete und dort wissenschaftlich für die Sammlung der Spinnentiere und Tausendfüßer zuständig war, hatte im Jahr 1902 eine zehnseitige Publikation zur komplizierten Namensgebung der Pfeilschwanzkrebse veröffentlicht und so versucht, Ordnung in das Chaos der vielen zirkulierenden Namen zu bringen.[13]

Formal begann die Benennungsgeschichte der Pfeilschwanzkrebse also mit der 10. Auflage der »Systema Naturae«, in der Linné den Namen *Monoculus polyphemus* für die ihm bekannte Pfeilschwanzkrebsart einführte.[14] Linné kannte Clusius', Rumpfs, Jonsons und noch einige andere historische Erwähnungen und Beschreibungen, entschied sich aber offenkundig, den Namen *Cancer molluccanus*, der bis dahin üblich war, nicht weiter zu verwenden. Der Grund dafür ist möglicherweise, dass Linné offenbar nicht nur das südostasiatische Vorkommen von Pfeilschwanzkrebsen kannte, sondern auch wusste, dass es Pfeilschwanzkrebse zudem in der Neuen Welt gab. Ein auf die Molukken verweisendes Artepitheton könnte ihm daher unpassend erschienen sein.

Linné vermischte also in der »Systema Naturae« unter dem Namen *Monoculus polyphemus* mindestens zwei verschiedene Arten von Pfeilschwanzkrebsen. In einer Publikation von 1764 verwendete Linné den Namen *polyphemus* unzweifelhaft nur für die nordamerikanische Art, was von den meisten späteren Autoren als Ausdruck von Linnés eigentlicher Absicht interpretiert wurde, diesen Namen nur für die Neuwelt-Art zu verwenden.[15] Linnés Gattungsname *Monoculus* allerdings war nomenklatorisch problematisch, weil der Name in der »Systema Naturae« neun verschiedene Arten einschloss, von denen die meisten zu den Krebsen gehören. Da zu erwarten war, dass die weitere Verwendung von *Monoculus* sowohl bei den Pfeilschwanzkrebsen als auch bei den Krebsen zu einem nomenklatorischen Durcheinander geführt hätte, entschied sich die Zoologische Nomenklaturkommission 1954, *Monoculus* zu unterdrücken, die weitere Verwendung also zu untersagen.[16] Für die Pfeilschwanzkrebse standen dabei zwei alternative Gattungsnamen zur Verfügung: *Limulus* des dänischen Zoologen Otto Friedrich Müller (1730–1784), der 1785 posthum veröffentlicht wurde, und *Xiphosura*, der auf den niederländischen Zoologen Laurens Theodorus Gronovius (1730–1777) von 1764 zurückgeht. *Xiphosura* ist also zwanzig Jahre vor *Limulus* veröffentlicht worden und hätte damit eigentlich Priorität. Auch hier entschied die Nomenklaturkommission nach einem Antrag eines Zoologen und unterdrückte den Namen *Xiphosura* zugunsten des viel weiter verbreiteten Namen *Limulus*.[17]

Nach jetzigem Stand gibt es vier verschiedene heute lebende Pfeilschwanzkrebse, eine Art in der Neuen Welt, drei Arten in Südostasien:[18]

- *Limulus polyphemus* (Linné, 1758). Die einzige nordamerikanische Art, deren Verbreitungsgebiet von Maine im Norden bis zur mexikanischen Yucatan-Halbinsel reicht.

- *Carcinoscorpius rotundicauda* (Latreille, 1802). Diese Art wird auch der Mangroven-Pfeilschwanzkrebs genannt und ist die am weitesten westlich vorkommende asiatische Art. Sie kommt von Nordost-Indien bis Malaysia, Indonesien, Thailand, südliches Vietnam und China vor.

- *Tachypleus gigas* (O. F. Müller, 1785). Auch als Indo-Pazifischer, Indonesischer und Indo-Papua-Pfeilschwanzkrebs bezeichnet. Es spricht vieles dafür, dass Clusius' vor-Linnéischer *Cancer mollucanus* zu dieser Art gehört.

- *Tachypleus tridentatus* (Leach, 1819). Der Chinesische oder Dreistacheliger Pfeilschwanzkrebs. Er kommt, wie der umgangssprachliche Name andeutet, in chinesischen Gewässern vor, aber auch in Vietnam, Malaysia, Indonesien, den Philippinen und Japan.

Drei der vier Pfeilschwanzkrebsarten, nämlich *Limulus polyphemus* und die beiden *Tachypleus*-Arten, sind nicht nur einmal beschrieben und benannt worden. Mehr als ein Dutzend weiterer Pfeilschwanzkrebs-Arten sind insbesondere im 19. Jahrhundert beschrieben worden, die sich später bei genauer Untersuchung als Synonyme dieser drei Arten herausstellten.[19] Bei Organismen, die den Entdeckungsreisenden schon früh aufgefallen sind und häufig gesammelt wurden, ist das nicht ungewöhnlich.

Bei den Pfeilschwanzkrebsen kommt ein weiterer Faktor dazu, der begünstigte, dass Exemplare regelmäßig in europäische Sammlungen gebracht wurden und als Untersuchungsobjekte zur Verfügung standen. Wenn Pfeilschwanzkrebse wachsen, müssen sie sich häuten, ganz so, wie es bei allen Gliederfußgruppen der Fall ist. Die abgestreifte alte Haut, die manchmal auch als Häutungshemd bezeichnet wird, ist bei den Pfeilschwanzkrebsen sehr fest und chitinisiert. Sie bleibt nach der Häutung als ein perfektes, dreidimensionales Abbild der äußeren Gestalt des Tieres zurück. Das Tier verlässt die alte

Haut durch einen Häutungsspalt, der sich am Vorderrand des hufeisenförmigen Vorderkörpers bildet. Nicht selten trocknen die Exuvien so, dass der Häutungsspalt nicht mehr erkennbar ist. Eine solche hartschalige Exuvie ist auf den ersten Blick von einem ganzen Tier kaum zu unterscheiden. Von *Limulus polyphemus* ist bekannt, dass er erst nach neun bis zwölf Jahren geschlechtsreif wird und sich bis dahin mehrfach häutet.

Viele der von Reisen mitgebrachten Pfeilschwanzkrebse sind in Wirklichkeit nicht die Tiere selbst, sondern ihre Exuvien. Diese lassen sich ohne weitere Präparationsmaßnahmen sammeln und aufbewahren, da sie keinen Weichkörper enthalten und an der Luft trocknen. Pfeilschwanzkrebsexuvien können also auch ohne Präparationskenntnisse von jedermann gesammelt werden, was eine Mitnahme für die Sammlungen in Europa sehr begünstigte. Auch viele der in großer Zahl gefundenen Pfeilschwanzkrebsfossilien sind in Wirklichkeit nicht die Tiere selbst, sondern die Exuvien ihrer verschiedenen Entwicklungsstadien.

FOSSILE PFEILSCHWÄNZE

Dank ihrer charakteristischen Gestalt aus dem großen, hufeisenförmigen Vorderkörper, der auch Prosoma genannt wird, dem kleineren Hinterkörper (Opisthosoma) und dem langen Schwanzstachel, sind auch die meisten fossilen Arten leicht als Pfeilschwanzkrebse erkennbar. Im Gegensatz zu den Quastenflossern, die als Fossilien schon lange bekannt waren und deren erster heute lebender Vertreter erst 1939 entdeckt wurde, wurden die ersten fossilen Pfeilschwanzkrebse erst einige Jahrzehnte nach der Entdeckung der heute lebenden Arten beschrieben. Als 1822 die erste fossile Art *Mesolimulus walchi* aus dem Solnhofener Plattenkalk beschrieben wurde (ursprünglich in der Gattung *Limulus*), war ihre Entdeckung eine Sensation. Die Übereinstimmung im Körperbau zwischen den heute lebenden Arten und der Art aus den rund 150 Millionen Jahre alten Sedimenten des Oberjura ist verblüffend. Bis heute sind etwa 82 fossile Pfeilschwanzkrebsarten in 30 Gattungen entdeckt

→ **9-6** Exuvie von *Limulus polyphemus* vom Jones Beach, New York

→ **9-7** Der fossile Pfeilschwanzkrebs *Mesolimulus walchi* (Desmarest, 1822) aus dem Oberen Jura (Tithonium) von Eichstätt in Bayern

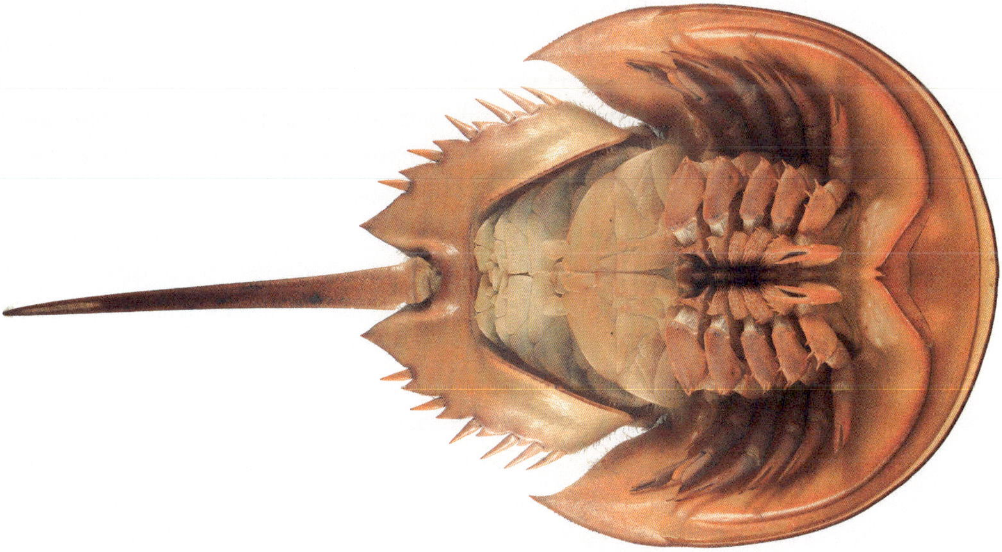

und beschrieben worden.[20] Auch wenn die zeitliche Distanz von 150 Millionen Jahren zwischen *Mesolimulus* und den heute lebenden Arten enorm ist, ist diese fossile Art eine der jüngeren Arten. Echte Pfeilschwanzkrebse, die als Xiphosurida bezeichnet werden, sind seit dem Devon (419,2 bis 358,9 Millionen Jahre) bekannt. Die Familie Limulidae, zu der auch die heute lebenden Arten und der gut bekannte *Mesolimulus walchi* gehören, reicht zurück bis in die Kreidezeit (358,9 bis 298,9 Millionen Jahre).[21]

Besonders von *Mesolimulus walchi* sind inzwischen Tausende von Exemplaren im hochauflösenden, feinkörnigen Sediment des Solnhofener Plattenkalks gefunden worden. Da auch die verschiedenen Entwicklungsstadien konserviert sind, weiß man inzwischen viel über die Individualentwicklung dieser Art. Selbst Laufspuren, die Pfeilschwanzkrebse beim Schreiten über den sandigen Boden des Gewässers hinterlassen, wurden als Fossilien gefunden.

Die bis in kleinste Details reichende Ähnlichkeit der Hunderte von Millionen Jahre alten Pfeilschwanzkrebse mit den heute lebenden Arten ist eines von vielen Beispielen für die Beobachtung, dass manche Organismengruppen über enorm lange geologische Zeiträume morphologisch ungewöhnlich konserviert bleiben. Für solche Arten führte Charles Darwin 1859 den etwas irreführenden Begriff des »lebenden Fossils« ein.[22] Lebende Fossilien sind also Arten, die lange geologische Zeiträume überdauert haben, heute noch vorkommen und viele urtümliche Merkmale besitzen, die die lang zurückliegenden Vorfahren auch genauso oder in ähnlicher Weise besaßen. Zwei Lehrbuchbeispiele für lebende Fossilien habe ich in diesem Buch behandelt: die Pfeilschwanzkrebse und die Quastenflosser.

Die Geschwindigkeit, mit der evolutive Prozesse fortschreiten, kann sehr unterschiedlich sein. Allgemein wird angenommen, dass lebende Fossilien auf lange Phasen stark verlangsamten evolutiven Wandels zurückgehen. Die Ursachen dafür sind vielfältig und häufig noch nicht vollständig geklärt. Eine hohe ökologische Toleranz mancher lebenden Fossilien gegenüber Umweltänderungen spielt dabei möglicherweise eine Rolle. So kommt der nordamerikanische *Limulus polyphemus* besonders in den großen Flussmündungen in den Atlantik vor, in denen sich Flusswasser und salzhaltiges Meereswasser mischen. *Limulus* ist dort einerseits erheblichen Schwankungen im Salzgehalt zwischen fünf und 35 Promille ausgesetzt, zudem aber auch den gravierenden Folgen von Umweltverschmutzung in den Flüssen und entlang der Küste. Kaum eine andere Art des Flachmeerbereichs kann unter diesen extremen Bedingungen überleben, *Limulus* aber gilt als einer ihrer letzten Bewohner.[23]

Aber auch lebende Fossilien sind heute unter den Einflüssen des Wandels der Lebensräume durch den Menschen in ihrer Existenz bedroht.[24] Neben der zunehmenden Verschmutzung der Küstengewässer stellt insbesondere der Lebensraumverlust eine erhebliche Bedrohung der Bestände der Pfeilschwanzkrebse dar. Küstenbefestigungen, Erosionsprozesse und die Anhebung des Meeresspiegels führen dazu, dass Pfeilschwanzkrebse nicht mehr wie üblich im Strandbereich ihre Eier abgeben können. Andere Faktoren, wie das Befahren der Strände mit Autos, die Zunahme der Zahl schwerer Stürme sowie häufigere toxische Algenblüte tragen darüber hinaus zu einer Bedrohung der Populationen bei.

Ein weiterer, vielleicht etwas überraschender Einfluss auf die Bestände der Pfeilschwanzkrebse ist Überfischung. Auch wenn Hariot bereits 1588 von der nordamerikanischen Ostküste berichtete, dass die einheimischen Algonkin Pfeilschwanzkrebse speeren, weil sie »good meat« seien, sind sie doch als Fleischlieferanten nur schwer vorstellbar. Dennoch werden sie bis heute in großem Maßstab »geerntet«.

BLUTERNTE

Der Grund ist eine besondere Eigenschaft des Blutes der Pfeilschwanzkrebse.[25] Zum einen hat es eine überraschend blaue Farbe. Das liegt daran, dass es sich chemisch gravierend von dem roten Blut unterscheidet, wie es die Wirbeltiere, so wie wir Menschen auch, besitzen. Unser Blut ist rot, weil es rote Blutkörperchen enthält, die zu etwa 90 Prozent aus Hämoglobin bestehen. Hämoglobin ist ein Proteinkomplex, der für den Sauerstofftransport im Blut verantwortlich ist und Eisenatome enthält, was zu der roten Färbung führt. Im Gegensatz zum eisenhaltigen Hämoglobin besitzt das Blut von *Limulus* Hämocyanin, das ebenfalls für den Sauerstofftransport zuständig ist. Statt Eisenatomen aber enthält das Hämocyanin Kupferatome, was dem Blut seine blaue Farbe verleiht.

Es ist aber nicht die blaue Farbe des Blutes, weshalb Pfeilschwanzkrebse in großer Zahl gefangen werden, sondern eine andere Eigenschaft ihres Blutes. Der US-Meeresbiologe Fred Bang machte 1956 die Beobachtung, dass *Limulus*-Blut massiv gerinnt, wenn es mit einem bestimmten Bakterium in Kontakt gerät. Weitere Forschungen zeigten, dass das *Limulus*-Blut eine hohe Sensitivität gegenüber einer großen Zahl von Bakterien hat, die überall in der Natur vorkommen. Es handelt sich um sogenannte gramnegative Bakterien, und bereits in einer kleinen Menge Seewasser können Hunderttausende solcher Bakterien vorkommen. Manche von ihnen stellen mutmaßlich eine Bedrohung für Pfeilschwanzkrebse dar, und es ist anzunehmen, dass die starke Reaktion des Pfeilschwanzkrebsblutes auf gramnegative Bakterien einen massiven Schutz gegen bakterielle Infektionen in seinem Lebensraum darstellt.[26]

Gramnegative Bakterien allerdings sind auch die Ursache gravierender bakterieller Infektionen beim Menschen, wie zum Beispiel von Cholera, *Escherichia-coli*, Salmonellen und Typhus. Deshalb rückte das blaue Blut von *Limulus* in das Augenmerk der Humanmedizin. Das Blutsystem eines Pfeilschwanzkrebses ist nicht wie das der Wirbeltiere durch ein weitverzweigtes Netz von Arterien, Venen und kapillaren Gefäßen bestimmt. Stattdessen ist der Innenraum des Tieres weitgehend von freier Blutflüssigkeit gefüllt. Wahrscheinlich ist dies auch der Grund für ihre sensible Bakterienabwehr. Da die Blutflüssigkeit, die sogenannte Hämolymphe, die relevanten Organe frei umspült, können sich bei einer Beschädigung der stabilen Außenhülle der Tiere eindringende Bakterien schnell ausbreiten und zu tödlichen Infektionen führen. Die Hauptaufgabe bei der Blutgerinnung übernimmt dabei ein bestimmter Zelltyp, die sogenannten Amöbozyten. Diese Zellen enthalten gerinnungsauslösende Substanzen und können sich in der Blutflüssigkeit bewegen. Kommt eine Amöbozyte mit einem gramnegativen Bakterium in Kontakt, bricht die Zelle auf und entlässt die gerinnungsauslösenden Substanzen in das Blut. Dies führt zu einer schnellen Gerinnung und zum Verschluss einer etwaigen Verletzung. Auslöser dieser Reaktion sind bakterielle Zerfallsprodukte, sogenannte Endotoxine, auf die durch den Zerfall der Amöbozyten entstehende Produkte, sogenannte Lysate, reagieren. Diese Reaktion ist die Grundlage des pharmazeutisch genutzten *Limulus*-Amöbozyten-Lysat-Tests, auch LAL genannt. Mit einer enormen Sensitivität für bereits kleinste Mengen an Endotoxinen können mithilfe dieses Tests Kontaminationen von Flüssigkeiten mit gramnegativen Bakterien nachgewiesen werden.

LAL ist inzwischen in den USA zu einer Multimillionen-Dollar-Industrie in der Pharmazie geworden. Der Test wird weltweit dazu verwendet, mögliche Kontaminationen mit bakteriellen Endotoxinen in nahezu allen medizinischen Produkten nachzuweisen.[27] Aber auch in der Lebensmittelindustrie hat LAL bei der Untersuchung zum Beispiel von Milch und Eiern eine große Bedeutung. LAL hat damit die bislang üblichen Labortests an Kaninchen abgelöst, was auch die Pharmaindustrie aus Kosten- und tierschützerischen Gründen begrüßte. Das Problem dabei ist allerdings, dass enorme Mengen an Pfeilschwanzkrebsen benötigt werden, um den medizinischen Bedarf an dem hellblauen Blut zu befriedigen. Rund eine halbe Million Tiere werden jährlich gefangen. Während sie für die Blutgewinnung früher getötet wurden, werden sie nun lebendig zu Ader gelassen. Den Tieren werden dreißig Prozent des Blutes entnommen, dann werden sie zurück in den Atlantik gebracht. Nach Auskunft der *Limulus*-Blut-produzierenden Firmen ist diese Prozedur für zehn bis dreißig Prozent der Tiere tödlich. Aber auch die Überlebenden der erzwungenen Blutspende sind nachhaltig mitgenommen. Neue Untersuchungen zeigen, dass die Weibchen, auch wenn sie nicht getötet werden, langsamer und lethargischer sind. Sie können so den Gezeiten der Atlantikküste nicht mehr wie üblich folgen und paaren sich seltener als ihre unbehandelten Artgenossen. Auch der Anteil an Hämocyanin im Blut ist nach Blutentnahme geringer, was Auswirkungen auf die Immunfunktion des Blutes hat.[28] Diese Form der biomedizinischen Nutzung stellt damit einen erheblichen Eingriff in die Populationen von *Limulus polyphemus* an der Ostküste der USA dar. Inzwischen gibt es erste Ansätze zur Entwicklung synthetischer Endotoxin-Detektoren, die den LAL-Test ersetzen sollen.[29] Besonders in Südostasien ist der Anreiz groß, alternative Verfahren zu entwickeln.[30] *Carcinoscorpius rotundicauda*, der Mangroven-Pfeilschwanzkrebs, der als Blutspender infrage kommt, ist viel kleiner als der nordamerikanische *Limulus polyphemus*, sodass die Blutmenge, die einem Tier entnommen werden kann, ohne es zu töten, weitaus geringer ist. Inzwischen steht ein Verfahren zur Verfügung, das verantwortliche Gen in Pfeilschwanzkrebsen in das Genom von Insekten einzubauen und dort zur Produktion zu veranlassen. Bislang aber zeigt die biomedizinische Industrie nur geringes Interesse daran, das neuartige gentechnische Verfahren bis zur Serienreife zu entwickeln.[31]

Der US-amerikanische Zoologe Mark L. Botton, einer der führenden Pfeilschwanzexperten der USA, sieht die Zukunft von *Limulus polyphemus* und seiner drei südostasiatischen Verwandten dennoch optimistisch. Er nimmt an, dass Naturschutzprojekte, Fischereimanagement, Meeresschutzgebiete, wissenschaftliche Forschung und nicht zuletzt eine Verbesserung der öffentlichen Wahrnehmung auch durch die Etablierung von bürgerwissenschaftlichem Engagement eine aussichtsreiche Strategie ist, dass diese einzigartigen Tiere auch weiterhin existieren können.[32]

PFEILSCHWANZKREBSE SIND SPINNENTIERE

Die fossilen und rezenten Arten der Pfeilschwanzkrebse werden zusammen als Xiphosura bezeichnet. Die deutsche Bezeichnung Pfeilschwanzkrebse ist seit Langem etabliert, auch wenn manchmal andere umgangssprachliche Namen verwendet werden. Molukkenkrebse, Hufeisenkrebse und Königskrabben sind historische Bezeichnungen, die Übertragungen aus dem Englischen oder Lateinischen sind und in der gegenwärtigen Literatur nicht mehr verwendet werden. Die Xiphosura werden insgesamt oft als Schwertschwänze bezeichnet, ein Name, der in manchen Veröffentlichungen auch für die rezenten Arten verwendet wird.[33] Dahinter steht die Überlegung, dass es sich bei Pfeilschwanzkrebsen nicht um Krebse handelt, wie noch bis in das frühe 19. Jahrhundert angenommen wurde. Da der historische Name also zoologisch unzutreffend und irreführend ist, wird er manchmal durch den neutralen Namen Schwertschwänze ersetzt.

Dass Pfeilschwanzkrebse mit den Spinnentieren näher verwandt sind als mit Krebsen, geht auf den britischen Zoologen Edwin Ray Lankester (1847–1929) zurück, der 1881 eine ausführliche Arbeit mit dem Titel »*Limulus* an arachnid«, also »*Limulus* ein Spinnentier«, veröffentlichte. Seitdem gilt die Annahme, dass die Pfeilschwanzkrebse die Schwestergruppe aller übrigen Spinnentiere (Arachnida) sind, als Standardhypothese in der zoologischen Systematik.[34] Als Spinnentiere wird dabei eine artenreiche und morphologisch vielfältige Gruppe von Gliederfüßern bezeichnet, die neben den Webspinnen (Araneae), Skorpionen (Scorpiones), Weberknechten (Opiliones) und Milben (Acari) eine ganze Reihe von weniger bekannter Gruppen umfasst. Die Geißelskorpione (Uropygi), die Geißenspinnen (Amblypygi), die Palpenläufer (Palpigradi), die Pseudoskorpione (Pseudoscorpiones), die Walzenspinnen (Solifugae) und schließlich die Kapuzenspinnen (Ricinulei).

Die heute lebenden Spinnentiere sind landlebend, sieht man einmal von einigen Milben- und Webspinnenarten ab, die im Wasser leben. Die Hypothese, dass die meeresbewohnenden Pfeilschwanzkrebse die Schwestergrup-

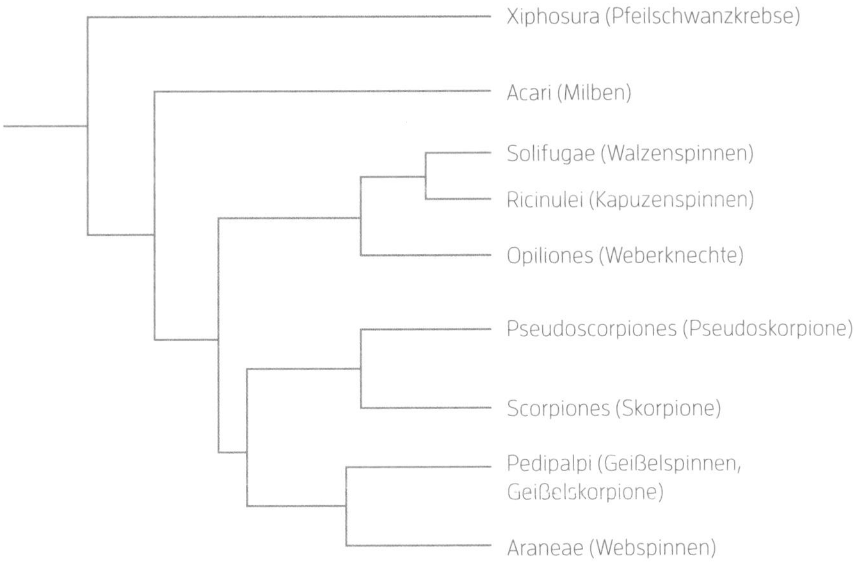

9-8 Verwandtschaftsbeziehungen innerhalb der Chelicerata

pen der landlebenden Arachnida sind, fügt sich gut in das große Bild der Stammesgeschichte der Arthropoda ein. Die nächsten Verwandten der Spinnentiere sind wahrscheinlich Meeresbewohner wie die ausgestorbenen Seeskorpione (Eurypterida), sodass die Wissenschaftler annehmen, dass die Pfeilschwanzkrebse in ihrer marinen Lebensweise urtümlich sind. Erst die Stammart der Arachnida hatte das Land erobert und wurde Ausgangspunkt des evolutiven Erfolgszugs der Spinnentiere an Land. Unabhängig davon haben später einige wenige Spinnentiergruppen wieder das aquatische Milieu erobert, zum Beispiel die Wasserspinnen. Die jeweils erforderlichen strukturellen und funktionellen Anpassungen an das Wasserleben der sekundären Wasserbewohner unterscheiden sich dramatisch von denen ihrer im Meer lebenden Vorfahren. Ein weiteres Indiz dafür, dass sie unabhängig zurück ins Wasser gewandert sind.

Obwohl die Vermutung sehr gut begründet ist, dass die Xiphosura die Schwestergruppe der Arachnida sind, und Einzug in die meisten Zoologielehrbücher gehalten hat, ist sie nicht unumstritten. Die Analyse umfangreicher molekularer Datensätze hat in den letzten Jahren eine intensive Diskussion über die stammesgeschichtliche Position der Pfeilschwanzkrebse entfacht. Und nicht nur das. Auch bislang fest etablierte Vorstellungen über die Beziehungen der Teilgruppen der Arachnida werden derzeit infrage gestellt.

Besonderes Aufsehen hat dabei eine aktuelle Analyse der Verwandtschaftsbeziehungen innerhalb der Chelicerata von 2019 erregt.[35] Als Chelicerata, zu Deutsch Kieferklauenträger, wird die Gruppierung aus den Pfeilschwanzkrebsen, den Spinnentieren sowie einer weiteren Gruppe von Meeresarthropoden, die Asselspinnen (Pantopoda), bezeichnet. Diese Arbeit sieht die Pfeilschwanzkrebse mitten in den landlebenden Arachnida situiert. Genauer gesagt sind sie die Schwestergruppe einer mit nur 40 Arten recht kleinen Gruppe tropischer Spinnentiere, den Kapuzenspinnen (Ricinulei). Kapuzenspinnen verdanken ihren Namen einem beweglichen Anhang der Oberseite des Vorderkörpers, der kapuzenartig die Mundwerkzeuge bedeckt. Die Kapuzenspinnen galten bislang als nächste Verwandte der Milben.[36] Eine mögliche Schwestergruppenbeziehung zwischen Kapuzenspinnen und Pfeilschwanzkrebsen kam für die Fachwelt überraschend und lässt sich morphologisch kaum begründen. Aber es steckte noch mehr Zündstoff in der Arbeit von 2019. Die Skorpione, die bislang als urtümlichste Spinnentiere galten, rückten in die Nähe der Webspinnen, die Milben wurden in mehrere Teilgruppen zergliedert, und die Pseudoscorpione erschienen als Nächstverwandte einer Milbengruppe.

Diese alternative Sicht auf die Stammesgeschichte der Spinnentiere steht in dramatischem Widerspruch zu den bisherigen Vorstellungen von der Evolution und Diversifikation der Chelicerata. Im Mittelpunkt steht dabei die Frage, welche der Spinnentiergruppen zu welcher Zeit das Land erobert hat. Die Pfeilschwanzkrebse sind hochgradig an das Wasserleben angepasst und besitzen eine Reihe von Merkmalen, die eng mit dem Leben im wässrigen Milieu assoziiert sind. Beispielsweise besitzen sie eine bestimmte Ernährungsweise, bei der die Hüften der Vorderkörperextremitäten mithilfe von stacheligen Fortsätzen Nahrung zerquetschen und in die dahinter liegende Mundöffnung befördern. Diese Art der Nahrungsverarbeitung funktioniert nur im Wasser. Dasselbe gilt für die Atmungsorgane, die aus Stapeln von dünnen Kiemenblättern bestehen und als Buchkiemen bezeichnet werden. Auch diese Buchkiemen sind spezialisierte Atmungsorgane in Anpassung an das Wasserleben. Ähnliche Merkmale finden sich auch bei fossilen Spinnentierverwandten wie den Seeskorpionen, und es spricht vieles dafür, dass die Pfeilschwanzkrebse diese Anpassungen an das Wasserleben von ihren Vorfahren übernommen haben, dass sie also primär aquatisch sind. Nimmt man nun wie in der Arbeit von 2019 an, dass die Xiphosura die Schwestergruppe der landlebenden Kapuzenspinnen innerhalb der übrigen landlebenden Arachniden sind, müssten diese Merkmale in Anpassung an das Wasserleben erneut von einem terrestrischen Vorfahren aus evolviert sein. Zugleich würde dies bedeuten, dass innerhalb der Arachniden das Land mehrfach unabhängig voneinander erobert worden wäre. Alles in allem ein unwahrscheinliches Szenario.

Gegen eine solche Annahme spricht auch der Fossilbefund. Die Xiphosura sind bereits aus dem frühen Ordovizium bekannt, also vor etwa 485 Millionen Jahren. Sie sind damit in einer sehr frühen Phase des Paläozoikums, des Erdaltertums, entstanden. Wären sie die Nächstverwandten der Kapuzenspinnen, müsste es zu diesem Zeitpunkt bereits landlebende Spinnentiere gegeben haben. Da aber auch die Pflanzen im frühen Ordovizium erst begannen, das Land zu erobern, ist es nicht vorstellbar, dass es zur gleichen Zeit bereits mehrere terrestrische Linien von Spinnentieren mit fleischlicher Ernährung gegeben haben kann.

Eine neuere Analyse der Verwandtschaftsbeziehungen innerhalb der Chelicerata, bei der auch schon publizierte Datensätze mit anderen Verfahren analysiert wurden, hat erneut die Hypothese unterstützt, dass die Pfeilschwanzkrebse und Arachnida Schwestergruppen sind.[37] Ganz so, wie es seit langer Zeit in den Lehrbüchern steht. Die Xiphosura sind damit primär aquatisch und haben den Lebensraum im Meer bereits von ihren Vorfahren übernommen. Die Stammart der Arachnida hat dann schließlich das Land erobert und bildete den Ausgangspunkt für die enorme Vielfalt an Spinnentieren, die wir heute kennen. Es gab nach dieser neuen Analyse nur einen einzigen Landgang innerhalb der Chelicerata, den der Arachnida, der Spinnentiere.

Aber über die Frage der stammesgeschichtlichen Position der Pfeilschwanzkrebse und der Beziehungen innerhalb der Chelicerata ist das letzte Wort noch nicht gesprochen. Die umfangreichen molekularen Daten, die überhaupt erst die Diskussion neu belebt haben, bedürfen eines komplexen, hoch spezialisierten Analyseverfahrens, dessen Bedeutung nicht leicht zu beurteilen ist. Die zahlreichen alternativen Verwandtschaftshypothesen führen zu konkurrierenden evolutiven Szenarien, wie strukturelle Merkmale transformiert wurden und welche Teilgruppen zu welchem Zeitpunkt ihren Lebensraum grundlegend geändert haben. An der Plausibilität solcher evolutiven Szenarien muss sich jede Stammbaumhypothese messen lassen. Diese Diskussion aber zeigt, dass die Pfeilschwanzkrebse, deren Entdeckung weit in die vor-Linnéische Zeit zurückreicht, eine Schlüsselgruppe zum Verständnis der Evolution der Gliederfüßer und besonders der Spinnentiere sind.

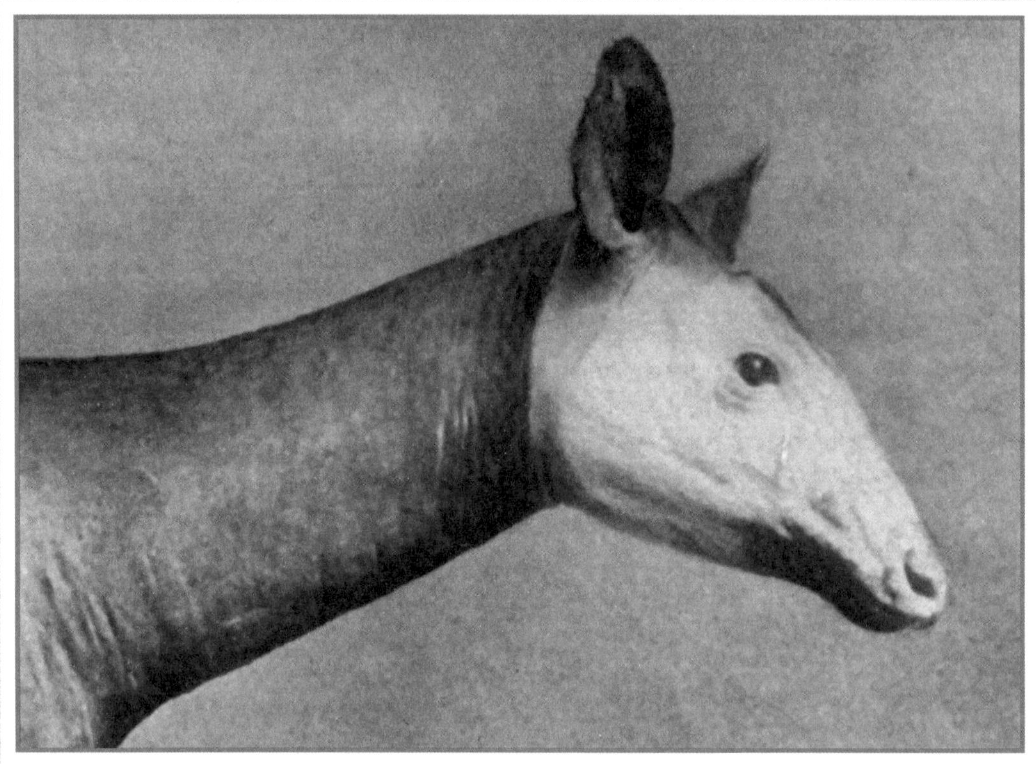

»Was Sie auch tun,
schießen Sie nicht«

X

AUF DER SUCHE NACH DEM UNSICHTBAREN DICKHÄUTER

Ex africa semper aliquid novi« – Aus Afrika gibt es immer Neues zu berichten. Mit diesem Zitat von Gaius Plinius Secundus dem Älteren beginnt der Zoologe J. L. B. Smith, wie bereits geschildert, seinen wissenschaftlichen Artikel von 1939, in dem er seine Entdeckung – eine der sensationellsten des 20. Jahrhunderts – der Öffentlichkeit vorstellt: den Quastenflosser *Latimeria chalumnae.* Es gilt aber nicht nur für die Meere rund um Afrika. Trotz intensiver Bemühungen zahlloser Forscher und Entdecker, die Tierwelt des riesigen afrikanischen Kontinents zu erforschen, werden bis in die Gegenwart neue Großtierarten entdeckt. Besonders die endlosen Regenwälder Zentralafrikas bieten einer bis heute nur ungenügend erforschten Artenvielfalt einen Lebensraum. Wie in allen tropischen Habitaten sind unter den Insekten und anderen Wirbellosen die meisten unentdeckten Arten zu erwarten. Aber selbst große Säugetiere können sich bis heute vor den Blicken von Forschern verbergen. Manchmal erfuhren die europäischen Entdecker zuerst durch die lokalen Bewohner von der Existenz dieser oft in lokalen Mythen auftauchenden Tiere, ohne dass sie Spuren von ihnen finden konnten. Aber die Geschichten, die die Entdecker aus Afrika mitbrachten, weckten die Fantasie und Neugierde und waren nicht selten der Anlass für weitere Expeditionen.

Eines der bekanntesten Beispiele für die Entdeckung einer Großtierart in Zentralafrika im 20. Jahrhundert ist das Okapi oder die Waldgiraffe.[1] Heute erscheint es kaum möglich, dass ein so auffälliges Tier, das mit keiner anderen Tierart verwechselt werden kann und das mit einer Körperhöhe von beinahe zwei Metern, einer Körperlänge von 2,5 Metern und bis zu 300 Kilogramm Körpergewicht eine imposante Erscheinung ist, so lange verborgen bleiben konnte. Es war der Afrikaforscher Henry Morton Stanley (1841–1904), der in seinem populären Reisebericht »Im dunkelsten Afrika« von 1890 von einem Waldesel aus den Wäldern des Kongo berichtete, welcher Blätter frisst und den die Pygmäen »Atti« nennen.[2] Stanley brachte drei Fellstreifen des rätselhaften Tieres mit nach London, die aber keinem bekannten Tier zugeordnet werden konnten. Sir Harry Johnston (1858–1927), der damalige Gouverneur von Uganda, erkundigte sich im Kongo bei den lokalen Mbuti nach dem Waldesel und erfuhr, dass er nicht Atti, sondern Okhapi genannt wird. Die wenigen Beschreibungen, Fellstücke und Fußspuren, die Johnston diesem Tier zuordnen konnte, ließen vermuten, dass es sich keineswegs um einen Pferdeverwandten handelte, sondern um einen Paarhufer, also vielleicht eine unbekannte Antilope. Johnston schickte schließlich zwei zu Bandelieren um-

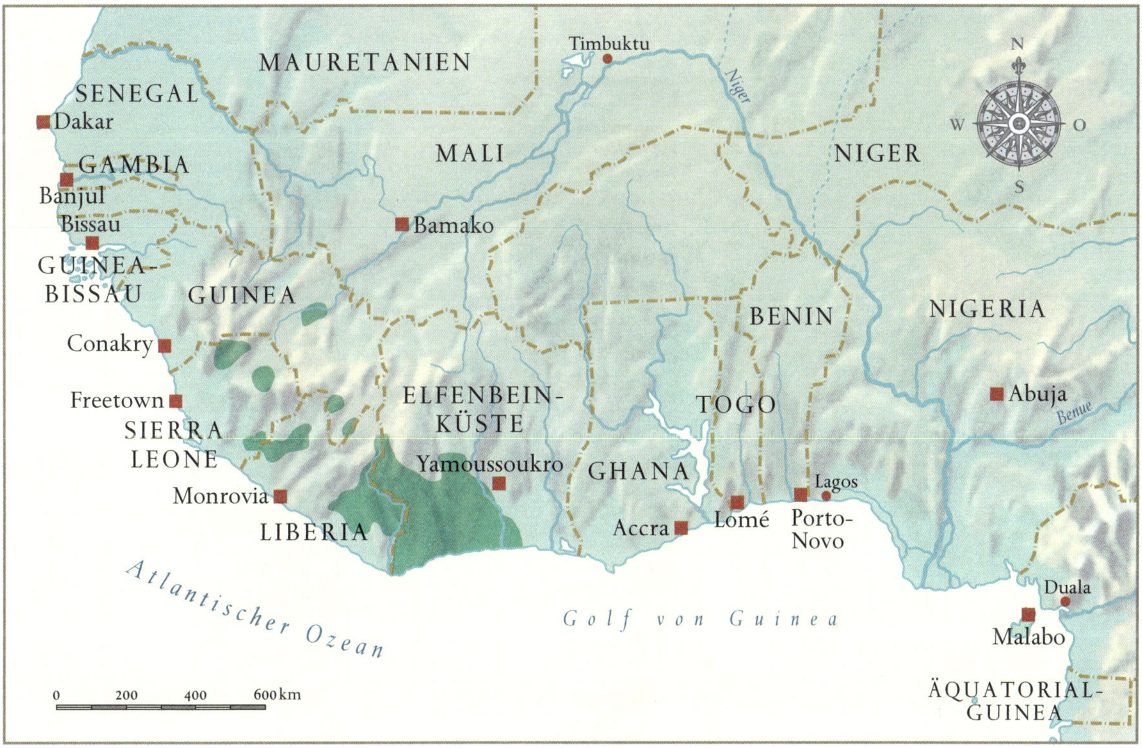

gearbeitete, gestreifte Beinfellstreifen an den Zoologen Philip Lutley Sclater (1829–1913), der an der Pferdehypothese festhielt und 1901 anhand der beiden Streifen eine neue Zebra-Art beschrieb, zumindest nahm er das an. In wohlmeinender Ehrung von Harry Johnston nannte er das vermeintliche Zebra *Equus johnstoni*. Vorsichtshalber fügte er ein Fragezeichen nach dem Gattungsnamen ein als Ausdruck seines eigenen Zweifels, ob es sich tatsächlich um einen Pferdeverwandten handle.[3] Noch im Jahr der Veröffentlichung von *Equus johnstoni* erhielt Johnston das gut erhaltene Fell und zwei Schädel eines Okapi-Hengstes und einer Stute und erkannte sofort, dass es sich weder um ein Pferd noch um eine Antilope handelte, sondern um eine Giraffenverwandte. Der bereits erwähnte britische Zoologe Edwin Ray Lankester (1847–1929), der Säugetierspezialist am Natural History Museum London, beschrieb noch 1901 die neue Gattung *Okapi* innerhalb der Familie Griraffidae.[4] Lankester erkannte auch, dass ähnliche Tierarten bereits fossil aus rund 10 Millionen Jahre alten Sedimenten bekannt waren.

10-1 Geografische Verbreitung des Zwergflusspferds

10-2 Die aus Beinfellstreifen eines Okapis hergestellten Bandelieren, anhand derer Sclater *Equus johnstoni* beschrieb

In den Folgejahren versuchten verschiedene Entdeckungsreisende das Okapi aufzuspüren. Manchen gelang es, von den lokalen Bewohnern der Region Felle oder Schädel zu bekommen, aber das Okapi selbst blieb in den Wäldern des Kongo verborgen. Mehrere Exemplare gelangten in europäische Museen, aber noch hatte fast kein westlicher Forscher ein lebendiges Okapi zu Gesicht bekommen. Mehrere Versuche, lebende Okapis zu fangen oder zu beobachten, scheiterten. Erst 1930 gelang es dem niederländischen Tierfotografen Cornelius Bezuidenhout, die ersten spektakulären Fotos von frei lebenden Okapis zu machen. Auch wenn heute immer wieder Okapis in Zoologischen Gärten erfolgreich gehalten und gezüchtet werden, bleibt die Waldgiraffe weiterhin eines der seltensten und rätselhaftesten Großtiere. Ihr Bestand in den Regenwäldern Zentralafrikas gilt als stark gefährdet.

Das Okapi war eines der letzten Großsäugetiere, das in den Wäldern Afrikas entdeckt wurde. Aber es sollte nicht das Letzte sein.

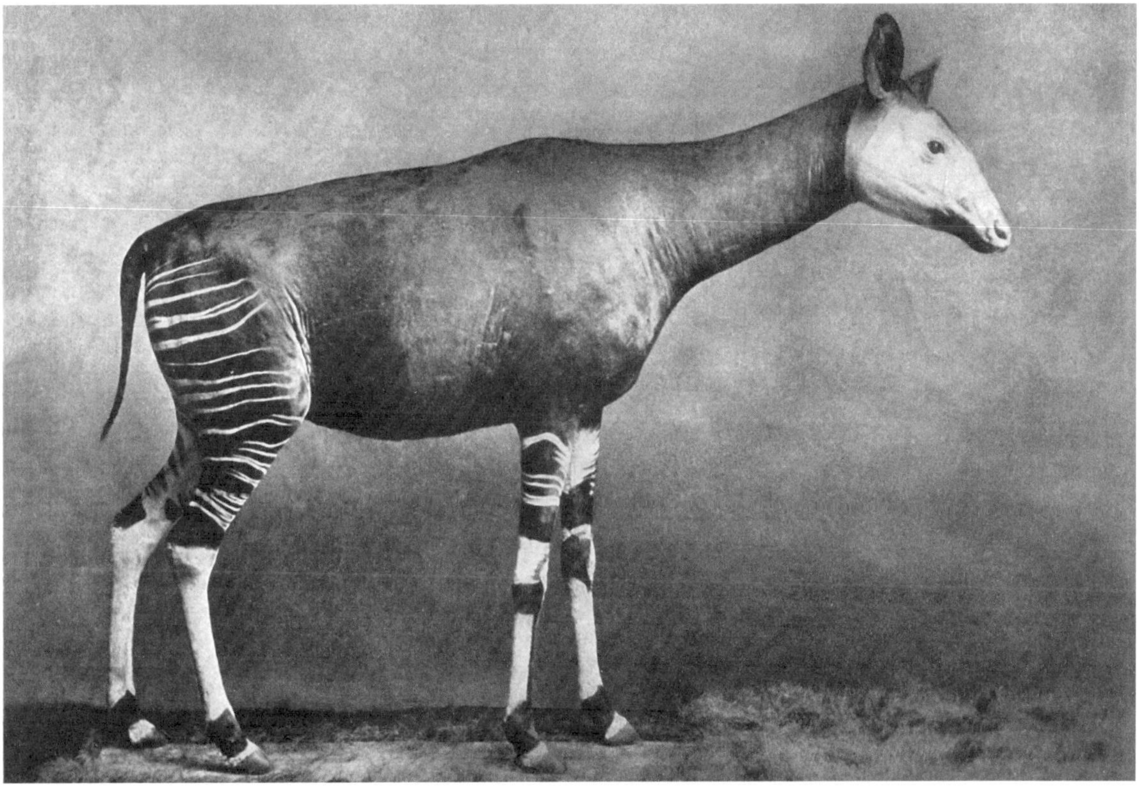

10-3 Eines der ersten montierten Okapi-Präparate

SCHOMBURGK IN AFRIKA

Im Herbst 1910 lud Carl Hagenbeck (1844–1913), der Direktor des erst drei Jahre zuvor eröffneten Hamburger Tierparks Hagenbeck, den 30-jährigen Tierfänger, Großwildjäger und Abenteurer Hans Schomburgk (1880–1967) in seinen Zoo im Stadtteil Stellingen ein. Es gab viel zu besprechen. Der bereits 66-jährige Hagenbeck konnte auf ein bewegtes Leben zurückschauen und hatte Mitte des 19. Jahrhunderts den Tierhandel seines Vaters zu einem international bedeutenden Umschlagplatz von Tieren aus aller Welt mit angeschlossenen Tiervorführungen ausgebaut. Ab 1875 kombinierte Hagenbeck seine Tierschauen mit Völkerschauen, für die er Vertreter ethnischer Gruppen aus zahlreichen Ländern nach Deutschland holte und in seinem und anderen Zoos in einer uns heute menschenverachtend erscheinenden Weise der Öffentlichkeit präsentierte. Hagenbeck baute im Laufe der Zeit ein internationales Netzwerk von Tierfängern auf, die in seinem Auftrag seltene und exotische Tiere für seine Tierschauen und für den Verkauf fingen und nach Hamburg brachten. Jedes Jahr finanzierte er mehrere Fangreisen, zuerst erst nach Afrika, später in andere Länder der Erde.[5]

Hans Schomburgk war einer von »Hagenbecks Reisenden«,[6] also ein von Hagenbeck finanzierter Expeditionsleiter, unterwegs mit dem Auftrag, seltene und für Besucher attraktive Tiere zu beschaffen und lebendig nach Hamburg zu transportieren. Der in Hamburg geborene Schomburgk zog bereits im Alter von 17 Jahren nach Südafrika auf eine Farm eines Verwandten seines Vaters. »Sehr selbstbewusst und doch sehr kleinmütig«[7] betrat er das fremde Land. Schomburgk aber wollte kein Farmer werden, sondern in Afrika Abenteuer erleben, Großwildjäger werden. Er trat der berittenen Polizei von Natal bei und nahm später auf britischer Seite am Zweiten Burenkrieg teil. Schließlich konnte er seinen Traum von der Großwildjagd realisieren und schoss seine ersten Elefanten. Später tauschte er sein Gewehr mit Filmkamera und Fotoapparat und dokumentierte die Tierwelt und die Menschen in Afrika. Seine populären Reiseberichte, die er in beinahe 30 Büchern veröffentlichte, erreichten ein Millionenpublikum. Schomburgk war ein Meister der Wiederverwertung, und die Abenteuer, die ihm am liebsten waren, erzählte er in seinen Büchern immer wieder.

Eine herausragende Rolle spielte dabei seine erfolgreiche Jagd nach dem Zwergflusspferd.[8] Schomburgk hatte 1910 sein erstes Buch veröffentlicht,

»Wild und Wilde im Herzen Afrikas«, das enorm populär wurde. Längst hatte ihn das »Afrikafieber« ergriffen, und er plante weitere Afrikareisen, um zu jagen und Abenteuer zu erleben. Während seiner langjährigen Reisen in Zentralafrika beriet er sich mit Jagdgefährten über neue Ziele, und sie waren sich einig, dass Liberia für ein Erfolg versprechendes Unternehmen nicht infrage käme. Zu schwierig sei die innenpolitische Lage und das Land Schomburgk daher »am unsympathischsten«.[9] Das änderte sich schlagartig, als Hagenbeck, der »Altmeister des Tierimports«, Schomburgk bei ihrem Treffen im Tierpark vorschlug, eines der seltensten Säugetiere Afrikas zu fangen und lebend nach Hamburg zu transportieren. Das liberianische Zwergflusspferd. Seit der Schweizer Zoologe und Forschungsreisende Johann Büttikofer (1850–1927) zweimal Liberia bereist und mehrere erlegte Exemplare des Zwergflusspferds nach Holland ins Rijksmuseum von Natuurlijke Historie gebracht hatte,[10] war es keinem weiteren europäischen Reisenden unter die Augen geraten.

10-4 Hans Schomburgk während einer Afrika-Expedition 1931–1932 in Dilolo, Demokratische Republik Kongo

Schomburgk erreichte Liberia am 14. Mai 1911 und traf dort mit Mr Lett zusammen, der Büttikofer bereits dreißig Jahre zuvor als Jäger und Präparator gedient hatte. Lett berichtete, dass es Zwergflusspferde am oberen Lauf des Duquea-Flusses gäbe. In mehreren Kanus ruderte Schomburgk den Fluss stromaufwärts und zog in den am Flussufer liegenden Dörfern Erkundigungen ein. Er erfuhr, dass es in der Region zwei verschiedene Flusspferde gäbe, das »Nigbwe« und das »N'nama«. Schomburgk wusste nicht, was er von den unklaren und oft widersprüchlichen Beschreibungen der lokalen Jäger halten sollte. Von Malaria-Anfällen und dauernden sintflutartigen Regenfällen mitgenommen, wuchsen in Schomburgk Zweifel, ob es das legendäre Zwergflusspferd überhaupt gab. Zu selten war es bislang gesichtet worden, und die Berichte, die er zu hören bekam, hätten ebenso auf Wildschweine, Nashörner oder andere Tiere zutreffen können. Auch in früheren Fällen, in denen Reisende Berichte über seltsame Tiere mitgebracht hatten, hatte sich immer wieder herausgestellt, dass es sich um ganz profane oder vollkommen andere Tierarten handelte. Vielleicht waren auch Büttikofers Mini-Flusspferde nur die Jungtiere des normalen Flusspferds *Hippopotamus amphibicus*? Schomburgks Verzweiflung wuchs.

Am 13. Juli, nach Wochen der mühevollen Suche, hatte Schomburgk endlich Erfolg. Aus seinem Kanu sah er ein einzelnes Zwergflusspferd das steile Ufer des Flusses herabsteigen. »Jeder Zweifel war verschwunden.« Er sah sofort, dass es sich nicht etwa um ein junges *Hippopotamus* handelte, sondern um eine ganz andere Art von Flusspferd. Es hatte eine Höhe von nur 60 Zentimetern und eine Körperlänge von 90 Zentimetern. Die Kopfform, die Position der Augen, die Färbung und sogar die Fährte unterschieden sich gravierend vom normalen Flusspferd. Obwohl ein erfahrener Jäger, der auf seinen Afrikareisen jederzeit bereit war, seltene und spektakuläre Tiere zu schießen, schoss er dieses Mal nicht:

> Wie leicht hätte ich es erlegen können, aber in jenen Tagen hielt ich das Zwergflusspferd für so selten, dass man es nicht wagen durfte, eins zu schießen. Auch Hagenbeck hatte mir noch vor der Abreise ausdrücklich wiederholt: »Was Sie auch tun, schießen Sie nicht, Sie müssen lebend ein Tier mitbringen.«[11]

Schomburgk sah ein, dass es während der Regenzeit ausgeschlossen war, ein Zwergflusspferd lebendig zu fangen. Zurück in Hamburg, wurde seine Beobachtung mit Skepsis aufgenommen. Schomburgk, der Großwildjäger, sieht eine der seltensten Säugetierarten und verzichtet bewusst darauf, das Wild zu erlegen? Sicherlich hatte er nur das Jungtier eines normalen Flusspferds gesehen, die im Duquea-Fluss ebenfalls vorkommen.

Nach einem nur sechswöchigen Aufenthalt in Deutschland kehrte er nach Liberia zurück. Er stand unter enormem Erfolgsdruck, um die kritischen Stimmen zu Hause zum Schweigen zu bringen. Als erstes Ziel wählte Schomburgk den Lofa, ein Grenzfluss zwischen Liberia und Guinea. Bereits am ersten Morgen sah er die ersten beiden Zwergflusspferde, die in der Region »Mwe« genannt werden. Dieses Mal war er bereit, eines zu erlegen, denn er braucht einen handfesten Beweis, dass das Zwergflusspferd existiert. Schomburgk aber kam nicht zum Schuss. Immerhin wusste er nun, dass er sich in der richtigen Region befand. Er ließ nahe dem Flussufer eine Fallgrube bauen, die für die Größe eines Zwergflusspferds bemessen war. Ohne Erfolg. Ihm wurde berichtet, dass in der Stadt Jenne ein lebendes Zwergflusspferd gefan-

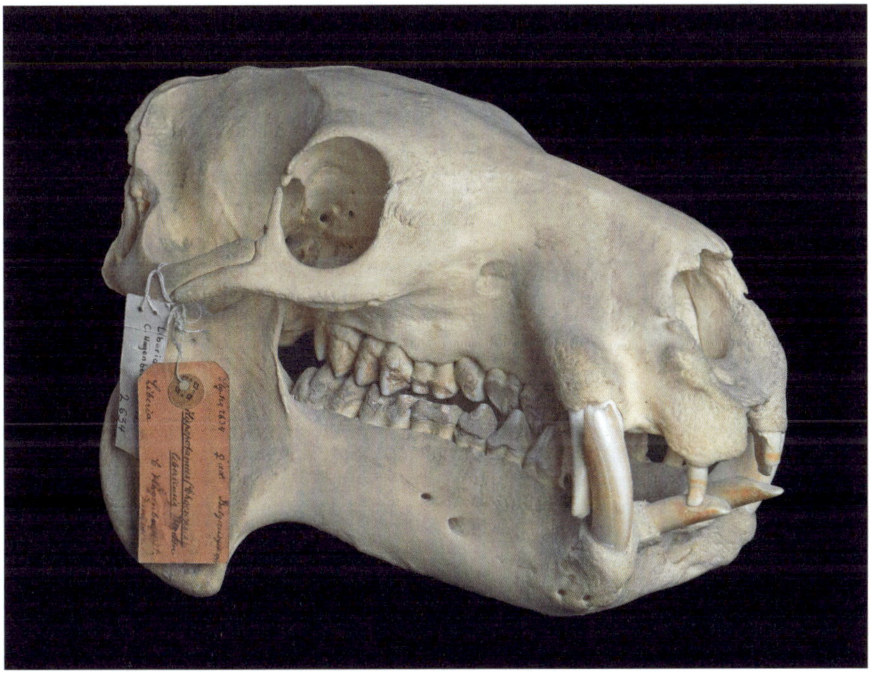

10-5 Schädel des schließlich von Schomburgk geschossenen Zwergflusspferds in der Säugetiersammlung des Senckenberg Museums Frankfurt

gen, aber gleich verzehrt worden sei. Schomburgk machte sich auf den Weg dorthin, und am 28. Februar 1912 schließlich wird er der erste Europäer, der ein Zwergflusspferd erlegt. Endlich. Das Tier wurde an Ort und Stelle abgebalgt und das wertvolle Fell für den Transport nach Deutschland vorbereitet. Schomburgk indes quälten Bedenken, das schöne Tier von immerhin 172 Zentimeter »von Nasenspitze bis Schwanzansatz« nicht lebendig gefangen zu haben. Hagenbecks Auftrag war unmissverständlich, und Schomburgk musste nach weiteren Tieren suchen. Am 1. März schließlich brachte einer seiner Gehilfen die frohe Botschaft, dass ein Zwergflusspferd gefangen worden sei:

> Endlich – mein Ziel erreicht! – der Sieg errungen. Nässe und Kälte – Hunger und Krankheit, den ewigen Kampf mit dem Urwald und seinen Bewohnern, alles hatte ich freudig überstanden. Aber gelitten hatte ich, bitter gelitten an dem Unglauben meiner eigenen Landsleute. Gekocht habe ich innerlich vor Wut, wenn man mir in Europa achselzuckend auf alle meine Versicherungen entgegnete: »Lieber Herr, Sie haben sich in der Aufregung getäuscht.« Ich fühlte, dass man mir überhaupt nicht glaubte, denn wenn er wirklich ein Tier gesehen, sagten sich die klugen Leute, hätte solch ein passionierter Jäger sicher geschossen. Die langen Monate hindurch hatte ich einen schier verzweifelten Kampf geführt. Bitterer Hass hatte sich mir ins Herz gefressen. […] Ich stand wie erstarrt. Er sprang auf mich zu wie ein wildes Tier, packte mich und rüttelte mich bis ins Innerste, der Ruf: »Massa dem Mwe done catch.« – Ich flüchtete in mein Zelt. Brach zusammen. Flog wie in Fieberschauern. Dann kamen mir die Tränen, mir, dem harten Großwildjäger. Bwakukama[12] weinte. Lächerlich, nicht wahr? – Aber die überspannten Nerven verlangten gebieterisch ihr Recht. Es dauerte Minuten, bis ich mich sammeln und heraustreten konnte zu meinen vor Freude und Aufregung zitternden Leuten.[13]

Schomburgk hatte einen einheimischen Gehilfen mit Namen Henry L. Sherman beauftragt, in der Nähe des Dorfes Tindoa mehrere Fallgruben anzulegen, und in einer seiner Gruben befand sich ein »schönes, ausgewachsenes, junges Männchen«. Schomburgk unterrichtete sofort Hagenbeck über seinen Erfolg.[14] Es sollte aber nicht bei dem einen Tier bleiben. In den Folgetagen gelingt es Schomburgks Gehilfen, weitere vier Zwergflusspferde in Gruben zu fangen. Schomburgk lässt Bambuskäfige anfertigen und die fünf Tiere an die Küsten nach Cape Mount transportieren. Der Passagierdampfer »Lucie Woermann« macht auf seinem Weg von Monrovia nach Deutschland extra halt in Cape Mount, um die fünf Käfige aufzunehmen. Die Zwergflusspferde, die sich als genügsam herausstellen und mit jeder Art von Gemüse und Gemüseabfällen gefüttert werden können, kommen unversehrt in Hamburg an. Von dort verkauft Hagenbeck, dem bei ihrem Anblick Tränen der Rührung über die Wange laufen,[15] drei der Tiere an den Bronx Zoo in New York[16] und eines an den London Zoo. Nur ein Zwergflusspferd bleibt in Hagenbecks Tierpark. Für die Zoos waren die Neuerwerbungen sensationelle Neuheiten, für die sie bereit waren, tief in die Tasche zu greifen. So zahlte der Bronx Zoo für die von Schomburgk gefangenen Zwergflusspferde 12 000 US-Dollar, eine damals enorme Summe, die sie mit zu den teuersten Anschaffungen des Zoos bis dahin machten.[17] Dafür konnte der Bronx Zoo damit werben, schon 1912 die ersten Zwergflusspferde weltweit überhaupt gezeigt zu haben.

Mit Schomburgks Wissen über das Vorkommen und die Lebensweise dieser seltenen Art sowie den Erfahrungen der indigenen Bevölkerung beim Bau von Zwergflusspferdfallen konnten in den Folgejahren liberianische Händler die steigende Zahl von Anfragen Zoologischer Gärten in aller Welt nach wei-

10-6 Transportkarawane mit den gefangenen Zwergflusspferden

10-7 Hans Schomburgk mit einem der lebend gefangenen Zwergflusspferde aus Tindoa im Tierpark Hagenbeck

teren Exemplaren lukrativ befriedigen.[18] Dennoch blieb das Zwergflusspferd eine Rarität. Noch in den 1930er-Jahren stellte der »Zoologie-Student, Tierfänger, Urwaldjäger« Otto Schulz-Kampfhenkel (1910–1989) ein Zwergflusspferd in den Mittelpunkt des Reiseberichts seiner Expedition nach Liberia. Im Zeitraum von immerhin sechs Monaten, die er in Liberia verbrachte, gelang es aber nur, ein einzelnes Tier vorübergehend zu fangen, das ihm aber wieder entkam.[19]

SCHÄDEL FÜHREN ZUM ZWERGFLUSSPFERD

So abenteuerlich Hans Schomburgks Suche nach dem sagenumwobenen Zwergflusspferd auch war, der wissenschaftliche Entdecker war er keineswegs. Schomburgks, Hagenbecks und auch Schulz-Kampfhenkels Wunsch nach einem lebenden Exemplar rührte eben genau daher, dass sie bereits wussten, wonach sie suchen mussten. Und das, obwohl die tatsächliche Existenz des miniaturisierten Flusspferds in der Gegenwart nicht ausreichend belegt war und zumindest Schomburgk bei all seinen Bemühungen immer wieder Zweifel kamen, ob das Zwergflusspferd tatsächlich existiert oder ob ihn nur der Spuk einer längst ausgestorbenen Tierart zum Narren hielt. Die Geschichte der eigentlichen wissenschaftlichen Entdeckung aber reicht mehr als ein halbes Jahrhundert vor Schomburgks Liberia-Reisen zurück.

Samuel George Morton (1799–1851) war ein US-amerikanischer Arzt und vergleichender Anatom. Er hatte breite Interessen in Ethnografie und Naturkunde und war Mitglied in der Academy of Natural Sciences in Philadelphia. Sein besonderes Interesse galt der Kraniometrie, einem Teilgebiet der Phrenologie, die einen Zusammenhang von anatomischen Schädel- und Gehirnmerkmalen mit Intelligenz und psychischen Eigenschaften herzustellen versuchte. Die Kraniometrie zielt dabei darauf ab, bestimmte Messungen an Schädeln durchzuführen und die verschiedenen Maße mit psychischen Merkmalen in Verbindung zu bringen. So nahm Morton an, dass zahlreiche Persönlichkeits- und Intelligenzmerkmale von der Gehirngröße abhingen.[20] Er baute ein internationales Netzwerk von Bezugsquellen für menschliche Schädel auf, sodass seine Sammlung schließlich mehr als 1000 Schädel umfasste. Viele stammten dabei aus Gefängnissen und psychiatrischen Institutionen. Morton aber war auch an Schädeln von Wirbeltieren jeder Art interessiert und bat seine Gewährsleute in aller Welt, ihm neben menschlichen auch tierische Schädel und andere Präparate zu schicken. Einer von ihnen war der mit Morton befreundete Arzt S. M. E. Goheen, der in Monrovia für fünf Jahre eine Position als Kolonialarzt der Methodistenmission innehatte. Goheen schickte Morton neben einigen menschlichen Schädeln, meist von Hingerichteten, auch verschiedene naturkundliche Objekte, die er im Laufe der Zeit zusammengetragen hatte. Unter diesen Objekten befanden sich auch zwei Flusspferdschädel, die Morton durch ihre geringe Größe ins Auge fielen.

Morton allerdings hatte schon einige Jahre zuvor Gerüchte über die Existenz eines Flusspferds gehört, das angeblich kaum die Größe eines mittelgroßen Kalbs erreiche.[21] 1840 hatte er einen Mann getroffen, der Liberia intensiv bereist hatte. Dieser berichtete davon, dass er an den Flüssen im Inneren von Liberia mehrfach auffallend kleine Flusspferde gesehen habe. Die Bewohner der Region würden sie als Fleischquelle jagen, und auch er selbst habe schon eines geschossen und verzehrt. Der Bericht schien Morton glaubwürdig zu sein, aber er wusste, dass er weitere Beweise für die Existenz einer solch ungewöhnlichen Tierart benötigte.

Ein solcher Beweis geriet ihm 1844 in die Hände, als er die beiden zwergenhaften Schädel von Goheen erhielt. Sie stammten vom Saint-Paul-River, einem Fluss, der in den Bergen Guineas entspringt und die zentralen Gebiete Liberias durchquert, bis er bei Monrovia in den Atlantik mündet. Morton war verblüfft von den Unterschieden dieser Exemplare zum üblichen Flusspferd, scheute aber davor zurück, die Existenz einer neuen, noch unentdeckten Art zu vermuten. Wie sollte eine derart auffällige, wenn auch ungewöhnlich kleine Säugetierart der Aufmerksamkeit der Zoologen bislang entgangen sein? Morton arbeitete sich durch die relevante Literatur und verglich die Schädel mit allem, was schon aus Westafrika bekannt war. Kein Zweifel, es handelte sich um eine noch unbekannte Flusspferdart.

10-8 Zeichnungen des Schädels des Zwergflusspferds aus Mortons Originalbeschreibung von *Hippopotamus minor*

Morton veröffentlichte 1844 die Beschreibung der neuen Art, die er *Hippopotamus minor* nannte, wörtlich »das kleinere Flusspferd«. In einer zweiten Publikation von 1849 änderte er den Namen zu *Hippopotamus liberiensis*, das liberianische Flusspferd. Ihm war entgangen, dass der französische Anatom und Zoologe Georges Cuvier (1769–1832) bereits eine fossile Flusspferdart mit dem Namen *minor* beschrieben hatte. Da in der zoologischen Nomenkla-

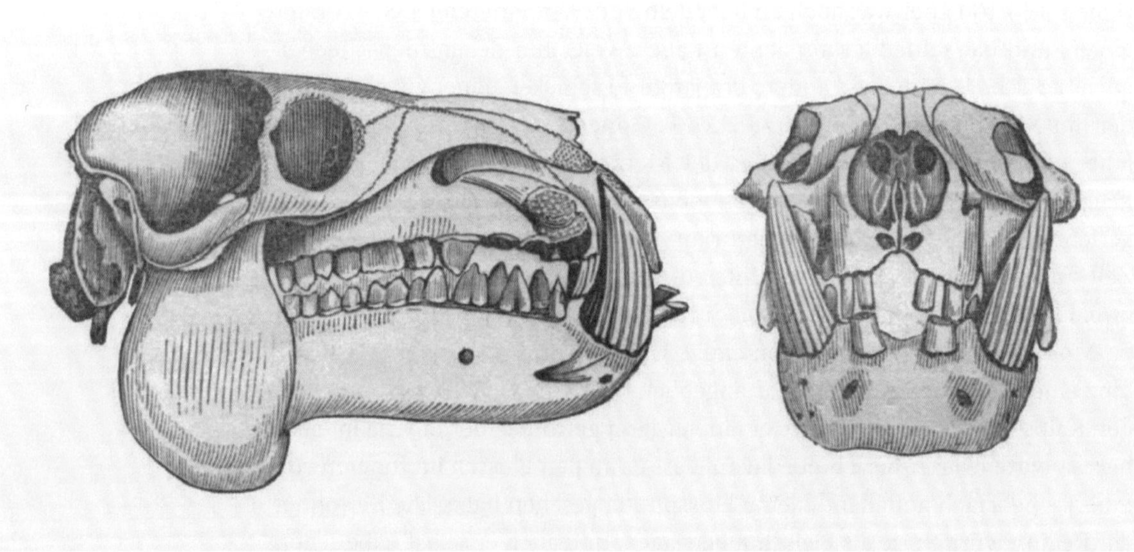

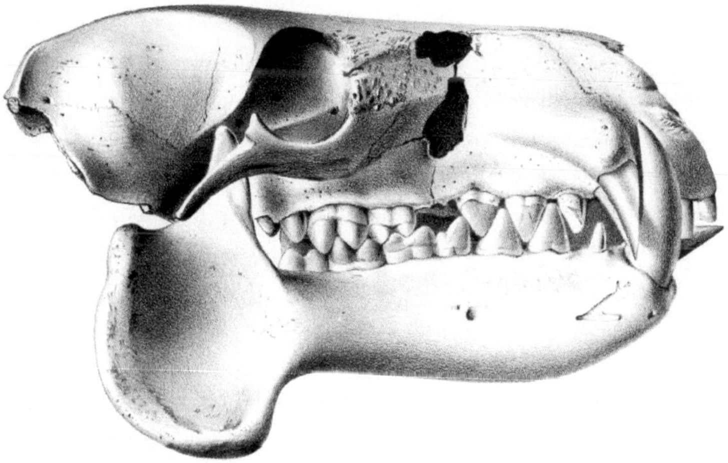

10-9 Der Schädel des jüngeren der beiden Zwergflusspferde aus Mortons ausführlicher Beschreibung der Art als *Hippopotamus (Tetraprotodon) liberiensis*

tur das Prioritätsprinzip gilt, also bei mehreren Namen für dieselbe Art der zuerst veröffentlichte Gültigkeit hat, hieß Mortons Zwergflusspferd fortan *liberiensis.*

DER FLUSSPFERD-STAMMBAUM

Die neu entdeckte Art weckte das Interesse von Zoologen überall auf der Welt und galt als »eine der interessantesten und bemerkenswertesten Entdeckungen in der Zoologie des Jahrhunderts«.[22] Die Stellung des Zwergflusspferds in Bezug zum großen Verwandten sowie zu verschiedenen fossilen Flusspferdarten, die nur wenige Jahre zuvor entdeckt worden waren, war Gegenstand einer intensiven Debatte. Der Anatom und Paläontologe Joseph Leidy (1823–1891) hatte Mortons Zwergflusspferdschädel mit einigen Fossilien und dem üblichen Flusspferd verglichen. Er sah so große Unterschiede im Schädelbau, dass er 1852 vorschlug, das liberianische Zwergflusspferd in einer eigenen Gattung zu platzieren, *Choerodes.* Aber auch er hatte übersehen, dass es bereits ein Fossil mit diesem Namen gab, und so änderte er den Gattungsnamen ein Jahr später in *Choeropsis.*[23]

Für die nächsten mehr als 100 Jahre sollte der wissenschaftliche Name des Zwergflusspferds *Choeropsis liberiensis* lauten. Bis die britische Paläontologin Shirley C. Coryndon (1926–1976) sich in den 1970er-Jahren die inzwischen in großer Zahl entdeckten fossilen Flusspferde anschaute, die in der Gattung *Hexaprotodon* vereinigt waren.[24] Sie stellte fest, dass die Anatomie des Zwergflusspferds den fossilen *Hexaprotodon*-Arten überraschend ähnlich war.[25] Sie und die meisten der damaligen Flusspferdsystematiker sahen daher in dem Zwergflusspferd den einzigen Überlebenden einer ehemals artenreichen und nun fast vollkommen ausgestorbenen Flusspferdvielfalt. Entsprechend hieß die Art seitdem *Hexaprotodon liberiensis*.

Das änderte sich in den frühen 2000er-Jahren. Der französische Paläontologe Jean-Renaud Boisserie und einige seiner Kollegen rekonstruierten mit den modernen Methoden der Systematik die phylogenetischen Beziehungen der fossilen und der heute noch lebenden Flusspferde und kamen zu einem anderen Ergebnis als Coryndon. Sie stellten fest, dass innerhalb der Hippopotamidae, also der Flusspferdverwandtschaft, *Hippopotamus*, *Choeropsis* und die fossilen *Hexaprotodon*-Arten nicht näher miteinander verwandt sind. Das Zwergflusspferd steht stattdessen im Stammbaum der Hippopotamidae recht isoliert den übrigen Flusspferden gegenüber. Das große Flusspferd, *Hippopotamus amphibius*, ist die einzige heute noch lebende Art aus einer ziemlich unübersichtlichen Vielfalt an fossilen Flusspferden aus Ostafrika, Europa und Asien. Es sprechen also gute Argumente dafür, dass das liberianische Zwergflusspferd eine eigene Gattung für sich allein beansprucht. Aufgrund der Arbeiten von Jean-Renaud Boisserie ist also *Choeropsis liberiensis* der korrekte Name, aber wenn man sich durch die einschlägige Literatur liest, stellt man fest, dass auch *Hexaprotodon liberiensis* weiterhin verwendet wird.

NAHEZU UNSICHTBAR

Schomburgks Zwergflusspferde können als die ersten Exemplare gelten, die erfolgreich in westliche Zoos gebracht wurden und dort nicht nur überlebten, sondern sich auch fortpflanzten. Die ersten Zwergflusspferde in einem Zoo allerdings waren sie nicht. 1873 hatte in Sierra Leone der britische Kolonialingenieur John M. Price ein Baby-Zwergflusspferd gekauft, dessen Mutter von Jägern getötet worden war.[26] Price nahm das Jungtier mit nach Liverpool, um es dem Phoenix Park Zoo im irischen Dublin zu schenken. Bereits auf der Reise verlor das Tier an Gewicht und zeigte Anzeichen einer Lungenentzündung. Nur Stunden nach seiner Ankunft im Dubliner Zoo starb es.

Auch spätere Expeditionen, die zum Ziel hatten, das Zwergflusspferd in Liberia zu finden, blieben teilweise erfolglos. In den 1930er- und 1940er-Jahren machte Ian R. P. Heslop, ein britischer Kolonialverwalter, einige bemerkenswerte Beobachtungen an einer nigerianischen Population des Zwergflusspferds. Er gilt als die einzige Person aus dem Westen, die diese später als eigene Unterart nach ihm benannten Zwergflusspferde (*Choeropsis liberiensis heslopi*) lebend gesehen hatte. Und sie, wie damals üblich, geschossen hatte.

Es sollte bis 1998 dauern, bis Zwergflusspferde erstmals in Freiheit gefilmt wurden. Ein Kamerateam der Marco Polo Film Produktion hatte an der Elfenbeinküste einen Film mit dem Titel »Im Zauberwald der Zwergflusspferde«[27] gedreht, dem das Kunststück gelang, innerhalb von nur zwei Monaten zehnmal Zwergflusspferde vor die Kamera zu bekommen. Die Filmcrew stellte dabei fest, dass Zwergflusspferde inmitten des sumpfigen Waldes mit ihrer Umgebung fast verschmelzen und so nahezu unsichtbar scheinen. Dies mag einer der Gründe sein, warum diese Tierart erst Mitte des 19. Jahrhunderts entdeckt wurde.

DIE ZUKUNFT DES PYGMY HIPPOS

Das Zwergflusspferd ist trotz aller züchterischer Bemühungen und vieler Expeditionen in sein Verbreitungsgebiet weiterhin eine der seltensten Großtierarten der Welt. Die Zahl an Lebendbeobachtungen oder Lebendfotos und -kameraufnahmen ist bis heute verschwindend gering. Nach Phillip T. Robinson, einem der namhaftesten Experten für Zwergflusspferde, gibt es viel mehr Lotterie-Jackpot-Gewinner als Menschen, die ein Zwergflusspferd in der freien Wildbahn lebend gesehen haben.[28] Es gibt Biologen, die nach Monaten, ja manchmal Jahren der Suche in ihrem Verbreitungsgebiet nicht ein einziges Zwergflusspferd zu Gesicht bekamen. Dementsprechend ist es schwierig, die Bestände zu dokumentieren und spezifische Schutzmaßnahmen zu entwerfen. Nach den Schätzungen der aktuellen Roten Liste der gefährdeten Tierarten existierten 2015 nur noch 2000 bis 2500 Individuen, während man 2010 noch von 2500 bis 3000 Zwergflusspferden ausging.[29] Der Bestand nimmt also deutlich ab, und die Ursachen liegen auf der Hand. Im Gegensatz zu ihren großen Flusspferdverwandten, die in und an den Gewässern der offenen Grassteppe leben, kommen Zwergflusspferde in feuchten, sumpfigen Waldhabitaten vor. Durch Brandrodung werden solche Wälder kontinuierlich in Ackerböden verwandelt. Wilderei und mangelnde Umsetzung von Schutzmaßnahmen in Nationalparks aufgrund von gesellschaftlicher Instabilität und kriegerischen Unruhen führen zu einem Rückgang in den Bestandszahlen. Insgesamt nimmt zudem die Bestandsdichte des Zwergflusspferds kontinuierlich ab, und die Populationen fragmentieren immer weiter. Durch den mangelnden genetischen Austausch zwischen diesen verinselten Populationen wird die genetische Widerstandskraft der Zwergflusspferde stark in Mitleidenschaft gezogen. Die isoliert in Nigeria vorkommende Unterart des Zwergflusspferds, *Choeropsis liberiensis heslopi*, deren taxonomischer Status allerdings unklar ist, kann bereits als ausgestorben gelten. Noch wird das Zwergflusspferd in der Roten Liste nur als »gefährdet« eingestuft, aber es steht außer Frage, dass dringend weitere Schutzinitiativen nötig sind, um die Zukunft des Zwergflusspferds in der Natur zu sichern.

AUSBLICK

DIE ENTDECKUNG DER ARTEN IM 21. JAHRHUNDERT

Als Carl von Linné die Entdeckung unbekannter Arten zu einem Forschungsprogramm entwickelte,[1] schien der Traum von der Vollständigkeit in greifbarer Nähe zu sein. In einem Schöpfungsakt hatte Gott nur eine gewisse Zahl von Arten erschaffen, und nun war es die Aufgabe der Forscher, Gottes Schöpfungsplan zu entschlüsseln und zu dokumentieren. Nur einige Tausend Arten mochte die göttliche Vielfalt umfassen, und man konnte mit Fug und Recht erwarten, innerhalb einer Generation, oder sogar früher, das Ziel eines vollständigen Katalogs der Arten zu erreichen.[2]

Rund zweieinhalb Jahrhunderte später machte sich Douglas Adams auf den Weg, um kurz vor ihrem endgültigen Aussterben einige der am stärksten bedrohten Tierarten der Erde zu besuchen. Adams ging es nicht um Vollständigkeit, sondern darum, auf die aktuelle Situation hinzuweisen, in der die natürlichen Lebensräume der Erde durch menschliche Aktivitäten so weit verändert, gestört oder vernichtet worden sind, dass vielen Arten ihre Existenzgrundlage entzogen wurde. Diese Arten stehen kurz vor dem endgültigen Aus.

Hätte Linné Douglas Adam auf seiner Reise begleiten können, hätten ihn wahrscheinlich zwei Beobachtungen verwundert. Ein Artensterben war in Linnés Weltbild nicht vorgesehen. Für ihn existierten sämtliche Arten, seit Gott sie geschaffen hat, und würden auch weiterhin existieren. Dass Art um Art von der Bühne der Natur verschwinden könnten, lag für ihn außerhalb des Vorstellbaren. Vielleicht noch erstaunter aber wäre Linné darüber gewesen, dass sein Forschungsprogramm, die vollständige Erfassung aller Tier- und Pflanzenarten der Erde, 250 Jahre später noch immer kein Ende erreicht hat. Mehr noch, mit unserem heutigen Wissen über den tatsächlichen Umfang der Aufgabe wähnen wir uns weiter von ihrer Vollendung entfernt denn je.

Für die Taxonomen des 21. Jahrhunderts hat sich die Ausgangssituation dramatisch verändert. Das »Linnéische Programm«, wie der prominente Biodiversitätsforscher E. O. Wilson die systematische und auf Vollständigkeit abzielende Inventarisierung der Biosphäre bezeichnete, hat sich inzwischen zu einem globalen Großforschungsprogramm entwickelt. Heute verfügen wir über eine Evolutionstheorie und können Hypothesen über die Entstehung und Entwicklung der Arten diskutieren. Und anders als noch vor wenigen Jahrzehnten lassen uns schnelle Verkehrsmittel unproblematisch an Orte mit hoher Biodiversität gelangen. Neue Technologien ermöglichen eine schnelle und effektive Analyse genetischer und morphologischer Daten. Und dennoch verbindet ein durchlaufendes Thema all diese Bemühungen um eine Erfassung der weltweiten Biodiversität seit dem 18. Jahrhundert: die vollständige Inventur der Natur.

Doch können wir die Arten überhaupt vollständig erfassen? Und müssen wirklich alle Arten der Erde entdeckt werden? Brauchen wir denn ein vollständiges Artenregister? Sollte das Linnéische Programm trotz aller methodischen Probleme, trotz der technischen Schwierigkeiten und vor allem trotz der damit verbundenen immensen Kosten, das Leitmotiv heutiger und künftiger Biodiversitätsforschung bleiben? Ich bin überzeugt, dass es gute Gründe gibt, all diese Fragen mit einem entschiedenen Ja zu beantworten.

ARTEN UND EVOLUTION

Beginnen wir mit der letzten Frage. Was macht die Arten so wichtig, dass wir einen derart immensen Aufwand betreiben sollten, sie zu erfassen? Unsere menschliche Neugierde, erfahren zu wollen, wer noch auf der Erde lebt, ist sicherlich ein starker Antrieb, reicht aber womöglich nicht, einen solchen Aufwand zu rechtfertigen. Aber es steckt noch mehr in den Arten. Die vielen Millionen von Tier- und Pflanzenarten sind das Ergebnis eines Millionen von Jahren dauernden Evolutionsprozesses. Es ist die Evolution, die die Fülle von Arten in ihren komplexen Anpassungen hervorgebracht hat, und es sind die Arten, ihre Gestalt, ihr Verhalten und ihre ökologischen Beziehungen, die es uns erlauben, den komplexen »Baum des Lebens« nachzuvollziehen und zu verstehen. Neu entdeckte Arten bedeuten immer auch die Neuentdeckung von unbekannten Anpassungsstrategien und evolutiven Verknüpfungen. Je vollständiger unser Wissen um die Arten auf der Erde ist, desto vollständiger ist unser Bild von der Entstehung und dem Funktionieren der Natur. Jede Astspitze im Baum des Lebens kann der entscheidende Schlüssel für unser Verständnis evolutiver Ereignisse sein. Manche Arten haben uns die Augen geöffnet für neue, kreative und oft unerwartete Wege, die die Evolution gegangen ist.

Arten sind die wesentlichen biotischen Elemente im komplexen Spiel des Lebens. Sie werden aufgrund ihrer zentralen Rolle in der Natur als pragmatische Indikatoren für Habitatveränderungen und Artenschutz eingesetzt. Sie sind die fundamentalen Elemente und Kenngrößen der Roten Listen und naturschutzrechtlichen Beurteilungen und Entscheidungen, sowie das Rückgrat der Kalkulation von Aussterberaten und -statistiken. Arten sind die Ausgangspunkte für weiterführende biologische Forschung. Arten und Artenvergleiche können darüber hinaus biologische Lösungen für wichtige Fragen der Menschheit liefern, etwa bei den Themen Gesundheit und Ernährung. Nicht zuletzt, und in dem Bewusstsein der derzeit weltweit fortschreitenden Pandemie des Coronavirus SARS-CoV-2 und seiner genetischer Varianten, lässt uns die Kenntnis der beteiligten Arten künftige Ausbrüche von Pathogenen, aber auch die Verbreitung von schädlichen Neozoen und Neophyten leichter erkennen, vorhersagen und letztlich hoffentlich kontrollieren. Enzyklopädische, auf Vollständigkeit angelegte Arteninventare dienen darüber hinaus als Wissensspeicher, um möglichst viele Informationen zu sammeln und für kommende Generationen zu erhalten.

WIE VIELE ARTEN GIBT ES?

Wie groß aber ist die Aufgabe, die noch auf uns wartet? Es mag überraschen, aber wir können auf die Frage, wie viele Arten auf der Erde existieren, nach 250 Jahren Biodiversitätserfassung noch nicht einmal eine Größenordnung nennen. Mehr noch, die Wissenschaftler können auch nicht mit einigermaßen vertrauenserweckender Genauigkeit sagen, wie viele schon entdeckt und benannt worden sind. Beide Zahlen aber wären von wissenschaftlicher und politischer Bedeutung, auch wenn sich die Suche nach einer verlässlichen Schätzung inzwischen zu einer »Obsession der Artenzahl« ausgewachsen hat.[3]

Die Zahl schon bekannter Tierarten als eine der beiden Unbekannten in der Biodiversitätsgleichung fehlt aus einem überraschend einfachen Grund: Die Zoologen haben über lange Zeit versäumt, mitzuzählen. Bis vor wenigen Jahren gab es keine verbindliche Registratur der neu entdeckten Arten. Anfänglich schien dies nicht nötig zu sein, da ihre Zahl überschaubar war. Mit der exponentiellen Zunahme der Beschreibungsrate wurde es schließlich unmöglich, den Überblick über alle Tiergruppen zu bewahren. Spezialistentum verdrängte zunehmend das Universalwissen, und die Spezialisten versuchten, durch Kataloge und Verzeichnisse ihrer bevorzugten Organismengruppe der wachsenden Mannigfaltigkeit Herr zu werden. Heute übernehmen umfangreiche, internetbasierte Datenbankprojekte wie die »Encyclopedia of Life«[4] die Aufgabe einer vollständigen Inventur alles Lebendigen.

Die Vielzahl der zoologischen Erfassungsprojekte aber hat mit einem grundsätzlichen Problem zu kämpfen. Die Nomenklaturregeln erlauben das gültige Veröffentlichen neuer Namen in nahezu jeder Form von Publikation, solange sie einige wenige Anforderungen erfüllt. Diese Anforderungen haben sich im Laufe der Geschichte des taxonomischen Publizierens verändert, und sie verändern sich derzeit im Zuge der Zunahme rein digitaler Publikationsorgane weiter. Erst seit dem 1. Januar 2008, also auf den Tag genau 250 Jahre nach dem offiziellen Beginn der zoologischen Nomenklatur, der auf den 1. Januar 1758 festgelegt wurde, ist die Registrierung eines jeden neuen Namens und jeder nomenklatorischen Entscheidung in einer von der Internationalen Kommission für Zoologische Nomenklatur eingerichteten Datenbank namens »Zoobank«[5] verpflichtend. Das wiederum bedeutet, dass alle zwischen dem 1. Januar 1758 und dem 31. Dezember 2007 veröffentlichten taxonomischen Namen in oft mühevoller Handarbeit aus Zeitschriften und Büchern herausgesucht werden müssen. Nur zum Teil kann diese »Retrokatalogisierung« der Taxonomie auf Katalogen und Inventuren aufbauen, die für spezielle Tiergruppen veröffentlich wurden. Daher also ist die Hauptursache dafür, dass wir nur eine ungefähre Vorstellung davon haben, wie viele Arten bislang schon entdeckt worden sind, das zweieinhalb Jahrhunderte währende Fehlen einer verpflichtenden Registratur.

Die Zahl der *tatsächlich* auf der Erde existierenden Arten ist naturgemäß die eigentliche große Unbekannte in der Biodiversitätsentdeckung, und die Wissenschaftler nähern sich ihr mithilfe von Hochrechnungen und Schätzungen an. Weltweite und regionale Entdeckungsraten, Hochrechnungen aus umfangreichen Beispielprojekten und das Abschätzen des Einflusses neuer Technologien bei der Artendifferenzierung sind die Quellen, aus denen sich die Gesamtartenzahlen kalkulieren lassen. Es liegt in der Natur der fortschreitenden Artenentdeckung besonders in den Tropen, dass die Schätzwerte über die Gesamtzahl der Arten immer weiter zunehmen. So umfasste die 10. Auflage der »Systema Naturae«, Carl von Linnés zoologischem Hauptwerk von 1758, noch genau 4376 Arten. Linné nahm dabei an, damit der Zahl der wirklich existierenden Arten schon recht nah gekommen zu sein, die er mit jeweils 10 000 Tier- und Pflanzenarten ansetzte.[6] Heute wissen wir, dass Linné den Umfang der weltweiten Artenvielfalt um mehrere Größenordnungen unterschätzte. Es sollte bis in die erste Hälfte des 20. Jahrhunderts dauern, bis die Millionen-Marke überschritten wurde. Eine politisch enorm wirkmächtige Zahl veröffentlichte der US-Entomologe Terry Erwin im Jahr 1982. Erwin hatte Ende der 70er-Jahre tropische Bäume in Panama mit einem Insektizid benebelt und die in Trichter und auf Tücher fallenden Arthropoden ausgezählt. Er extrapolierte seine in Panama gewonnenen Ergebnisse auf die weltweite Vielfalt tropischer Baumarten und errechnete so die atemberaubende Zahl von 30 Millionen Insektenarten, die es weltweit geben sollte. Selbst bei einem Schätzfehler von einigen Millionen Arten führte diese Zahl den Biodiversitätsforschern und der Öffentlichkeit vor Augen, mit welcher ungeheuren Artenvielfalt wir es zu tun haben. Die Schätzungen reichen bis 100 Millionen, und nimmt man die Bakterien noch dazu, sprechen wir möglicherweise von einigen Milliarden.

Heute gehen die Spezialisten von einem niedrigeren Schätzwert aus. Meist nimmt man derzeit an, dass weniger als 10 Millionen Eukaryotenarten auf der Erde zu erwarten sind. Der neuseeländische Biologe Mark John Costello hält nach Datenbankanalysen die Zahl von fünf Millionen Arten für plausibel, allerdings mit einem Fehler von plus minus drei Millionen.[7]

Davon wurden wahrscheinlich erst 10 bis 15 Prozent entdeckt.[8] Entsprechend warten noch Millionen von Tierarten auf ihre Entdeckung, so viele, dass wir bei der heutigen Entdeckungsrate mehrere hundert Jahre benötigen würden, sie alle zu erfassen. Zurzeit werden von Wissenschaftlern weltweit rund 18 000 Arten pro Jahr entdeckt.[9] Das klingt nach einer beeindruckenden Leistung, selbst wenn man davon ausgeht, dass es weltweit mehrere Tausend Taxonomen gibt, die in Hunderten von Publikationen all diese Artbeschreibungen und -benennungen veröffentlicht haben. Allerdings würde man bei angenommenen fünf Millionen noch unentdeckter Arten bei einer gleichbleibenden Entdeckungsrate von 18 000 Arten pro Jahr ganze 277 Jahre benötigen, sie alle zu registrieren. Ganz zu schweigen davon, dass man sie überhaupt erst einmal finden und dingfest machen muss. Bei acht Millionen noch zu entdeckender Arten, was nicht unrealistisch ist, würden wir schon mit mehr als 400 Jahren zu rechnen haben. Selbst wenn es gelänge, die jährliche Entdeckungsrate zu verdoppeln, würden bis zum Jahr 2100 nur 2,9 Millionen Arten beschrieben sein, und die Gesamtzahl der entdeckten Arten hätte sich auf etwas mehr als vier Millionen erhöht.

Doch bleibt uns dafür nicht die Zeit. Abgesehen davon, dass wir in einer sich in kurzen Zeiträumen ändernden Welt leben, in der Forschungsprogramme und Zukunftspläne mit Laufzeiten von vielen Jahrzehnten oder sogar Jahrhunderten nicht sinnvoll sind, läuft uns aus einem viel gewichtigeren Grund die Zeit davon.

ARTEN IN DER KRISE

Die Erde befindet sich derzeit in einem gravierenden Umgestaltungsprozess, der im Wesentlichen auf den Menschen zurückzuführen ist. Klimaerwärmung, Lebensraumverlust, Umweltverschmutzung und viele andere Faktoren führen dazu, dass stetig Arten aussterben. Die meisten von ihnen verschwinden im Geheimen von der Bühne der Natur. Insekten, Würmer, Quallen sind genauso bedroht wie charismatische Großtiere wie Flussdelfine und Tiger, deren Existenz vielen Menschen am Herzen liegt. Die Vielfalt der Natur, die sich im Laufe vieler Millionen Jahre entwickelt hat, droht dabei zu verschwinden, ohne dass wir den Verlust überhaupt wahrnehmen. Heute sprechen wir statt von Artensterben von Biodiversitätsverlust, ein zum Schlagwort angewachsener Begriff, der zum Ausdruck bringt, dass wir es mit einem Aussterben großen Umfangs zu tun haben. Es ist nicht ausgeschlossen, dass schon in wenigen Jahrzehnten ein erheblicher Teil aller Arten nicht mehr existiert.

Legt man das pessimistische Modell einer Aussterberate von fünf Prozent der Arten pro zehn Jahre zugrunde, wären innerhalb von 150 Jahren rund die Hälfte aller Arten der Erde ausgestorben, und zwar unabhängig von der tatsächlichen Gesamtartenzahl.[10] Eine Aussterberate von unter einem Prozent der Arten pro Jahrzehnt gilt derzeit aber als die realistischere Schätzung.[11] Bei diesem Modell würde zwar die jährliche Erfassungsrate über der Aussterberate liegen, aber all das gründet sich auf eine unsichere Zahlenbasis. Zum einen beruhen die Schätzungen auf den Daten einer nur geringen Zahl von Arten. Nur 2,7 Prozent der 1,5 Millionen bekannten Arten sind bislang hinsichtlich ihrer Bestandsentwicklung und Gefährdung überhaupt bewertet worden.[12] Diese geringe Zahl wiederum basiert beinahe ausschließlich auf Beobachtungen und Untersuchungen an Wirbeltieren. Die »kleinere Mehrheit«

der Millionen von Insektenarten und anderen Wirbellosen geht nicht in die Statistik ein. Das hat vielerlei Gründe, liegt insbesondere aber daran, dass die Bestandsentwicklung und ein etwaiges Aussterben von Insekten, Würmern und Schnecken methodisch meist nur schwer dokumentierbar sind. Dafür lebt die Mehrzahl dieser Arten zu versteckt und in unzugänglichen Lebensräumen und ist zudem taxonomisch nur unzureichend verstanden. Eine weitere grundlegende Schwierigkeit bei der Modellierung künftiger Aussterberaten sind mögliche synergistische Wechselwirkungen durch fortschreitenden Lebensraumverlust und durch den Verlust von Arten. Das komplexe Netzwerk der Beziehungen zwischen Arten, ihren Lebensräumen und einer Vielzahl weiterer organischer und anorganischer Faktoren haben wir bislang nur unzureichend begriffen. Stirbt eine für das Beziehungsgeflecht kritische Art aus oder wird ein Habitat unwiederbringlich geschädigt, kann dies zu einem erdrutschartigen Aussterben weiterer Arten führen. Mit jeder ausgestorbenen Art nimmt dabei das Risiko einer unumkehrbaren und nachteiligen Veränderung der Ökosysteme zu. Mit jeder ausgestorbenen Art verliert die Erde eines ihrer über Jahrmillionen geformten Elemente, das in seinem Aussehen, seinem Verhalten und seiner ökologischen Rolle einzigartig ist.

Die Erfassung der Artenvielfalt ist ein steter Wettlauf mit der Zeit. Die Taxonomen, die sich bemühen, die noch unentdeckte Artenvielfalt zu entschlüsseln, tun dies im Wissen, dass parallel unentwegt Arten aussterben, bevor sie überhaupt gefunden und wissenschaftlich dokumentiert wurden. Sie sind, wie es Douglas Adams ausdrückt, »fast wie jemand, der durch eine brennende Bibliothek eilt und versucht, ein paar der Titel jener Bücher hinzukritzeln, die niemand mehr wird lesen können«.[13]

Die höchste Priorität müssen Maßnahmen haben, die den fortschreitenden Artenverlust stoppen. Dennoch tun Taxonomen gut daran, sich mit der Erfassung alles Lebendigen zu beeilen.

LICHT INS DUNKEL

Wie aber ließe sich in den Entdeckungsprozess der weltweiten Artenvielfalt ein Turbo zuschalten? Die derzeit rund 18 000 beschriebenen Arten jährlich bedürfen bereits eines erheblichen personellen und technischen Aufwands. Wenn es gelingen würde, die Zahl an professionellen Artenentdeckern signifikant zu erhöhen, würde es vielleicht gelingen, die jährliche Entdeckungsrate zu verdoppeln. Wenn überhaupt. Wie wir gesehen habe, reicht das nicht aus. Die Fachwissenschaftler sind sich einig, dass man diesem Problem nur mit einem veränderten und optimierten Methodenspektrum begegnen kann.

Das beginnt schon mit der Frage, wie die Wissenschaftler an all die noch unentdeckten Arten herankommen. Wir müssen davon ausgehen, dass ein großer Teil der Biodiversität in Lebensräumen vorkommt, die methodisch sehr schwer zugänglich sind. Die Tiefsee beispielsweise stellt enorme technische Anforderungen, um sie systematisch zu erforschen. Andere Beispiele sind die Thermalquellen des Meeresbodens, die Kronenregion der tropischen Regenwälder, aber auch in ihren Wirten verborgene Parasiten. Die Entwicklung neuer Geräte zur Beprobung des Meeresbodens und automatische Fallen- und Beobachtungssysteme, die dauerhaft Untersuchungsmaterial sammeln und Daten erheben, sind zu einem wichtigen Instrument der Biodiversitätserfassung geworden.

Solche Sammelmethoden sind deshalb so wichtig und Erfolg versprechend, weil sie unselektiv sind. Das bedeutet, dass der Probennehmer nicht gezielt mit Schmetterlings- oder Vogelnetz nach interessanten Objekten Ausschau hält und sie dann aktiv erbeutet. Stattdessen werden große Mengen an Organismen zugleich gesammelt, ohne dass man vorher weiß, was man fängt. So können zudem über längere Zeiträume Daten und Objekte gesammelt und zeitliche und räumliche Dynamiken dokumentiert werden. Ein derartiges Monitoring ist für Fragen des Vorkommens, der Bestandsentwicklung und letztlich des Schutzes von Populationen und Arten ebenso von großer Bedeutung wie für die Entdeckung noch unbekannter Arten.

Inzwischen stehen in der Molekulargenetik effiziente Methoden zur Verfügung, große Mengen an Untersuchungsobjekten aus unspezifischen Fallen in kurzer Zeit und preisgünstig mithilfe automatisierter Verfahren zu sequenzieren. Ein aktuelles Beispiel zeigt, welche Möglichkeiten in den genetischen Methoden stecken. Eine Gruppe von Wissenschaftlern unter der Leitung von Rudolf Meier, einem deutschen Fliegenspezialisten vormals an der Universität Singapur, nun am Museum für Naturkunde Berlin, hatte an einem Standort im Kibale-Nationalpark in Uganda Malaise-Fallen aufgestellt.[14] Eine Malaise-Falle ist eine zeltartige Konstruktion aus feinmaschiger Gaze, die so gebaut ist, dass fliegende Insekten hineingeraten und entlang der Zeltbahnen in ein alkoholgefülltes Auffanggefäß geleitet werden. Eine sehr effektive Methode zum kontinuierlichen Fang großer Mengen von Fluginsekten. In einer beispielhaften Studie hatten Meier und seine Arbeitsgruppe das Sammelergebnis von acht Malaise-Fallen ausgewertet, die dort für jeweils eine Woche aufgebaut waren. Sie untersuchten besonders die Dipteren, also die Fliegen, und unter ihnen die enorm vielfältige Familie der Phoridae, zu Deutsch Buckelfliegen. Man kennt heute bereits rund 4000 Arten von Buckelfliegen, aber die tatsächliche Artenzahl wird sehr viel höher liegen. In den acht Ein-Wochen-Proben aus den Malaise-Fallen in Uganda fanden die Wissenschaftler 7062 Exemplare von Buckelfliegen. Und natürlich Unmengen anderer Insekten. Das klingt nach entomologischem Massenmord, aber die Fallen schöpfen nur einen minimalen Anteil der tatsächlichen Populationen an nur einem Ort des riesigen afrikanischen Kontinents ab. Mithilfe eines kostengünstigen, schnellen Verfahrens sequenzierten Meier und seine Kollegen die gefundenen Buckelfliegen und konnten anhand der Sequenzen zeigen, dass sich die etwa 7000 Exemplare auf mehr als 650 Buckelfliegenarten verteilten. Eine erstaunliche Zahl, denn aus ganz Afrika südlich der Sahara kannte man bis dahin nur 466 Arten von Buckelfliegen. Das bedeutet, dass nur in dieser einen 8-Wochen-Stichprobe von nur einem Ort bereits 190 weitere Arten nachgewiesen wurden, als in ganz Afrika bekannt waren. Es ist anzunehmen, dass die meisten davon noch unbeschrieben sind. Meier und seinen Kollegen liegen noch weitere 44 Ein-Wochen-Proben aus Malaise-Fallen desselben Standorts vor, und sie schließen nicht aus, dass die tatsächliche Gesamtzahl an Phoriden-Arten an diesem Standort mehr als 1000 beträgt, was die Zahl afrikanischer Buckelfliegenarten verdoppeln würde. Dazu kommt, dass 90 Prozent der in diesen Proben neu entdeckten Buckelfliegen-Arten zu nur einer Gattung gehören, *Megaselia*, die als taxonomisch schwierig gilt und nicht scharf umrissen ist. Meier und Kollegen halten es für möglich, dass allein diese Gattung mehr als 100 000 Arten in ganz Afrika umfassen könnte.

Die Buckelfliegen von Rudolf Meier und seinen Arbeitsgruppen stehen stellvertretend für viele Insektengruppen und die Problematik, mit der sich die Artenentdecker konfrontiert sehen. Besonders frappierend ist diese Herausforderung bei sogenannten »dark taxa«, was sich mit »dunkle Taxa« oder »dunkle Gruppen« übersetzen ließe. Ein Taxon, Plural Taxa, ist eine benennbare Gruppe von Organismen. Als »dunkle Taxa« verstehen Taxonomen solche Organismengruppen, von denen bislang weniger als zehn Prozent entdeckt worden sind und die wahrscheinlich mehr als 1000 Arten umfassen.[15]

Viele Insektengruppen wie manche Fliegen- oder Wespenfamilien sind solche »dark taxa«, bei denen hochmoderne, automatisierte Untersuchungsmethoden zum Einsatz kommen müssen, die schnell und effektiv genetische Daten erfassen. Die Arbeitsgruppe von Meier arbeitet auf Hochtouren an der Entwicklung eines Ansatzes, den sie »large-scale integrative taxonomy« nennen, hochskalierte integrative Taxonomie.[16] Dabei kommen auch transportable, preiswerte Sequenzierungsgeräte zum Einsatz, die ein Minimum an Laborausrüstung benötigen und bei denen die Kosten pro sequenziertes Exemplar erheblich verringert werden können. Solche Geräte können nahezu von jedem nach einer kurzen Einarbeitungszeit bedient und überall eingesetzt werden. »Biodiversitätsentdeckung von jedermann, für jedermann«, wie Meier und seine Kollegen es in einer aktuellen Publikation nennen.[17]

In seiner Studie in Uganda hatte Meier nicht nur Buckelfliegen gefangen. Malaise-Fallen sind unspezifisch. Jedes Fluginsekt, das in eine solche Zeltfalle gerät, wird genauso konserviert wie die Phoriden, die Meiers Arbeitsgruppe bereits ausgewertet hat. Die Unmengen anderer Insekten werden üblicherweise nach den verschiedenen Insektengruppen vorsortiert in einer Sammlung aufbewahrt. Und harren dort ihrer Bearbeitung.

DIE TEMPEL DER BIODIVERSITÄT

Die Sammlungen der Naturkundemuseen sind für Taxonomen paradiesische Orte voller Wunder und Geheimnisse. In den großen Museen der Welt werden Millionen von Insekten und Vertretern aller anderen Tiergruppen fein säuberlich präpariert und konserviert für die Ewigkeit aufbewahrt. Als Spezialist bekommt man in der Regel Zugang zu den gut behüteten Sammlungen, und es ist immer wieder erhebend, die über Jahrzehnte und Jahrhunderte zusammengetragenen Exemplare zu bestaunen. Gute alte Bekannte stecken ebenso in den Kästen wie Arten, die man zwar aus Katalogen, Listen und Originalbeschreibungen kannte, die man hier aber nun das erste Mal direkt zu Gesicht bekommt. Alle stecken sie in Reih und Glied, wohlgeordnet nach den Regeln der Klassifikation. Geschriebene, gedruckte oder digitale Kataloge weisen den Weg durch diesen Irrgarten der Biodiversität, und ich erliege dabei manches Mal der Versuchung, in einem Rausch von Formen und Farben Insektenkasten um Insektenkasten aufzuziehen und zu staunen. Die großen naturkundlichen Forschungssammlungen mit ihren zig Millionen Objekten sind Tempel der Biodiversitätsentdeckung.

Naturkundliche Sammlungen werden häufig als »Bibliotheken des Lebens« bezeichnet, aber man darf sich eine solche Sammlung nicht als ein ordentlich aufgeräumtes Bücherregal vorstellen. Das trifft nur auf einen Teil der Sammlung zu, nämlich den, der die bereits ordnungsgemäß bestimmten und klassifizierten Exemplare beherbergt. In einer solchen Hauptsammlung besitzt jedes Individuum neben seinem Fundortetikett auch ein Etikett mit seinem Artnamen, und es steckt als genadeltes Exemplar oder in einem Alkoholglas ordentlich in Reih und Glied in einem Kasten oder Regal. Die Individuen einer Art beieinander, die Arten einer Gattung ebenso, und die Gattungen einer Familie befinden sich entsprechend auch zusammen an ihrem Aufbewahrungsort. So spiegelt die Ordnung in der Sammlung die Ordnung in der Natur wider.

Eine solche naturkundliche Sammlung ist nie fertig. Ständig kommen durch Sammelaktivitäten neue Individuen dazu, und bereits vorhandene Exemplare werden neu oder erstmals untersucht und stellen sich dann oft als etwas ganz anderes dar. Sammlungsobjekte werden von Wissenschaftlern ausgeliehen und kommen neu bestimmt oder als Typen neu entdeckter Arten wieder zurück. Eine moderne naturkundliche Sammlung ist ein dynamischer Ort der Forschung und Entdeckung, der ständig wächst und sich durch Neu- und Umsortierung stetig verändert.

Besonders interessant sind dabei für die Artenentdecker die unbestimmten Exemplare, also solche, die noch nicht bis zur Artebene, dem Goldstandard der Taxonomie, determiniert wurden. Hier können sich noch unbekannte Arten verbergen, das noch fehlende andere Geschlecht einer schon bekannten Art oder weitere, gänzlich überraschende Entdeckungen. Diese auch manchmal als Supplemente bezeichneten Sammlungsteile sind in jedem Museum der Welt umfangreich. Dies liegt nicht etwa daran, dass die Museumswissenschaftler es versäumt haben, sich mit ihnen zu beschäftigen. Die Sammlungen sind einfach zu groß, als dass die Taxonomen sie in kurzer Zeit vollständig durcharbeiten und bestimmen könnten. Dennoch ist es ratsam, sie im Rahmen taxonomischer Analysen mit zu bearbeiten. Es ist sehr wahrscheinlich, dass sich ein erheblicher Teil der noch unentdeckten Artenvielfalt bereits in den Sammlungen der Naturkundemuseen befindet. So haben Botaniker kalkuliert, dass von den wahrscheinlich etwa 70000 noch zu beschreibenden Pflanzenarten rund die Hälfte bereits in den weltweiten Herbarien vorhanden ist.[18]

In derselben Untersuchung überprüften die Botaniker auch, wie viel Zeit zwischen dem Sammeln von naturkundlichen Objekten und ihrer Beschreibung als neue Art üblicherweise verstreicht. Nur 16 Prozent der zwischen 1970 und 2010 beschriebenen Pflanzenarten wurden anhand von Exemplaren beschrieben, die weniger als fünf Jahre vor der Beschreibung der neuen Art gesammelt wurden. Die übrigen 84 Prozent beruhten auf deutlich älteren Exemplaren, und ein Viertel der Artbeschreibungen schloss Exemplare ein, die bereits mehr als 50 Jahre in den Sammlungen ausharrten. In einer weiteren Analyse sichteten Wissenschaftler die Neubeschreibungen von 600 Tierarten, die sie per Zufall aus der Menge der im Jahr 2007 beschriebenen Arten ausgewählt hatten.[19] Sie verglichen das Sammeldatum der jeweiligen Tiere, auf denen die Beschreibung beruht, mit dem Datum der Veröffentlichung der Originalbeschreibung und stellten fest, dass die »Lagerzeit« zwischen Aufsammlung der Objekte und Beschreibung der Art im Schnitt 20,7 Jahre beträgt. Es wundert daher nicht, dass die Sammlungen der Naturkundemuseen gefüllt sind mit unbearbeitetem Material. Diese Objekte aber sind nicht vergessen, sondern sorgfältig katalogisiert und stehen bereit, in jede passende Studie einzufließen.

Im Prozess der Entdeckung der biologischen Arten der Welt spielen Museumssammlungen eine wichtige Rolle. Sie dienen als Archive des Lebens, in denen Repräsentanten der schon entdeckten und vieler noch zu entdeckenden Arten hinterlegt sind. Manche der Exemplare in den Sammlungen sind die einzigen noch erhaltenen Individuen ausgestorbener Arten. Mithilfe der Sammlungen können zeitliche Veränderungen im Vorkommen und der Verbreitung von Arten nachvollzogen werden, um Phänomene wie den Klimawandel besser verstehen zu können. Tierwanderungen können rekonstruiert werden. Die in den Zähnen von afrikanischen Pflanzenfressern abgelagerten Substanzen etwa zeugen von Veränderungen in ihrem Nahrungsspektrum. So sind die naturkundlichen Sammlungen von immenser Wichtigkeit für die Entdeckung und damit für das Verständnis der weltweiten Biodiversität.

90 PROZENT DER AUFGABE IN 10 PROZENT DER ZEIT

Es gibt gute Gründe, dem Aussterben der Arten mit ganzer Kraft entgegenzutreten, damit aus den »Ersten ihrer Art« nicht die »Letzten ihrer Art« werden.

Ein großer Teil des weltweiten Artensterbens geschieht im Stillen. Schaut man sich den aktuellen »Living Planet Report 2020« des World Wildlife Fund an, wird dies mehr als deutlich. »Die Populationsgrößen von Säugetieren, Vögeln, Fischen, Amphibien und Reptilien sind seit 1970 um einen alarmierenden Durchschnittswert von 68 Prozent gesunken.«[20] Das sind wahrlich beunruhigende Zahlen, und doch betreffen sie nur einen geringen Teil der weltweiten Artenvielfalt. Unser Verständnis von dem, was in der Natur vor sich geht, leidet eklatant an einem Mangel an Informationen. Es steht vollkommen außer Frage, dass sich ein rasanter Artenschwund abzeichnet, der sich in den nächsten Jahrzehnten zu einem massiven Massenaussterben ausweiten kann.[21]

Und doch wissen wir immer noch viel zu wenig darüber, wer die Mitspieler im komplexen Miteinander der Natur sind. An erster Stelle stehen dabei die Insekten und andere wirbellose Tiere, von denen wir möglicherweise erst 10 Prozent der tatsächlich auf der Erde lebenden Arten kennen. Allein aufgrund ihrer Biomasse stellen sie ein zentrales Element für das Funktionieren der Ökosysteme dar. Es ist daher eine dringliche Aufgabe, die Arten der Erde zu entdecken und das Linnéische Programm zu vollenden. Und zwar schneller als in den letzten 250 Jahren. Die derzeit stattfindenden, gravierenden Veränderungen auf der Erde führen dazu, dass in den nächsten Jahren und Jahrzehnten viele, wenn nicht die meisten Arten aussterben. In unmittelbar nächster Zeit muss das Linnéische Programm zu einem Abschluss kommen. Moderne Technologien und neue Formen der Kooperation zwischen Wissenschaftlern über geografische und politische Grenzen hinweg lassen es nicht mehr als unrealistisch erscheinen, dieses Ziel noch zu unseren Lebzeiten oder zumindest den Lebzeiten unserer Kinder zu erreichen oder ihm zumindest signifikant nahezukommen.

Der Klimawandel und das damit eng verbundene Artensterben sind die aktuell größte Bedrohung des Systems Erde und damit der Existenz allen Lebens, inklusive der Existenz des Menschen. Es muss alles darangesetzt werden, diesen Trend nicht nur zu verlangsamen, sondern aufzuhalten. Das Linnéische Programm als die fortschreitende Erforschung der Biosphäre ist dabei ein wichtiger Baustein. Wir verstehen weiterhin zu wenig über das Funktionieren der Ökosysteme und von ihren wichtigsten Elementen, den biologischen Arten. Sie zu erforschen, zu erfassen, zu registrieren und letztlich ihre Bedeutung zu verstehen, ist eine wichtige und dringende Aufgabe mit globaler Relevanz.

DANK

Artenentdeckung ist Teamarbeit, und auch dieses Buch wäre ohne die Mithilfe vieler Kollegen und Freunde nicht möglich gewesen. ❋ Mein erster Dank gilt dabei nicht einer Person, sondern einer Organisation. Die Biodiversity Heritage Library (BHL), eine zu beeindruckender Vollständigkeit angewachsene und frei verfügbare Internetplattform, ist inzwischen weltweit ein zentraler Baustein bei der Suche nach historischer Biodiversitätsliteratur geworden. BHL war eine enorme Hilfe bei meiner eigenen Recherchearbeit. ❋ Besonders dankbar bin ich den Entdeckern und Entdeckerinnen, die ich persönlich interviewen konnte: Jill Yager, Rainer Günther und Reinhardt Møbjerg Kristensen. Jill Yager schickte mir auf meine Bitte hin einen mehrseitigen, persönlichen Bericht darüber, wie sie den Weg zur Höhlenforschung fand und wie die Entdeckung der Remipedia vonstattenging. Frederick R. Schram und Stefan Könemann ergänzten Yagers Bericht mit wichtigen Details, und Stefan Könemann, Thomas M. Iliffe und Jørgen Olesen verdanke ich die schönen Fotos der Remipedia. Rainer Günther opferte mir mehrere Nachmittage, um mir mit glühenden Augen von seinen Fröschen und seinen Reisen nach Neuguinea zu berichten. Er stellte mir freigiebig Fotos und seine Reisetagebücher zur Verfügung. Reinhardt Møbjerg Kristensen beantwortete geduldig alle meine Fragen, die ich über Wochen per E-Mail an ihn schickte. Auch er stellte mir großzügig Abbildungen zur Verfügung. ❋ Andreas Schmidt-Rhaesa und Birger Neuhaus waren so nett, mir die aus ihrer Sicht spannendsten Entdeckungen aus der Welt der »Würmer« zu skizzieren. Andreas Schmidt-Rhaesa machte sich die Mühe, mir aus seinem großen Fundus an mikroskopischen Fotografien repräsentativer Meiobenthos-Organismen einige herauszusuchen und mir zur Verfügung zu stellen. Durch die Beschäftigung mit den großen Linien der Metazoen-Stammesgeschichte schloss sich für mich persönlich ein Kreis, nachdem ich vor langer Zeit als einziger »Insekten-Doktorand« unter zahlreichen »Wurm-Doktoranden« in Göttingen gelebt und gearbeitet hatte. ❋ Ulrike und Horst Aspöck, Neuropterologen und kollegiale Freunde, verdanken ich viele Details zur Entdeckung der beiden *Pseudimares*-Arten sowie die Vermittlung des Kontakts zu Andreas Werno und Axel Steiner. Diese wiederum haben mir großzügig Hintergrundinformationen und Fotos zur Entdeckung von *Pseudimares aphrodite* in Marokko zur Verfügung gestellt. Davide Badano danke ich für das Foto dieser schönen

Art. ❋ Penny Haworth und Maditaba Meltaf (South African Institute for Aquatic Biodiversity, Grahamstown, Südafrika, vorher JLB Smith Institute of Ichthyology) danke ich für die Bereitstellung der Fotos und Scans von J. L. B. Smith, Margarete Smith, Marjorie Courtenay-Latimer und *Latimeria.* ❋ Holger Stöcker verdanke ich Information und Literatur zur Geschichte des deutschen Kolonialismus in Afrika und zur Problematik kolonialistischer Naturkunde. ❋ Karen Hissmann vom Tauchboot-JAGO-Team des GEOMAR Helmholtz-Zentrum für Ozeanforschung Kiel danke ich für das Foto von *Latimera chalumnae.* ❋ Dr. Andreas von Beringe stellte mir großzügig Fotos aus dem Nachlass seines Großvaters Robert von Beringe zur Verfügung. Editha Jambor, einer Enkelin Robert von Beringes, und ihrem Mann Winfried verdanke ich wichtige Informationen zur Expedition von Robert von Beringe auf den Sabinyo. ❋ Bernd Heinrich und G. Marianne Heinrich-Perry gaben mir freundlicherweise die Erlaubnis, Fotos von der Sulawesi-Expedition ihres Vaters Gerd Heinrich zu verwenden. Bernd sandte mir zusätzlich die von ihm in der Ornithologischen Sammlung des MfN angefertigten farbigen Zeichnungen der Celebeskurzflügel, die sein Vater auf Sulawesi geschossen hatte, und gestattete mir, sie hier zu verwenden. ❋ Mein Freund Karsten Plotz brachte mir vor langer Zeit die Exuvie des Pfeilschwanzkrebses aus den USA mit, die nun im Bild zu neuen Ehren kommt. ❋ Ich bedanke mich herzlich bei den Mitarbeitern der Bibliothek des Museums für Naturkunde Berlin für die Unterstützung bei der Suche und dem Finden von historischer Literatur: Hans-Ulrich Raake, Martina Rissberger, Vivien Bauer und Elisa Herrmann. ❋ Eine Vielzahl von Personen unterstützte mich darüber hinaus dankenswerterweise bei der Besorgung von Literatur, Informationen und Bildmaterial: Andreas Abele-Rassuly, Martin Aberhan, Edda Aßel, Jason Dunlop, Pascal Eckhoff, Johannes Frisch, Peter Giere, Rainer Günther, Sabine Hackethal, Jutta Helbig, Carsten Lüter, Frieder Mayer, Jan Michel, Staffan Müller-Wille, Birger Neuhaus, Christian Neumann, Yvonne Reimers, Gerhard Scholtz, Andreas Schmidt-Rhaesa, Roland Seidel, Gert Tröster, Detlef Willborn und Katrine Worsaae. ❋ Schließlich möchte ich mich bei dem Team von dtv bedanken, Stefan Ulrich Meyer und Iris Forster sowie meiner Lektorin Gisela Fichtl, mit denen die Zusammenarbeit immer ein Vergnügen war. In bewährter Weise hat Rebekka Göpfert, meine Literaturagentin, dieses Projekt mit fachlichem und persönlichem Interesse und Engagement begleitet. ❋ Meiner Frau Daniela Linde danke ich dafür, dass sie immer meine erste und kritischste Leserin ist. Meine Tochter Yannika hat frühe Versionen einiger Kapitel gelesen und kommentiert. Mein Sohn Mattes hat die Fotos der fossilen Urmützenschnecke und des Pfeilschwanzkrebses angefertigt. ❋ Und überhaupt gilt mein Dank meiner Frau Daniela und meinen Kindern Mina, Merle, Mattes und Yannika, die mir die Zeit für meine Schreiberei gelassen und mich neugierig auf meinen Reisen mit den Artenentdeckern begleitet haben.

ANMERKUNGEN

Einleitung

[1] Nabokov zitiert nach Zimmer, 1996: S. 70.
[2] Costello, 2020: 105.
[3] https://de.wikipedia.org/wiki/Die_Letzten_ihrer_Art
[4] Michel, 2021: 36.
[5] Heumann et al., 2018: 15.
[6] Ohl, 2017: 12.
[7] Hoppe, 1990: 193.
[8] Schrenk, 2019.
[9] Klemun, 2014: 21.
[10] International Commission on Zoological Nomenclature: 1999.
[11] Michel, 2021: 36.
[12] Dick, 2013: 3.
[13] Siehe z. B. https://de.wikipedia.org/wiki/Friedrich_Robert_von_Beringe
[14] Dick, 2013: 3.
[15] Ohl, 2015: 71.
[16] Henderson, 2020: 37.
[17] Henderson, 2020: 12.

Monsterwespe und Vogel Schnarch auf Sulawesi

[1] Fontaine et al., 2012.
[2] Aguiar et al., 2013.
[3] https://freilandoekologie-esser.de/schlupfwespen/
[4] Heinrich, 2006: 59 ff.
[5] Heinrich bezeichnet die Unterart als *Felis pardus tulliamus* (Heinrich, 2006: 60). Korrekt ist *tulliana*, und dieser Name ist heute ein Synonym von *nimr*.
[6] Heinrich, 1932: 5. Das Exemplar des zweibändigen, großformatigen Werks von Meyer und Wiglesworth (1898), das Sanford und Stresemann Heinrich vorlegten, befindet sich heute wie schon zu Stresemanns Zeiten in der ornithologischen Bibliothek des damaligen Zoologischen Museums Berlin, jetzt das Museum für Naturkunde Berlin. Als ich es mir selbst anschaute, fand ich vor dem Kapitel zu den Rallen und zu *Aramidopsis* einen kleinen blauen Abriss eines alten Briefumschlags vor. Der Abriss ist mit einer »43« in einer altertümlich wirkenden Handschrift beschriftet, der Hausnummer der Museumsadresse. Das Stück Papier hat eine vergilbte Stelle auf beiden Seiten hinterlassen, zwischen denen es liegt, und es scheint dort schon eine lange Zeit verbracht zu haben. Es mag ein Zufall sein, aber es ist denkbar, dass Stresemann in Vorbereitung auf das Treffen mit Sanford und Heinrich die relevante Stelle mit den Rallen Sulawesis mit diesem Papierstück markierte.
[7] Glaubrecht, 2008, 2013.
[8] Glaubrecht, 2008: 347.
[9] Heinrich, 2006: 86.
[10] Heinrich, 2006: 86.
[11] Heinrich in Stresemann, 1940: 1 ff.
[12] Heinrich, 2006: 90.
[13] Heinrich, 1932: 60.
[14] Heinrich, 1932: 81.
[15] Heinrich, 2006: 94.
[16] Heinrich, 2006: 99.
[17] Heinrich, 1932: 185.
[18] Heinrich, 1932: 195 ff.
[19] Heinrich, 2006: 105.
[20] Heinrich, 1932: 195 ff.
[21] Heinrich, 2013: 29.
[22] Heinrich, 2013: 32.
[23] Heinrich, 2013.

Eine verschollene Wüstenschönheit taucht wieder auf

[1] Recht ausführlich beschreiben Ulrike und Horst Aspöck die Entdeckung der neuen Art in der Originalbeschreibung (Aspöck, H. und Aspöck, U. 2009). Mitreißender noch aber war die Version der Entdeckungsgeschichte, die mir Horst Aspöck im November 2019 anlässlich eines gemeinsamen Abendessens in ihrer Wohnung in Wien mit Inbrunst vorgetragen hat. Später stand mir dank Horst Aspöcks Vermittlung auch noch Axel Steiners Beschreibung der Fangumstände zur Verfügung.
[2] Aspöck, U. und Aspöck, H., 1999: 1.
[3] Dathe, 1999.
[4] Gambles, 1975, Barnard, 1986.
[5] Kimmins, 1933: 244.
[6] Stange, 2004.
[7] Aspöck, H. und Aspöck, U., 2013 (eigene Übersetzung).

8 Badano et al., 2017: 535.
9 https://de.wikipedia.org/wiki/Giovanni_Battista_Tiepolo
10 https://carezzonico.visitmuve.it/en/il-museo/percorsi-e-collezioni/second-floor/longhi-room/
11 Auf die Möglichkeit, dass sich Tiepolo bei den Flügeln seines Zephyrs und der Engel an *Pseudimares* orientiert haben könnte, wies zuerst Monserrat (2010) hin, detailliert diskutiert wurde diese Idee von Aldini und Pantaleoni (2012). Roberto Pantaleoni wies mich dankenswerterweise auf den Vortrag von William Barcham über Tiepolos mailändische Fresken hin.
12 Beßler, 2012.
13 https://www.frick.org/interact/william_barcham_tiepolos_milanese_frescoes
14 https://de.wikipedia.org/wiki/Carlo_Archinto

Engmaulfrösche und Baumkängurus auf Neuguinea

1 Wichmann, 1910: 9.
2 Wallace, 1869: 513, Übersetzung nach Wichmann, 1910: 97.
3 Günther, 2008.
4 Oliver, et al., 2019: 341.
5 Kemp, 2017: 64; http://www.bbc.co.uk/pressoffice/pressreleases/stories/2009/09_september/07/rat.shtml
6 Thompson, 2011.
7 Marshall und Beehler, 2007: XXIX; Helgen, 2007: 654.
8 Mayr, 1930, 1932.
9 Interview mit Ernst Mayr, 1997.
10 Mayr, 1930: 20.
11 Pratt, 1906; Kemp, 2017: 71.
12 Interview mit Ernst Mayr, 1997; Übersetzung von Kemp, 2017: 71.
13 Haffer, 2007: 89.
14 Interview mit Ernst Mayr, 2007.
15 Glaubrecht, 2007: 55.
16 https://www.nationalgeographic.com/animals/2018/09/rare-wondiwoi-tree-kangaroo-discovered-mammals-animals/

Gorillas kommen nach Europa

1 von Beringe, 1903: 234.
2 mündl. Mitt. W. Jambor, nach den privaten Aufzeichnungen von R. von Beringe.
3 von Beringe, 1903: 235.
4 von Beringe, 1903: 265.
5 von Beringe, 1903: 298.
6 von Beringe, 1903: 318.
7 Matschie, 1903: 253; mündl. Mitteilung A. von Beringe.
8 Giere und Jancke, 2010: 196.
9 Giere und Jancke, 2010: 198.
10 Pohle, 1926: 93.
11 Groves, 2003: 19.
12 Bayer, 1993: 337.
13 Conniff, 2011: 233.
14 Savage, 1847: 420.
15 Bis vor wenigen Jahrzehnten wurden der Orang-Utan, die Gorilla- sowie die Schimpansenarten gemeinsam als Menschenaffen bezeichnet und dem *Homo sapiens* gegenübergestellt. Alle zusammen heißen Hominidae. Die Menschenaffen aber sind keine natürliche Einheit, weil die Gorillas und die Schimpansen näher mit dem Menschen verwandt sind als mit dem Oran-Utan. Gorillas, Schimpansen und der Mensch zusammen werden heute als Homininae bezeichnet und bilden die Schwestergruppe zum Oran-Utan (Ponginae). Als summarische Bezeichnung für die Hominidae, die keine Menschen sind, hat sich der Begriff Menschenaffen eingebürgert, und der Einfachheit halber verwende ich ihn auch hier.
16 Conniff, 2011: 231.
17 Conniff, 2011: 233.
18 Haikal, 2013: 7, 2016: 123.
19 Haikal, 2016: 118.
20 Voss, 2007: 296.
21 Voss, 2007: 297.
22 Groves, 2003: 17.
23 Wyman in Savage und Wyman, 1847: 441.
24 Haeckel, 1874: 620.
25 Lange, 2006: 7.
26 Lange, 2006: 88.
27 Cornish, 1901: Farbtafel nach Seite 8.
28 Lange, 2006: 96.

29 Aus »Der Riesen-Gorilla des Museum Umlauff Hamburg« (1901), zitiert nach Lange, 2006: 96.
30 Haeckel, 1903: 426.
31 Haeckel, 1903: 427–428.
32 https://de.wikipedia.org/wiki/Walter_Rothschild,_2._Baron_Rothschild
33 Groves, 2003: 20.
34 Rothschild, 1905: 413.
35 Groves, 2001: 301.
36 Coolidge, 1929: 375.
37 Groves, 2003: 23.
38 https://www.mpg.de/12056472/zahl-frei-lebender-berggorillas-gestiegen
39 https://www.iucn.org/news/species/201811/fin-whale-mountain-gorilla-recovering-thanks-conservation-action-iucn-red-list

Neue Lebensformen zwischen Strand und Tiefsee

1 Remane, 1952: 328; Storch, 2009: 427.
2 Giere, 2009: 3.
3 Storch, 2009: 427.
4 Remane, 1952: 329.
5 Giere, 2009: 87.
6 Giere, 2009: 89.
7 Ax, 1966: 26.
8 Remane, 1927: 643.
9 Ax, 1960: 89.
10 Rumohr, 2011: 55.
11 Higgins und Kristensen, 1986: 1.
12 Kristensen, 1983: 163.
13 Funch und Kristensen, 1995: 711.
14 Kristensen und Funch, 2000: 4.
15 Giribet et al., 2004: 1.
16 Giribet und Edgecombe, 2020: 293.
17 Lindberg, 2009: 191.
18 Haszprunar, 2008: 97; Lindberg, 2009: 191.
19 Wanninger und Wollesen, 2019: 102.
20 Sigwart et al. 2019: 825.
21 Wanninger und Wollesen, 2019: 105.
22 Chun, 1903: 581.
23 https://www.marinespecies.org/index.php
24 Vandepitte et al., 2018: 1.

Das Schnabeltier in Australien

1 Anderson, 2012.
2 Moyal, 2008: 2.
3 Horwitz, 2018: 210.
4 Moyal, 2001: 4.
5 Wendt, 1980: 217; Eco, 2000, 277.
6 Wendt, 1980: 217.
7 Moyal, 2001: 4.
8 Bewick, 1800: 524.
9 Bewick, 1800: 525.
10 Collins, 1802 (zitiert nach Burrell, 1927: 16).
11 Moyal, 2001: 5.
12 Shaw und Nodder, 1799: »The duck-billed Platypus«, unnummerierte Seiten, Tafeln 385, 386.
13 Linnaeus, 1758: 33.
14 Shaw und Nodder, 1799: »Platypus«.
15 Shaw, 1800: 232.
16 Hund, 2009: 39.
17 Blumenbach, 1800c: 206.
18 Blumenbach, 1800a: 609.
19 Blumenbach, 1800c: 206.
20 Eigene Übersetzung nach Moyal, 2001: 8–9.
21 Home, 1802: 67 ff.
22 Eco, 2000: 280.
23 Home, 1802: 82.
24 Zitiert nach Wendt, 1980: 2019.
25 Gould, 1994: 311.
26 Gould, 1994: 311.
27 Eco, 2000: 283.
28 Zitiert nach Gould, 1994: 312.
29 Westheide und Rieger, 2010: 477.
30 Moorehead, 1966 (zitiert nach Moyal, 2008: 1, eigene sinngemäße Übersetzung).
31 Gould, 1994: 320.

Der Komoren-Quastenflosser

1 Weinberg, 2001: 17 f.
2 Smith, 1957: 37 f.
3 Weinberg, 2001: 30.
4 Smith, 1957: 52.
5 Smith, 1939: 387 f.
6 Weinberg, 2001: 47.
7 Smith, 1957: 48.
8 Smith, 1940.
9 E. I. White in Smith, 1957: 71.
10 Weinberg, 2001: 66.
11 Smith, 1957: 123.

[12] Der Ortsname taucht in der Literatur auch als Dsaudsi oder Dtaoudzi auf.
[13] Smith, 1957: 155.
[14] Smith, 1957: 155.
[15] Nulens et al., 2011: 3; Cooke et al., 2021: 2.
[16] Weinberg, 2001: 220.
[17] Weinberg, 2001: 229.
[18] Weinberg, 2001: 238.
[19] McCabe und Wright, 2000: 114, McCabe, 2000: 225.
[20] Weinberg, 2001: 240.
[21] z. B. Lenoble und Le Grand, 1954: 460.
[22] Smith, M. M., 1986: 152.
[23] Amemiya et al., 2013: 312.
[24] Amemiya et al., 2013: 315.
[25] Schultze, 2015: 296.
[26] Kadarusman, 2020.
[27] Cooke et al., 2021: 7.

Die Grottenkrebse der Blue Holes

[1] Yager, 1981.
[2] siehe z. B. Stemme et al., 2010.
[3] Koenemann et al., 2020; Könemann pers. Mitt.
[4] Schram et al, 1986: 41.
[5] z. B. Ax, 1999: 152.
[6] von Reumont et al., 2013.
[7] Könemann, pers. Mitt.
[8] Zusammenfassung bei Giribet und Edgecombe, 2012: 179.
[9] Lozano-Fernandez et al., 2019.
[10] Zusammenfassung bei Stemme et al., 2010: 152.

Die vier Arten des Pfeilschwanzkrebses

[1] https://de.wikipedia.org/wiki/Jamestown_(Virginia)
[2] Binyon, 1907: 326.
[3] Hariot, 1588.
[4] Royster in Hariot, 1588: Vorwort.
[5] Hariot, 1588: 30 (eigene sinngemäße Übersetzung).
[6] [de Bry], 1590.
[7] van Groesen, 2019: 70.
[8] Royster in Hariot, 1588: 55.
[9] Stresemann, 1951: 31.
[10] Stresemann, 1951: 38.
[11] Arens, 2020: 50.
[12] Leuker, 2012: 73.
[13] Pocock, 1902: 256.
[14] Linné, 1758: 634.
[15] Pocock, 1902: 257; Dunlop et al., 2012: 218.
[16] Opinion 288 der Internationalen Kommission für Zoologische Nomenklatur, zitiert nach Dunlop et al., 2012: 218.
[17] Opinion 320 der Internationalen Kommission für Zoologische Nomenklatur, zitiert nach Dunlop et al., 2012: 218.
[18] Dunlop et al., 2012: 216 ff.
[19] Dunlop et al., 2012: 216 ff.
[20] Bicknell und Pates, 2020: 7.
[21] Bicknell und Pates, 2020: 2.
[22] Rust, 2011: 64.
[23] Rust, 2011: 69.
[24] Botton et al., 2021: 1.
[25] Siehe verschiedene Artikel in Tanacredi et al. 2009.
[26] Fortey, 2011: 13.
[27] Leschen und Correia, 2010: 136; Madrigal, 2014.
[28] Anderson et al. 2013.
[29] Madrigal, 2014.
[30] Zhang, 2018.
[31] Zhang, 2018.
[32] Botton et al., 2021: 1.
[33] z. B. Rust, 2011.
[34] Ballesteros und Sharma, 2019: 896.
[35] Ballesteros und Sharma, 2019.
[36] Weygoldt, 2010: 488.
[37] Howard et al., 2020.

Auf der Suche nach dem unsichtbaren Dickhäuter

[1] Siehe Wendt, 1980: 303 ff. und Lavers, 2010: 133 ff.
[2] Stanley, 1890: 434.
[3] Sclater, 1901: 50.
[4] Lankester, 1901: 280.
[5] Von Kuehnheim, 2015: 81.
[6] Die Biografie von Hans Schomburgk ist Baldus (2014) entnommen.
[7] Schomburgk, 1959: 5.
[8] Die ausführlichste Schilderung der Suche nach dem Zwergflusspferd findet sich in Schomburgk (1922), eine kürzere Zusammenfassung in mehreren seiner populärwissenschaftlichen Bücher, beispielsweise in Schomburgk (1956).
[9] Schomburgk, 1922: 30.
[10] Büttikofer, 1890.
[11] Schomburgk, 1922: 65.
[12] Schomburgk war so stolz auf den ihm verliehenen Landes-

namen, der nach seinem Verständnis übersetzt so viel bedeutet wie »Der Lord Elefant, welcher jeden Widerstand des Buschs vor sich niederbricht«, dass er ihn als Titel für seine Reiseerzählung wählte, die fast ganz dem Zwergflusspferd gewidmet ist. (Schomburgk, 1922: 125).

13 Schomburgk, 1922: 173.
14 [Anonym], 1912: 132.
15 Schomburgk, 1922: 199.
16 Hornaday, 1912.
17 Rothfels, 2002: 181.
18 Schulz-Kampfhenkel, 1933: 151.
19 Schulz-Kampfhenkel, 1933. Zu Schulz-Kampfhenkel: Flachowsky und Stoecker, 2011. Über Schulz-Kampfhenkels zoologische Aktivitäten: Ohl, 2011.
20 Fabian, 2006; Robinson, 2017: 25.
21 Morton, 1849: 231.
22 Morton, 1849: 235.
23 Leidy, 1852: 52, 1853: 213.
24 Eine kurze populäre Übersicht über die fossilen Flusspferde gibt Naish, 2015.
25 Coryndon, 1977 a, b.
26 Robinson, 2017: 29.
27 https://programm.ard.de/TV/Programm/Jetzt-im-TV/?sendung=282266301237740
28 Robinson, 2017: 24.
29 Ransom et al., 2015.

Die Entdeckung der Arten im 21. Jahrhundert

1 Müller-Wille, 2007: 542.
2 Broberg, 1985: 153.
3 Glaubrecht, 2019: 376.
4 https://eol.org/
5 http://zoobank.org/
6 Ohl, 2015: 242.
7 Costello et al., 2013.
8 Costello et al., 2013.
9 Costello et al., 2013: 415.
10 Costello et al., 2013: 414.
11 Stork, 2010.
12 Glaubrecht, 2019: 723.
13 Adams und Carwardine, 1995: 266.
14 Srivathsan et al., 2019.
15 Hartop et al., 2021.
16 z. B. Hartop et al., 2021.
17 Srivathsan et al., 2021.
18 Bebber et al., 2010.
19 Fontaine et al., 2012.
20 https://livingplanet.panda.org/
21 Glaubrecht, 2019: 722.

LITERATURVERZEICHNIS

Allgemein

Adams, D. und Carwardine, M. (1995). Die Letzten ihrer Art. 6. Auflage. München: Heyne Verlag.

Conniff, R. (2011). The Species Seekers. Heroes, Fools, and the mad Pursuit of Life on Earth. New York, London: W. W. Norton and Company.

Fortey, R. (2011). Horseshoe crabs and velvet worms. The story of the animals and plants, that time has left behind. New York: Vintage Books (Random House).

Glaubrecht, M. (2019). Das Ende der Evolution. Der Mensch und die Vernichtung der Arten. München: Bertelsmann.

Glaubrecht, M. (2007). Von »biologischen« Arten und ihrer Entdeckung: Traditionsreiche Forschung zur Arten-Frage am Berliner Museum für Naturkunde. Seiten 44–55. In: Glaubrecht, M., Kinitz, A. und U. Moldrzyk. Als das Leben laufen lernte – Evolution in Aktion. München etc.: Prestel Verlag.

International Commission on Zoological Nomenclature (1999). International Code of Zoological Nomenclature. 4. Auflage. London: The International Trust for Zoological Nomenclature. Deutsche Ausgabe: Internationale Kommission für Zoologische Nomenklatur (2000). Internationale Regeln für die Zoologische Nomenklatur. Aufgearbeitet von O. Kraus. Abhandlungen des Naturwissenschaftlichen Vereins Hamburg (Neue Folge) 34: 1–232. Keltern-Weiler: Goecke und Evers.

Kemp, C. (2019). Die verlorenen Arten. Große Expeditionen in die Sammlungen naturkundlicher Museen. München: Kunstmann.

Linnaeus, C. (1758). Systema Naturae per Regna Tria Naturae etc. Tomus I. Editio Decima, reformata. Holmia: Laurentius Salvius.

May, R. M. (1992). Wie viele Arten von Lebewesen gibt es? Spektrum der Wissenschaft 12: 72–79.

Mayr, E. (1984). Die Entwicklung der Biologischen Gedankenwelt. Berlin etc.: Springer-Verlag.

McClain, C. R. und Boyer, A. (2009). Biodiversity and body size are linked across metazoans. Proceedings of the Royal Society B 276: 2209–2215.

Myers, N., Mittermeier, R., Mittermeier, C. et al. (2000). Biodiversity hotspots for conservation priorities. Nature 403: 853–858. https://doi.org/10.1038/35002501

Ohl, M. (2015). Die Kunst der Benennung. Berlin: Matthes und Seitz.

Stresemann, E. (1951). Die Entwicklung der Ornithologie von Aristoteles bis zur Gegenwart. Berlin: F. W. Peters.

Wendt, H. (1980). Die Entdeckung der Tiere. Von der Einhorn-Legende zur Verhaltensforschung. München: Christian Verlag.

Westheide, W. und Rieger, R. (Hrsg.) (2010). Spezielle Zoologie. Teil 2: Wirbel- oder Schädeltiere. 2. Auflage. Heidelberg: Springer-Verlag.

Einleitung

Costello, M. J. (2020). Taxonomy as the key to life. Megataxa 1 (2): 105–113.

Dick, S. J. (2013). Discovery and Classification in Astronomy. New York: Cambridge University Press.

Henderson, C. (2020). Neue Karte der Weltwunder. Eine Forschungsreise zu den Rätseln der Naturwissenschaften. Berlin: Matthes und Seitz.

Heumann, I., Stoecker, H., Tamborini, M. und Vennen, M. (2018). Dinosaurierfragmente. Zur Geschichte der Tendaguru-Expedition und ihrer Objekte, 1906–2018. Göttingen: Wallstein.

Hoppe, B. (1990). Naturwissenschaftliche und zoologische Forschungen in Afrika während der deutschen Kolonialbewegung bis 1914. Berichte zur Wissenschaftsgeschichte 13: 193–206.

Klemun, M. (2014). Erkenntnisinstrument Reisen: Reflexionen zu einem komplexen wissens- und wissenschaftshistorischen Phänomen der Frühen Neuzeit. In: Kästner, I. et al. Erkunden, Sammeln, Notieren und Vermitteln – Wissenschaft im Gepäck von Handelsleuten, Diplomaten und Missionen. (D. von Engelhardt (Hrsg.): Europäische Wissenschaftsbeziehungen, Band 7). Aachen: Shaker Verlag.

Michel, J. G. (2019). How are species discovered? Declarative speech acts in biology. Grazer Philosophische Studien 96: 419–441.

Michel, J. G. (2021). Making Scientific Discoveries. Paderborn: Brill/Mentis.

Müller-Wille, S. 2017. Names and numbers: »Data« in classical natural history, 1758–1859. Osiris 32: 109–128.

Nabokov, V. (2012). Collected Poems. London: Penguin Books.

Ohl, M. (2017). *Brachiosaurus, Archaeopteryx* und Fingertier. Original und Authentizität im Naturkundemuseum, Seiten 11–20. In: Eser, T., Farrenkopf, M., Kimmel, D., Saupe, A. und U. Warnke (Hrsg.). Authentisierung im Museum. Ein Werkstatt-Bericht. RGZM-Tagungen 32 (http://books.ub.uni-heidelberg.de/propylaeum/catalog/book/297).

Schrenk, F. (2019). Wir müssen um Afrikas Erbe verhandeln! Was gehört den Naturmuseen, was muss zurück? Die Rückgewinnung der Geschichte für die Menschen des afrikanischen Kontinents schreitet unausweichlich voran. Frankfurter Allgemeine Zeitung, Nr. 100. 1.5.2019.

Zimmer, D. E. (1996). Tarnung und Täuschung. Die lebenslange Leidenschaft für Schmetterlinge. Du 6: 67–73.

Monsterwespe und Vogel Schnarch auf Sulawesi

[Anonym] (1944). [Heymons, R.] Koleopterologische Rundschau. Vereinigt mit der Wiener Entomologischen Zeitung, Wien 30: 14.

Fontaine, B., Perrard, A. und Bouchet, P. (2012). 21 years of shelf life between discovery and description of new species. Current Biology 22: R943-R944.

Glaubrecht, M. (2008). Alfred Russel Wallace und der Wettlauf um die Evolutionstheorie. Naturwissenschaftliche Rundschau. Teil 1: 7: 346–353. Teil 2: 8: 403–408.

Glaubrecht, M. (2013). Am Ende des Archipels. Alfred Russel Wallace. Berlin: Galiani.

Heinrich, B. (2006). The Snoring Bird. My family's journey through a century of biology. New York: Ecco.

Heinrich, B. (2013). Wasp Odyssey. My family's magnificent obsession. Natural History 2012/2013: 22–32.

Heinrich, G. (1932). Der Vogel Schnarch. Zwei Jahre Rallenfang und Urwaldforschung in Celebes. Berlin: Dietrich Reimer, Ernst Vohsen.

Meyer, A. B. und Wiglesworth, L. W. (1898). The birds of Celebes and the neighboring islands. Berlin: R. Friedländer und Sohn. 2 Bände.

Platen, C. C. (1887). Ornithologische Skizzen aus der Minahassa. Gefiederte Welt: 193–194, 205–206, 217–219, 230–231.

Stresemann, E. (1931). Vorläufiges über die ornithologischen Ergebnisse der Expedition Heinrich 1930–1931. Ornithologische Monatsberichte 39: 7–14.

Stresemann, E. (1939). Die Vögel von Celebes. Teil I und II. Journal für Ornithologie 87: 299–425. (Biologische Beiträge von Gerd Heinrich).

Stresemann, E. (1940). Die Vögel von Celebes. Teil III. Journal für Ornithologie 88: 1–135. (Biologische Beiträge von Gerd Heinrich).

Eine verschollene Wüstenschönheit taucht wieder auf

Aldini, R. N. und Panteleoni, R. A. (2012). Zephyr's wings: Tiepolo's imagination or the antlion *Pseudimares* Kimmins, 1933 (Neuroptera: Myrmeleontidae) as his model? Biodiversity Journal 3: 132–136.

Aspöck, H. und Aspöck, U. (2009). Wiederentdeckung des mysteriösen Genus *Pseudimares* Kimmins, 1933, und Beschreibung einer neuen Art aus Marokko, *Pseudimares aphrodite* n. sp. (Neuroptera, Myrmeleontidae). Entomologische Nachrichten und Berichte 53: 41–46.

Aspöck, H. und Aspöck, U. (2013). Searching for *Pseudimares* in Morocco. Lacewing News 17: 10–13.

Aspöck, U. und Aspöck, H. (1999). Kamelhälse, Schlammfliegen, Ameisenlöwen. Wer sind sie? (Insecta: Neuropterida: Raphidioptera, Megaloptera, Neuroptera). Stapfia 60: 1–34.

Badano, D., Aspöck, H., Aspöck, U. und Haring, E. (2017). Eyes in the dark ... Shedding light on the antlion phylogeny and the enigmatic genus *Pseudimares* Kimmins (Neuropterida: Neuroptera: Myrmeleontidae). Arthropod Systematics and Phylogeny 75: 535–554.

Barnard, P. C. (1986). Obituary: Douglas Eric Kimmins. Entomologist's Monthly Magazine. 122: 165–175.

Beßler, G. (2012). Wunderkammern – Weltmodelle von der Renaissance bis zur Kunst der Gegenwart. 2., leicht veränderte Auflage. Berlin: Reimer.

Dathe, H. H. (1999). Das erste Insekt des Jahres: die Florfliege *Chrysoperla carnea* (Stephens, 1836) (Neur.: Chrysopidae). Entomologische Nachrichten und Berichte 43: 1–3.

Gambles, R. M. (1975). To Mr. D. E. Kimmins on his 70th birthday. Odonatologica 4: 61–64.

Kimmins, D. E. (1933). A new genus and species of the family Myrmeleontidae. Annals and Magazine of Natural History, Series 10, 11: 244–246, plate VI.

Monserrat, V. J. (2010). Los neurópteros (Insecta: Neuroptera) en el arte. Boletin de la Sociedad Entomológica Aragonesa 46: 635–660.

Pantaleoni, R. A., Martínez del Mármol, Marín G. und León Vigara, R. (2012). Second record of *Pseudimares aphrodite* H. Aspöck et U. Aspöck, 2009 (Neuroptera, Myrmeleontidae). Biodiversity Journal 3: 129–131.

Stange, L. A. (2004). A systematic catalog, bibliography and classification of the world antlions (Insecta: Neuroptera: Myrmeleontidae). Memoirs of the American Entomological Institute 74: 1–565.

Engmaulfrösche und Baumkängurus auf Neuguinea

Den Bericht von Rainer Günthers Reisen nach Neuguinea habe ich auf der Basis von mehreren Interviews zusammengestellt, die ich mit ihm im Herbst 2020 führte. Die wörtlichen Zitate entstammen meinen Aufzeichnungen und digitalen Tonaufnahmen dieser Interviews.

Günther, R. (2008). Descriptions of four new species of *Choerophryne* (Anura, Microhylidae) from Papua Province, Indonesian New Guinea. Acta Zoologica Sinica 54: 653–674.

Haffer, J. (2007). Ornithology, Evolution, and Philosophy. The Life and Science of Ernst Mayr 1904–2005. Berlin, Heidelberg: Springer-Verlag.

Helgen, K. M. (2007). A Taxonomic and Geographic Overview of the Mammals of Papua. In: A. J. Marshall und Bruce Beehler (Hrsg.): The Ecology of Papua Vol. 1: 689–749. Singapur: Periplus Editions.

Marshall, J. und Beehler, B. (Hrsg.) (2007). The Ecology of Papua Vol. 1. Singapur: Periplus Editions.

Mayr, E. (1930). My Dutch New Guinea expedition, 1928. Novitates Zoologicae 36: 20–26.

Mayr, E. (1932). A tenderfoot explorer in New Guinea. Natural History 32: 83–97.

[Mayr, E. , Interview mit] (1997). ›My first expedition‹, ›The natives‹, ›From Dutch New Guinea to the Mandated Territory of New Guinea‹. Web of Stories: https://webofstories.com/play/ernst.mayr/

Oliver, P. M., Günther, R., Mumpuni und Richards, S. J. (2019). Systematics of New Guinea treefrogs (*Litoria*: Pelodryadidae) with erectile rostral spikes: an extended description of *Litoria pronimia* and a new species from the Foja Mountains. 4604: 335–348.

Pratt, A. E. (1906). Two years among New Guinea Cannibals. A naturalist's sojourn among the aborigines of unexplored New Guinea. Philadelphia: J. B. Lippincott.

Rothschild, W. und Dollman, G. (1932). New mammals from Dutch New Guinea. Abstracts of the Proceedings of the Zoological Society of London 353: 13–16.

Rothschild, W. und Dollman, G. (1936). The Genus *Dendrolagus* (Tree Kangaroos). Transactions of the Zoological Society of London 21: 477–551.

Thompson, C. (2011). Final frontier: Newly discovered species of New Guinea (1998–2008). World Wildlife Fund Report. (https://wwfeu.awsassets.panda.org/downloads/new_guinea_new_species_2011.pdf).

Wallace, A. R. (1869). The Malay Archipelago; The Land of the Orang-utan and the Bird of Paradise; A Narrative of Travel With Studies of Man and Nature. London: Macmillan & Co., 2 Bände.

Wallace, A. R. (1879). New Guinea and its Inhabitants. Contemporary Review 34: 421–441.

Wandolleck, B. (1911). Die Amphibien und Reptilien der papuanischen Ausbeute Dr. Schlaginhaufens. Abhandlungen und Berichte des Königlich Zoologischen und Antropologisch-Ethnographischen Museums zu Dresden 13 (6): 1–15.

Wichmann, A. (1910). Nova Guinea. Résultats de l'expedition scientifique Néerlandaise à la Nouvelle-Guinée en 1903 sous les auspices de Arthur Wichmann. Vol. II. 1re partie. Entdeckungsgeschichte von Neu-Guinea (1828–1885). Leiden: E. J. Brill.

Gorillas kommen nach Europa

Bayer, K. (1993). Periplus Hannonis. In: Gaius Plinius Secundus d. Ä.: Naturkunde (Historia naturalis), lateinisch – deutsch. Zürich, München: V. Artemis.

Beringe, A. von (2002). Auf den Spuren des Berggorilla-Entdeckers. Gorilla Journal 24: 6.

[Beringe, F. R. von] (1903). Nachrichten aus den Deutschen Schutzgebieten: Deutsch-Ostafrika. Bericht des Hauptmanns v. Beringe über eine Expedition nach Ruanda. Deutsches Kolonialblatt 14: 234–235, 264–266, 296–298, 317–319.

Coolidge, H. J. (1929). A revision of the genus *Gorilla*. Memoirs of the Museum of Comparative Zoology, Harvard 50: 291–381.

Cornish, C. J. (Hrsg.) [1901?]. The Living Animals of the World. A popular natural history. London: Hutchinson & Co. Band 1.

Elliot, D. G. (1913). Review of the Primates. New York: American Museum of Natural History.

Geoffroy Saint-Hilaire, M. I. (1858–1861). Description des mammifères nouveaux ou imparfaitement connus de la collection du Muséum d'Histoire naturelle et Remarques sur la classification et les characters des mammifères. Quatrième Mémoire, famille des singes, second supplement. Archives du Muséum d'Histoire Naturelle 10: 1–100.

Giere, P. und Jancke, S. (2010). Professor Georg Friedrich Paul Matschie. S. 196–199. In: Damaschun, F., Hackethal, S., Landsberg, H. und R. Leinfelder (Hrsg.): Klasse, Ordnung, Art. 200 Jahre Museum für Naturkunde. Rangsdorf: Basilisken-Presse.

Greenbaum, E. (2018). Emerald Labyrinth. A scientist's adventures in the jungles of the Congo. Lebanon: ForeEdge, University Press of New England.

Groves, C. P. (1967). Ecology and taxonomy of the Gorilla. Nature 213: 890–893.

Groves, C. P. (2001). Primate Taxonomy. Washington DC: Smithsonian Institution Press.

Groves, C. P. (2003). A history of Gorilla taxonomy. S. 15–34. In: Taylor, A. B. und M. L. Goldsmith. 2003. Gorilla Biology. A multidisciplinary perspective. Cambridge etc.: Cambridge University Press.

Haeckel, E. (1874). Natürliche Schöpfungsgeschichte. 5. Auflage. Berlin: Georg Reimer.

Haeckel, E. (1903). Anthropogenie. 5. Auflage. Erster Band. Keimesgeschichte des Menschen. Leipzig: W. Engelmann.

Haikal, M. (2013). Master Pongo. Ein Gorilla erobert Europa. Berlin etc.: Transit-Buchverlag.

Haikal, M. (2016). Unheimliche Nähe. Menschenaffen als europäische Sensation. Leipzig: Passage-Verlag.

Lange, P. (2006). Echt. Unecht. Lebensecht. Menschenbilder im Umlauf. Berlin: Kulturverlag Kadmos.

Matschie, P. (1903). [»Herr Matschie sprach über einen Gorilla aus Deutsch-Ostafrika«]. Sitzungs-Berichte der Gesellschaft Naturforschender Freunde zu Berlin 1903: 253–259.

Matschie, P. (1904). Bemerkungen über die Gattung *Gorilla*. Sitzungs-Berichte der Gesellschaft naturforschender Freunde zu Berlin 1904: 45–53.

Matschie, P. (1914). Neue Affen aus Mittelafrika. Sitzungs-Berichte der Gesellschaft Naturforschender Freunde zu Berlin 1914: 323–342.

Nigmann, E. (1911). Geschichte der Kaiserlichen Schutztruppe für Deutsch-Ostafrika. Berlin: Ernst Siegfried Mittler und Sohn.

Owen, R. (1848). On a new species of chimpanzee (*T. savagei*). Proceedings of the Zoological Society of London, 1848, 27–35.

Owen, R. (1866). Contributions to the Natural History of the Anthropoid Apes. Transactions of the Zoological Society of London 5: 243–284.

Pohle, H. (1926). Paul Matschies Schriften. Zeitschrift für Säugetierkunde 1: 90–110.

Rothschild, W. (1905). Notes on anthropoid apes. Proceedings of the Zoological Society of London 1905 2: 413–440.

Savage, T. S. und Wyman, J. (1847). Notice of the external characters and habits of *Troglodytes gorilla*, a new species of orang from the Gaboon River [von Savage]; Osteology of the same [von Wyman]. Boston Journal of Natural History 5: 417–441.

Schnee, H. (Hrsg.) (1920). Deutsches Kolonial-Lexikon. Leipzig: Quelle & Meyer. 3 Bände. (Online: http://www.ub.bildarchiv-dkg.uni-frankfurt.de/Bildprojekt/Lexikon/Standardframeseite.php).

Voss, J. (2007). Darwins Bilder. Ansichten der Evolutionstheorie 1837–1874. Frankfurt am Main: S. Fischer Verlag.

Wilson, D. E. und Reeder, D. M. (Hrsg) (2005). Mammal Species of the World. A Taxonomic and Geographic Reference (3. Auflage). Baltimore: Johns Hopkins University Press. (Online: https://www.departments.bucknell.edu/biology/resources/msw3/).

Neue Lebensformen zwischen Strand und Tiefsee

Ax, P. (1960). Die Entdeckung neuer Organisationstypen im Tierreich. (Die Neue Brehmbücherei 258). Wittenberg: A. Ziemsen Verlag.

Ax, P. (1963). Die Ausbildung eines Schwanzfadens in der interstitiellen Sandfauna und die Verwertbarkeit von Lebensformcharakteren für die Verwandtschaftsforschung. Zoologischer Anzeiger 171: 51–76.

Ax, P. (1966). Die Bedeutung der interstitiellen Sandfauna für allgemeine Probleme der Systematik, Ökologie und Biologie. Veröffentlichungen des Instituts für Meeresforschung Bremerhaven Sonderband 2: 15–65.

Chun, C. (1903). Aus den Tiefen des Weltmeeres. 2. Auflage. Jena: Gustav Fischer.

Funch, P. und Kristensen, R. M. (1995). Cycliophora is a new phylum with affinities to Entoprocta and Ectoprocta. Nature 378: 711–714.

Funch, P. und Kristensen, R. M. (1997). Cycliophora. In: Harrison, F. W. und R. M. Woollacott (Hrsg.): Microscopic Anatomy of Invertebrates, Vol. 13 Lophophorates, Entoprocta and Cycliophora, S. 409–474. New York: Wiley-Liss.

Giere, P. (2009). Meiobenthology. The microscopic motile fauna of aquatic sediments. Berlin, Heidelberg: Springer-Verlag.

Giribet, G. und Edgecombe, G. D. (2020). The Invertebrate Tree of Life. Princeton, New Jersey: Princeton University Press.

Haszprunar, G. (2008). Monoplacophora (Tryblidia). Seiten 97–104. In: W. F. Ponder und D. R. Lindberg (Hrsg.): Phylogeny and evolution of the Mollusca. Berkeley: University of California Press, Berkeley.

Higgins, R. P. und Kristensen, R. M. (1986). New Loricifera from Southeastern United States Coastal Waters. Smithsonian Contributions to Zoology 438: 1–70.

Kristensen, R. M. und Funch, P. (2000). Micrognathozoa: A new class with complicated jaws like those of Rotifera and Gnathostomulida. Journal of Morphology 246: 1–49.

Kristensen, R. M. (1983). Loricifera, a new phylum with Aschelminthes characters from meiobenthos. Zeitschrift für Zoologische Systematik und Evolutionsforschung 21: 163–180.

Lemche H. (1957). A new living deep-sea mollusk of the Cambrio-Devonian class Monoplacophora. Nature 179: 413–416.

Lemche H. und Wingstrand, K. (1957). The anatomy of *Neopilina galatheae* Lemche. Galathea Report 3: 9–71.

Lindberg, D. R. (2009). Monoplacophorans and the origin and relationships of mollusks. Evolution: Education and Outreach 2: 191–203.

Remane, A. (1927). *Halammohydra,* ein einzigartiges Hydrozoon der Nord- und Ostsee. Zeitschrift für Morphologie und Ökologie der Tiere 7: 643–677.

Remane, A. (1952). Die Besiedlung des Sandbodens im Meere und die Bedeutung der Lebensformtypen für die Ökologie. Zoologischer Anzeiger 16. Supplementband (Verhandlungen der Deutschen Zoologischen Gesellschaft 1951 in Wilhelmshaven) 327–359.

Rumohr, H. (2011). Nachruf auf Sebastian A. Gerlach. In: Steinbrecht, R. A. (Hrsg.): Zoologie 2011 – Mitteilungen der Deutschen Zoologischen Gesellschaft, S. 55–58. Rangsdorf: Basilisken-Presse.

Schmidt-Rhaesa, A. (Hrsg.) (2019). Miscellaneous Invertebrates. (Handbook of Zoology). Berlin, Boston: De Gruyter.

Storch, V. (2009). Adolf Remane – Zoologe und Entdecker des Mesopsammons. Biologie in unserer Zeit (BIUZ) 6: 427–428.

Vandepitte, L., Vanhoorne, B., Decock, W., Vranken, S., Lanssens, T., Dekeyzer, S. et al. (2018). A decade of the World Register of Marine Species – General insights and experiences from the Data Management Team: Where are we, what have we learned and how can we continue? PLoS ONE 13 (4): e0194599.

Wanninger, A. und Wollesen, T. (2019). The evolution of molluscs. Biological Reviews 94: 102–115.

Das Schnabeltier in Australien

Das Zitat im Kapiteltitel stammt aus Moorehead, 1966 (zitiert nach Moyal, 2008: 1)

Anderson, M. (2012). The day the world discovered the sun. Philadelphia: Da Capo Press.

Bewick, T. (1800). A General History of Quadrupeds. 4th edition. Newcastle upon Tyne: Hodgson etc.

[Blumenbach, J. F.] (1800a). [Mitteilung über die Entdeckung des Schnabeltiers]. Göttinger Anzeigen von gelehrten Sachen unter der Aufsicht der königlichen Gesellschaft der Wissenschaften. 1. Band, 62. Stück: 609–612.

Blumenbach, J. F. (1800b). *Ornithorynchus paradoxus.* Abbildungen naturhistorischer Gegenstände. 5. Heft, Nr. 41.

Blumenbach, J. F. (1800c). Prof. Fr. Blumenbach über das Schnabelthier (*Ornithorynchus paradoxus*), ein neuentdecktes Geschlecht von Säugethieren des fünften Welttheils. Magazin für den neuesten Zustand der Naturkunde mit Rücksicht auf die dazu gehörigen Hilfswissenschaften. 2. Band: 205–214.

Blumenbach, J. F. (1830). *Ornithorynchus paradoxus.* Abbildungen naturhistorischer Gegenstände. Neue verbesserte Auflage. 5. Heft, Nr. 41.

Burrell, H. (1927). The Platypus. Its discovery, zoological position, form and characteristics, habits, life history, etc. Sydney: Angus and Robertson.

Collins, D. (1802). An Account Of The English Colony In New South Wales, From Its First Settlement, In January 1788, To August 1801. Vol. II. London: Cadell, Davies, Strahan.

Eco, U. (2000). Kant und das Schnabeltier. München, Wien: Hanser Verlag.

Gould, J. (1845–1863). The Mammals of Australia. 3 Bände. London: Taylor and Francis.

Gould, S. J. (1994). Bravo, Brontosaurus. Hamburg: Hoffmann und Campe.

Home, E. (1802). A description of the anatomy of the *Ornithorhynchus paradoxus.* Philosophical Transaction of the Royal Society 92: 67–84.

Horwitz, T. (2018). Cook. Die Entdeckung eines Entdeckers. 10. Auflage. München: Piper Verlag.

Hund, W. D. (Hrsg.) (2009). Entfremdete Körper. Rassismus als Leichenschändung. (Postcolonial Studies). Bielefeld: Transcript Verlag.

Moorehead, A. (1966). The fatal impact. New York: Harper and Row.

Moyal, A. (1986). ›A bright and savage land‹. Scientists in colonial Australia. Sydney: Collins.

Moyal, A. (2001). Platypus. The extraordinary story of how a curious creature baffled the world. Washington, D.C.: Smithsonian Institution Press.

Moyal, A. (2008). Koala. A historical biography. Collingwood, VIC: CSIRO Publishing.

Shaw, G. und Nodder, F. P. (1799). Naturalist's Miscellany. 10. Band.

Shaw, G. (1800). General Zoology or Systematic Natural History. Vol. 1, part. 1: Mammalia. London: G. Kearsley.

Stanbury, P. und Phipps, G. (1980). Australia's animals discovered. Sydney etc.: Pergamon Press.

Der Komoren-Quastenflosser

Amemiya, C., Alföldi, J., Lee, A. et al. (2013). The African coelacanth genome provides insights into tetrapod evolution. Nature 496: 311–316.

Bruton, M. (2018). The fishy Smiths. A biography of JLB & Margaret Smith. Cape Town: Penguin Random House South Africa.

Cooke, A., Bruton, M. N. und Ravololoharinjara, M. (2021). Coelacanth discoveries in Madagascar, with recommendations on research and conservation. South African Journal of Sciences 117: 1–11.

Erdmann, M. V., Caldwell, R. L. Jewett, S. L. und Tjakrawidjaja, A. (1999). The second recorded living coelacanth from north Sulawesi. Environmental Biology of Fishes 54: 445–451.

Erdmann, M. V., Caldwell, R. L. und Moosa, M. K. (1998). Indonesian ›king of the sea‹ discovered. Nature 395: 335.

Fricke, H. (2007). Die Jagd nach dem Quastenflosser. Der Fisch, der aus der Urzeit kam. München: Verlag C. H. Beck.

Kadarusman, Sugeha, H. Y., Pouyaud, L. et al. (2020). A thirteen-million-year divergence between two lineages of Indonesian coelacanths. Scientific Reports 10: 192.

Lenoble, J. und Le Grand, Y. (1954). Le tapis de l'oeil du coelacanthe (*Latimeria anjouanae* (Smith)). Bulletin du Muséum National d'Histoire Naturelle, Paris (série 2) 26(4): 460–463.

McCabe, H. (2000). Recriminations and confusion over ›fake‹ coelacanth photo. Nature 406: 225 (veröffentlicht 20. Juli 2000).

McCabe, H. und Wright, J. (2000). Tangled tale of a lost, stolen and disputed coelacanth. Nature 406: 225 (veröffentlicht 13. Juli 2000).

Nulens, R., Scott, L. und Herbin, M. (2011). An updated intentory of all known specimens of the coelacanth, *Latimeria* spp. Smithsiana 3: 1–52.

Pouyaud, L., Wirjoatmodjo, S., Rachmatika, I., Tjakrawidjaja, A., Hadiaty, R. und Hadie, W. (1999). Un nouvelle espèce de coelacanth. Preuves génétiques et morphologiques. Comptes Rendus de l'Académie des Sciences. Série III. Sciences de la Vie. Life Sciences. 322: 261–267.

Smith, J. L. B. (1939). A living fish of Mesozoic type. Nature 143: 387–390.

Smith, J. L. B. (1940). A living coelacanthid fish from South Africa. Transactions of the Royal Society of South Africa 28: 1–106.

Smith, J. L. B. (1953a). The second coelacanth. Nature 4352: 99–101.

Smith, J. L. B. (1953b). The Sea Fishes of Southern Africa. South Africa: Central News Agency.

Smith, J. L. B. (1957). Vergangenheit steigt aus dem Meer. Stuttgart: Günther Verlag.

Smith, M. M. (1986). Latimeriidae. Seiten 152–153. In: M. M. Smith und P. C. Heemstra (Hrsg.): Smiths' sea fishes. Berlin: Springer-Verlag.

Thompson, K. S. (1993). Der Quastenflosser. Ein lebendes Fossil und seine Entdeckung. Basel, Boston, Berlin: Birkhäuser.

Weinberg, S. (2001). Der Quastenflosser. Die abenteuerliche Geschichte der Entdeckung eines lebenden Fossils. Frankfurt am Main: Fischer Taschenbuch Verlag.

https://en.wikipedia.org/wiki/J._L._B._Smith (letzter Zugriff am 26.02.2020).

https://en.wikipedia.org/wiki/Margaret_Mary_Smith (letzter Zugriff am 26.02.2020).

https://blog.biodiversitylibrary.org/2019/03/mary-margaret-smith.html (letzter Zugriff 02.03.2020).

Die Grottenkrebse der Blue Holes

Die Darstellung von Jill Yagers Leben und ihrer Entdeckung der Remipedia beruht auf einem persönlichen Bericht, den sie mir auf meine Bitte hin freundlicherweise im Herbst 2020 per E-Mail schickte. Die wörtlichen Zitate habe ich ihrem schriftlichen englischsprachigen Bericht entnommen und selbst ins Deutsche übertragen.

Ax, P. (1999). Das System der Metazoa II. Ein Lehrbuch der phylogenetischen Systematik. Stuttgart etc.: Gustav Fischer Verlag.

Giribet, G. und Edgecombe, G. D. (2012). Reevaluating the Arthropod Tree of Life. Annual Review of Entomology 57: 167–186. doi:10.1146/annurev-ento-120710-100659.

Koenemann, S., Hoenemann, M. und Stemme T. (2020). World Remipedia Database. http://www.marinespecies.org/remipedia

Lozano-Fernandez, J. et al. (2019). Pancrustacean Evolution Illuminated by Taxon-Rich Genomic-Scale Data Sets with an Expanded Remipede Sampling. Genome Biology and Evolution 11: 2055–2070. doi:10.1093/gbe/evz097.

Schram, F. R., J. Yager und Emerson, M. (1986). Remipedia. Part I. Systematics. Memoirs of the San Diego Society of Natural History 15: 60 Seiten.

Schwentner, M., Richter, S. Rogers, D. C. und Giribet, G. (2018). Tetraconatan phylogeny with special focus on Malacostraca and Branchiopoda: highlighting the strength of taxon-specific matrices in phylogenomics. Proceedings of the Royal Society B 285: 20181524.

Stemme T., Bicker, G., Harzsch, S. und Koenemann, S. (2010). Die rätselhaften Grottenkrebse der Blue Holes. Sind Remipedia primitive Crustaceen oder schwimmende Insekten? Naturhistorica 152: 7–28.

Tanacredi, J. T., Botton, M. L. und Smith, D. R. (2009). Biology and conservation of horseshoe crabs. New York: Springer.

von Reumont, M. B., Blanke, A., Richter, S., Alvarez, F., Bleidorn, C. und Jenner, R. A. (2013). The first venomous crustacean revealed by transcriptomics and functional morphology: Remipede venom glands express a unique toxin cocktail dominated by enzymes and a neurotoxin. Molecular Biology and Evolution 31: 48–58.

Yager, J. (1981). Remipedia, a new class of Crustacea from a marine cave in the Bahamas. Journal of Crustacean Biology 1: 328–333.

Die vier Arten des Pfeilschwanzkrebses

Anderson, R. L., Watson III, W. H. und Chabot, C. C. (2013). Sublethal Behavioral and Physiological Effects of the Biomedical Bleeding Process on the American Horseshoe Crab, *Limulus polyphemus*. Biological Bulletin 225: 137–151.

Arens, E. H. (2020). D'Amboinsche Rariteitkamer. In: Leuker, M.-T., Arens, E. H. und C. Kießling. Rumphius' Naturkunde. Zirkulation in kolonialen Wissensräumen. Wiesbaden: Harrassowitz Verlag.

Ballesteros, J. A. und Sharma, P. P. (2019). A critical appraisal of the placement of Xiphosura (Chelicerata) with account of known sources of phylogenetic error. Systematic Biology 68: 896–917.

Bicknell, R. D. C. und Pates, S. (2020). Pictorial atlas of fossil and extent horseshoe crabs, with focus on Xiphosurida. Frontiers in Earth Science 8 (98): 1–60. doi: 10.3389/feart.2020.00098.

Binyon, L. (1907). Catalogue of drawings by British artists and artists of foreign origin working in Great Britain, preserved in the Department of Prints and Drawings in the British Museum. Band IV. London: The Trustees of the British Museum.

Botton, M. L., John, B. A., Carmichael, R. H., Mohamad, F., Bhadury, P., Zaldivar-Rae, J., Shin, P. K. S., Tanacredi, J. T. und Cheung, S. G. (2021). Horseshoe crabs: »Living fossils« imperiled in the Anthropocene. In: Della-Sala D. und M. I. Goldstein (Hrsg.): Imperiled: The Encyclopedia of Conservation. Reference Module in Earth Systems and Environmental Sciences. Oxford: Elsevier.

Calman, W. T. (1908). An early figure of the king-crab (*Limulus polyphemus*). Science 27: 669.

[de Bry, T.] (1590). Admiranda narratio, fida tamen, de commodis et incolarum ritibus Virginiae. Anglico scripta sermone à Thoma Hariot. Frankfurt. [Band 1 der Buchreihe ›America‹ von T. de Bry].

de L'Ecluse, C. [lat. Carolus Clusius] (1605). Caroli Clusii

Atrebatis, Aulae Caeareae quondam Familiaris, Exoticorum Libri Decem: Quibus Animalium, Plantarum, Aromatum, aliorumque peregrinorum Fructuum historiae describuntur; Item Petri Bellonii Observationes, eodem Carolo Clusio interprete; Series totius operis post Paefationem indicabitur. Leiden: Raphelengius. https://doi.org/10.24355/dbbs.084-201105101056-0

Dunlop, J. A., Compton, M. S. und Friedrichs, A. (2012). An annotated catalogue of the horseshoe crabs (Xiphosura) held in the Museum für Naturkunde Berlin. Zoosystematics and Evolution 88: 215–222.

Hariot, T. (1588). A Brief and True Report on the New Found Land of Virginia. (Herausgegeben von P. Royster. Electronic Texts in American Studies 20. https://digitalcommons.unl.edu/etas/20).

Howard, R. J., Puttick, M. N., Edgecombe, G. D. und Lozano-Fernandez, J. (2020). Arachnid monophyly: Morphological, palaeontological and molecular support for a single terrestrialization within Chelicerata. Arthropod Structure and Development 59: 100997. https://doi.org/10.1016/j.asd.2020.100997

Jonson [Jonstonus], J. (1665). Historiae naturalis de exanguibus aquaticis libri IV. Amsterdam: J. J. Schipper.

Lankester E. R. (1881). *Limulus* an arachnid. Quaterly Journal of Microscopic Sciences 2–21: 504–548.

Leschen, A. S. und Correia, S. J. (2010). Mortality in female horseshoe crabs *(Limulus polyphemus)* from biomedical bleeding and handling: implications for fisheries management. Marine and Freshwater Behaviour and Physiology 43: 135–147.

Leuker, M.-T. (2012). ›Der blinde Seher von Ambon‹. Curiositas in den naturkundlichen Werken des Georg Everhard Rumphius (1627–1702). In: M.-T. Leuker. Die unsichtbare Welt. Visualität in der niederländischen Literatur und Kunst des 17. Jahrhunderts. (Niederlande-Studien Band 52). Münster: Waxmann.

Madrigal, A. C. (2014). The Blood Harvest. Each year, half a million horseshoe crabs are captured and bled alive to create anunparalleled biomedical technology. The Atlantic, 26. Februar 2014 (https://www.theatlantic.com/technology/archive/2014/02/the-blood-harvest/284078/ Letzter Zugriff 11.08.2021).

Pocock, R. I. (1902). The taxonomy of recent species of *Limulus*. The Annals and Magazine of Natural History (Series 7) 9: 256–266, plates V-VI.

Rumphius, G. E. (1705). D'Amboinsche rariteitkamer, behelzende eene beschryvinge van allerhand zoo weeke als harde schaalvisschen, te weeten raare krabben, kreeften, en diergelyke zeedieren, als mede allerhande hoorntjes en schulpen, die men in d'Amboinsche Zee vindt: daar beneven zommige mineraalen, gesteenten, en soorten van aarde, die in d'Amboinsche, en zommige omleggende eilanden gevonden worden. Amsterdam: François Halma.

Rumphius, G. E. (1775). Waerachtling Verhael, Van de Schrickelijke Aerdbevinge / Nu onlanghs eenigen tyd herwaerts, ende voornaementlijck op den 17. February des Jaers 1674, voorgevallen, In, en ontrent de Eylanden van Ambonia, Mitsgaders Ongehoorde Watervloeden, droevige ongelucken, en wonderlijcke by-sonderherden, &c., daer op gevolght, gelijck sulx in het Dagh-Register van dien, neerstigh en omstantisgh aengeteyckent staet, en omstantigh aengeteyckent staet, en uytgetrocken is, Als mede Autentyque Extracten von Brieven over het selve. Alles met het laetste Schip de Vrije-Zee bericht / en bekent gemaeckt. Gedruckt naer de Copye van Batavia In't Jaer Onses Heeren. Heruitgave en Transcriptie W. Buijze, [in niederländischer, englischer und indonesischer Sprache. W. Buijze, Introduction. Vorwort zur engl. Übersetzung, S. 46 f.]

Rust, J. (2011). Fossilien – Meilensteine der Evolution. Darmstadt: Primus-Verlag.

van Groesen, M. (Hrsg.) (2019). Theodor de Bry: America. Sämtliche Tafeln 1590–1602. Köln: Taschen-Verlag.

Veldkamp, J. F. (2011). Georgius Everhardus Rumphius (1627–1702), the blind seer of Ambon. Gardens' Bulletin Singapore 63: 1–15.

Vestbo, S., Obst, M., Quevedo Fernandez, F. J., Intanai, I. und Funch, P. (2018). Present and potential future distributions of Asian Horseshoe Crabs determine areas for conservation. Frontiers in Marine Science 5: 164.

Weygoldt, P. (2010). Arthropoda und Chelicerata. In: Westheide, W. und Rieger, R. (Hrsg.): Spezielle Zoologie. Teil 2: Wirbel- oder Schädeltiere. 2. Auflage. Heidelberg: Springer Verlag

Zhang, S. (2018). The last days of the blue-blood harvest. The Atlantic 9. Mai 2018. (https://www.theatlantic.com/science/archive/2018/05/blood-in-the-water/559229/ Letzter Zugriff 11.08.2021).

Auf der Suche nach dem unsichtbaren Dickhäuter

[Anonym] (1912). Aus Zoologischen Gärten. Carl Hagenbecks Tierpark in Stellingen. Zoologischer Beobachter [Der Zoologische Garten] 53: 132–134.

Baldus, R. D. (2014). Hans Schomburgk – Per Fahrrad unterwegs zum Wild und zu den Wilden. https://www.hegering-siebengebirge.de/index.php/jagd/jagd-weltweit/54-hans-schomburgk-per-fahrrad-unterwegs-zum-wild-und-zu-den-wilden (letzter Zugriff 10.06.2020).

Büttikofer, J. (1890). Reisebilder aus Liberia, 2 Bände. Leiden: E. J. Brill.

Chapman, H. C. (1893). Notes on *Choeropsis liberiensis* (Morton). Proceedings of the Academy of Natural Sciences of Philadelphia 45 (1): 185–187.

Coryndon, S. C. (1977a). The taxonomy and nomenclature of the Hippopotamidae (Mammalia, Artiodactyla) and a description of two new fossil species. I. The nomenclature of the Hippopotamidae. Proceedings of the Koninklijke Nederlandse Akademie van Wetenschappen B 80: 61–71.

Coryndon, S. C. (1977b). The taxonomy and nomenclature of the Hippopotamidae (Mammalia, Artiodactyla) and a description of two new fossil species. II. A description of two new species *Hexaprotodon*. Proceedings of the Koninklijke Nederlandse Akademie van Wetenschappen B 80: 72–88.

Fabian, A. (2006). The Skull Collectors. Chicago: Chicago University Press.

Flachowsky, S. und Stoecker, H. (2011). Vom Amazonas an die Ostfront – Der Expeditionsreisende und Geograph Otto Schulz-Kampfhenkel (1910–1989). Wien, Köln, Weimar: Böhlau-Verlag.

Hornaday, W. T. (1912). Our Pygmy Hippopotami. Zoological Society Bulletin 16: 877–879.

Kuenheim, H. von (2015). Carl Hagenbeck. Hamburg: Ellert & Richter Verlag.

Lankaster, E. R. (1901). On *Okapia johnstoni*. Proceedings of the Zoological Society of London 1901 (2): 279–281.

Lavers, C. (2010). Das Einhorn. Natur, Mythos, Geschichte. Darmstadt: Lambert Schneider Verlag.

Leidy, J. (1852). [ohne Titel]. Proceedings of the Academy of Natural Sciences of Philadelphia 6: 52.

Leidy, J. (1852). On the osteology of the head of the *Hippopotamus*, and a description of the osteological characters of a new genus of Hippopotamidae. Journal of the Academy of Natural

Sciences of Philadelphia Series 2, vol. 2: 207–224, plate 21.

Morton, S. G. (1844). On a supposed new species of *Hippopotamus*. Proceedings of the Academy of Natural Sciences of Philadelphia 2: 14–17.

Morton, S. G. (1849). Additional observations on a new living species of *Hippopotamus*. Journal of the Academy of Natural Sciences of Philadelphia Series 2, vol. 1: 231–239, plates XXXII-XXXIV.

Naish, D. (2015). A quick history of Hippopotamuses. Scientific American Blog: https://blogs.scientificamerican.com/tetrapod-zoology/a-quick-history-of-hippopotamuses/ [zuletzt besucht 17.09.2020].

Ohl, M. (2011). Das Fell in die Sammlung, das Fleisch in den Kochtopf – Otto Schulz-Kampfhenkel als Zoologe und Tierfänger. In: Flachowsky, S., Stoecker, H. Vom Amazonas an die Ostfront – Der Expeditionsreisende und Geograph Otto Schulz-Kampfhenkel (1910–1989). Wien, Köln, Weimar: Böhlau-Verlag.

Ransom, C., Robinson, P. T. und Collen, B. (2015). *Choeropsis liberiensis*. The IUCN Red List of Threatened Species 2015: e. T10032A18567171. https://dx.doi.org/10.2305/IUCN.UK.2015-2.RLTS.T10032A18567171.en

Robinson, P. T. (2017). Looking for enigmas in the forest. A chronicle of travellers, trappers, and researchers. Seiten 24–44. In: P. T. Robinson, G. L. Flacke und K. M. Hentschel. The Pygmy Hippo Story. West Africa's enigma of the rainforest. Oxford: Oxford University Press.

Rothfels, N. (2002). Savages and Beasts: The Birth of the Modern Zoo. Chicago: The John Hopkins University Press.

Schomburgk, H. (1910). Wild und Wilde im Herzen Afrikas. Zwölf Jahre Jagd- und Forschungsreisen. Berlin: Deutsche Buch-Gemeinschaft.

Schomburgk, H. (1912). On the trail of the pygmy hippo. An account of the Hagenbeck expedition to Liberia. Zoological Society Bulletin 16: 880–884.

Schomburgk, H. (1922). Bwakukama. Fahrten und Forschungen mit Büchse und Film im unbekannten Afrika. 3. Auflage. Berlin: Deutsch Literarisches Institut.

Schomburgk, H. (1956). Pulsschlag der Wildnis. 5. Auflage. Berlin: Verlag der Nation.

Schomburgk, H. (1959). Zelte in Afrika. Fahrten, Forschungen und Abenteuer in sechs Jahrzehnten. 3. Auflage. Berlin: Verlag der Nation.

Sclater, P. L. (1901). On an apparantly new species of Zebra from the Semliki Forest. Proceedings of the Zoological Society of London 1901 (1): 50–52.

Stanley, H. M. (1890). Im dunkelsten Afrika. Aufsuchung, Rettung und Rückzug Emina Pascha's. 2. Band. Leipzig: Brockhaus.

Schulz-Kampfhenkel, [Otto] (1933). Das Dschungel rief. Zoologie-Student, Tierfänger, Urwaldjäger in liberianischer Wildnis. Berlin: Neufeld & Henius Verlag.

Die Entdeckung der Arten im 21. Jahrhundert

Bebber, D. P. et al. (2010). Herbaria are a major frontier for species discovery. Proceedings of the National Academy of Sciences 107 (51): 22169–22171 (DOI 10.1073/pnas.1011841108).

Broberg, G. (1985). Linné's systematics and the new natural history discoveries. Seiten 153–181. In: J. Weinstock. Contemporary Perspectives on Linnaeus. Lanham, London: University Press of America.

Costello, M. J. (2020). Taxonomy as the key to life. Megataxa 1 (2): 105–113.

Costello, M. J., May, R. M. und Stork, N. E. (2013). Can we name Earth's species before they go extinct? Science 339: 413–416.

DeNicola, D. R. (2017). Understanding ignorance. The surprising impact of what we don't know. Camridge, MA: MIT Press.

Firestein, S. (2012). Ignorance: How it drives science. Oxford: Oxford University Press.

Fontaine, B., Perrard, A. und Bouchet, P. (2012). 21 years of shelf life between discovery and description of new species. Current Biology 22: R943-R944.

Hartop, E. Srivathsan, A., Ronquist, F. und Meier, R. (2021). Large-scale taxonomy (LIT): resolving the data concundrum for dark taxa. bioRxiv preprint: https://doi.org/10.1101/2021.04.13.439467

Müller-Wille, S. (2007). Collection and collation: theory and practice in Linnaean botany. Studies in History and Philosophy of Science Part C: Studies in History and Philosophy of Biological and Biomedical Sciences 38: 541–562.

Srivathsan, A., Hartop, E., Puniamoorthy, J., Lee, W. T., Kutty, S. N., Kurina, O. und Meier, R. (2019). Rapid, large-scale species discovery in hyperdiverse taxa using 1D MinION sequencing. BMC Biology 17: 96. https://doi.org/10.1186/s12915-019-0706-9

Srivathsan, A., Lee, L., Katoh, K., Hartop, E., Kutty, S. N., Wong, J., Yeo, D. und Meier, R. (2021). ONTbarcoder and MinION barcodes aid biodiversity discovery and identification by everyone, for everyone. BMC Biology 19: 217. https://doi.org/10.1186/s12915-021-01141-x

Stork, N. E. (2010). Re-assessing current extinction rates. Biodiversity and Conservation 19: 357–371.

Wilson, E. O. (2005). The Linnaean Enterprise: Past, Present, and Future. Proceedings of the American Philosophical Society 149: 344–348.

ABBILDUNGSVERZEICHNIS

Einleitung
0–1 Bibliothek des Museums für Naturkunde Berlin

Monsterwespe und Vogel Schnarch auf Sulaweis
1–1 Foto: Hwa Ja Götz, Museum für Naturkunde Berlin
1–2 Karte: © Peter Palm, Berlin
1–3 Ornithologische Bibliothek des Museums für Naturkunde Berlin
1–4 Aus Heinrich, 1932: 170. Mit Erlaubnis von B. Heinrich und M. Heinrich-Perry
1–5 Aus Heinrich, 1932: 175. Mit Erlaubnis von B. Heinrich und M. Heinrich-Perry
1–6 Aus Heinrich, 1932: 147. Mit Erlaubnis von B. Heinrich und M. Heinrich-Perry
1–7 Privatsammlung Bernd Heinrich
1–8 Foto: Michael Ohl, Museum für Naturkunde Berlin
1–9 Foto: Michael Ohl, Museum für Naturkunde Berlin

Eine verschollene Wüstenschönheit taucht wieder auf
2–1 Kimmins 1933: Tafel VI. Mit freundlicher Genehmigung des Herausgebers des *Journal of Natural History*
2–2 Foto: Axel Steiner
2–3 H. Aspöck und U. Aspöck, 2013: Fig. 7. Foto: H. Aspöck
2–4 Badano et al., 2017: Fig. 1. Foto: D. Badano. Mit freundlicher Genehmigung des Herausgebers von *Arhropods Systematics and Phylogeny*
2–5 Museo Ca' Rezzonico, Venedig. Photo Archive, Fondazione Musei Civici di Venezia

Engmaulfrösche und Baumkängurus auf Neuguinea
3–1 Karte: © Peter Palm, Berlin
3–2 Foto: Immo Tetzlaff
3–3 Foto: Rainer Günther
3–4 Grafik: Rainer Günther
3–5 Foto: Rainer Günther
3–6 Bibliothek des Museums für Naturkunde Berlin
3–7 Foto: Bruno Wiehr, Dresden 1928. Historische Bild- und Schriftgutsammlung des MfN Berlin
3–8 Ornithologische Sammlung des Museums für Naturkunde Berlin. Foto: Hwa Ja Götz, MfN Berlin
3–9 Säugetiersammlung des Museums für Naturkunde Berlin, Foto: Michael Ohl
3–10 The Trustees of the Natural History Museum, London, https://commons.wikimedia.org/wiki/File: 1939.2931_Skin_Dorsal_Skins-1_MG_1492-S.jpg
3–11 Bibliothek des Museums für Naturkunde Berlin

Gorillas kommen nach Europa
4–1 Karte: © Peter Palm, Berlin
4–2 Privatarchiv Andreas von Beringe
4–3 Privatarchiv Andreas von Beringe
4–4 Privatarchiv Andreas von Beringe
4–5 Privatarchiv Andreas von Beringe
4–6 Museum für Naturkunde Berlin
4–7 Quelle: WikiTree
4–8 Owen, 1848: Fig. 1–2. Bibliothek des Museums für Naturkunde Berlin
4–9 Owen, 1866: Tafel 43. Bibliothek des Museums für Naturkunde Berlin
4–10 Nach Wilson u. Reeder, 2005
4–11 Owen, 1866: Tafel 45. Bibliothek des Museums für Naturkunde Berlin
4–12 Geoffroy 1858–1861: Tafel I und Tafel IV. Bibliothek des Museums für Naturkunde Berlin
4–13 Geoffroy 1858–1861: Tafel I. Bibliothek des Museums für Naturkunde Berlin
4–14 Cornish, 1901: nach Seite 8. Privatbibliothek Michael Ohl
4–15 Haeckel, 1903: 430. Privatbibliothek Michael Ohl

Neue Lebensformen zwischen Strand und Tiefsee
5–1 Mikrofotos: Andreas Schmidt-Rhaesa
5–2 Foto: R. M. Kristensen

5–3 Zeichnung: R. M. Kristensen
5–4 Zeichnung: R. M. Kristensen
5–5 Foto: Lenke Tödter, Hamburg
5–6 Nach Dunn et al., 2014: Fig. 1
5–7 Foto: R. M. Kristensen
5–8 Foto: R. M. Kristensen
5–9 Mit freundlicher Genehmigung von Bruce Worden
5–10 Foto: R. M. Kristensen
5–11 Foto: R. M. Kristensen
5–12 Foto: Roland Seidel
5–13 Foto: Roland Seidel
5–14 Museum für Naturkunde Berlin. Foto: Mattes Linde
5–15 Aus Chun, 1903. Privatbibliothek Michael Ohl

Das Schnabeltier in Australien
6–1 Karte: © Peter Palm, Berlin
6–2 Royal Museum Greenwich
6–3 Aus Collins, 1797. Staatsbibliothek zu Berlin – Preußischer Kulturbesitz, Abteilung Historische Drucke, Signatur: 4« Uz 5055-2:R
6–4 Natural History Museum Data Portal
6–5 Library and Archives, Natural History Museum, London
6–6 Aus Gould, 1863 (Band 3). Bibliothek des Museums für Naturkunde Berlin

Der Komoren-Quastenflosser
7–1 Karte: © Peter Palm, Berlin
7–2 Mit freundlicher Genehmigung des South African Institute for Aquatic Biodiversity
7–3 Mit freundlicher Genehmigung des South African Institute for Aquatic Biodiversity
7–4 Smith, 1953b. Bibliothek des Museums für Naturkunde Berlin
7–5 Foto: Hwa Ja Götz. Museum für Naturkunde Berlin
7–6 Mit freundlicher Genehmigung des South African Institute for Aquatic Biodiversity
7–7 Mit freundlicher Genehmigung des South African Institute for Aquatic Biodiversity
7–8 Mit freundlicher Genehmigung des South African Institute for Aquatic Biodiversity
7–9 Mit freundlicher Genehmigung des South African Institute for Aquatic Biodiversity
7–10 Mit freundlicher Genehmigung des South African Institute for Aquatic Biodiversity
7–11 Foto: Jürgen Schauer / JAGO-Team GEOMAR Kiel.

Die Grottenkrebse der Blue Holes
8–1 Foto: Jill Yager
8–2 Foto: Jill Yager
8–3 Foto: Jørgen Olesen
8–4 Foto: Thomas Iliffe
8–5 Foto: Jill Yager
8–6 Foto: Stefan Könemann
8–7 Nach Schwentner et al., 2018

Die vier Arten des Pfeilschwanzkrebses
9–1 Karte: © Peter Palm, Berlin
9–2 Aus de Bry, 1590. Anne S. K. Brown Military Collection, Brown University Library
9–3 Aus de l'Ecluse, 1605. Bibliothek des Museums für Naturkunde Berlin
9–4 Aus Rumphius, 1705. Bibliothek des Museums für Naturkunde Berlin
9–5 Aus Rumphius, 1705. Bibliothek des Museums für Naturkunde Berlin
9–6 Foto: Michael Ohl
9–7 Museum für Naturkunde Berlin
9–8 Nach Howard et al., 2020

Auf der Suche nach dem unsichtbaren Dickhäuter
10–1 Karte: © Peter Palm, Berlin
10–2 Aus Sclater, 1901: Text-Fig. 7. Bibliothek des Museums für Naturkunde Berlin
10–3 Aus Johnston in Cornish, 1901 (?): 269
10–4 SLUB Dresden, Deutsche Fotothek, Emil Keim
10–5 Archiv der SGN (Frankfurt). Foto: Sven Tränkner (SGN)
10–6 Aus Hagenbeck, 1912: 883
10–7 Archiv Carl Hagenbeck GmbH, Hamburg
10–8 Aus Morton 1844: 16. Bibliothek des Museums für Naturkunde Berlin
10–9 Aus Morton, 1849: Tafel 32. Bibliothek des Museums für Naturkunde Berlin

REGISTER

MIX
Papier aus verantwortungsvollen Quellen
FSC® C043106

Lektorat: Gisela Fichtl, München
Vor- / Nachsatz: © GRANGER – Historical Picture Archive / Alamy Stock Photo
Layout und Satz: www.zweiband.de
Gesetzt aus der Warnock Pro
Druck und Bindung: Grafisches Centrum Cuno, Calbe
Printed in Germany · ISBN 978-3-423-29043-2

PUBLISHED BY CURRIER & IVES

Copyright, 1875, b

THE ANIMAL